W0356828

Richard Leakey / Roger Lewin

Die sechste Auslöschung

Lebensvielfalt und die Zukunft der Menschheit

Aus dem Amerikanischen
von Sebastian Vogel

S. Fischer

Die amerikanische Ausgabe mit dem Titel
»The Sixth Extinction; Patterns of Life
and the Future of Mankind«
erschien 1995 im Verlag Doubleday, New York
© 1995 Sherma B.V.
Für die deutsche Ausgabe
© 1996 S. Fischer Verlag GmbH, Frankfurt am Main
Alle Rechte vorbehalten
Gesamtherstellung Clausen & Bosse, Leck
Printed in Germany
ISBN 3-10-042703-3

Gedruckt auf chlor- und säurefreiem Papier

Inhalt

1 Ein persönlicher Standpunkt

Man kann sich kaum vorstellen, wie überrascht ich war, als ein Kollege an einem Nachmittag im April 1989 in mein Büro im Museum von Nairobi platzte und aufgeregt rief: »Herzlichen Glückwunsch!« Verdutzt erwiderte ich: »Wozu?« Daraufhin berichtete mein Kollege, was er im Radio gehört hatte: Man habe mich zum Direktor der Tier- und Naturschutzbehörde ernannt. Die Entscheidung des Präsidenten Daniel arap Moi war gerade im Rundfunk bekanntgegeben worden. »Davon weiß ich noch gar nichts«, sagte ich. Die Arbeit dieses Tages blieb liegen: Ich verließ sofort das Museum und fuhr nach Hause. Am nächsten Morgen telefonierte ich mit dem Präsidenten, und er bat mich, ihn aufzusuchen; er wollte mit mir über einen neuen Versuch sprechen, den Tierschutz in unserem Land umzugestalten und unter anderem zu verhindern, daß die Elefanten im tödlichen Kugelhagel aus den Gewehren der Wilderer ausgerottet wurden.

Es war der Beginn einer der schwierigsten Phasen in meinem Leben. Ich würde mich von meiner Stelle als Direktor des kenianischen Nationalmuseums, die ich über zwanzig Jahre lang bekleidet hatte, ebenso trennen müssen wie von meiner heißgeliebten Paläoanthropologie, der Suche nach den Ursprüngen des Menschen, die ich ebensolange in den fossilreichen Sedimenten am Westufer des Turkanasees in Nordkenia betrieben hatte. Ich würde zu meinen Wurzeln zurückkehren.

Als ich ein kleiner Junge war, ließen der Duft der milden Luft, der Anblick wilder Orte und wilder Tiere sowie die nächtlichen Geräusche unsichtbarer Geschöpfe tief in mir eine Liebe zu Afrika wachsen, eine Liebe zur Natur. Damals interessierte ich mich mehr für lebende Wesen als für die uralten Knochen, von denen Louis und

Mary Leakey, meine Eltern, zu meiner Verblüffung und häufigen Verwirrung so fasziniert waren. Ihre Entdeckungen, durch die Ostafrika als entscheidendes Gebiet für die Entdeckung von Spuren unserer ältesten Vorfahren anerkannt wurde, sind in den Annalen der Suche nach der Abstammung des Menschen zur Legende geworden. Mein Vater war aber nicht nur versessen auf die Vergangenheit, sondern er hatte auch eine große Leidenschaft für die Naturforschung und schrieb über die Tiere dieser Gegend mehrere Bücher. Außerdem gründete er 1958 die East Africa Wildlife Society, die für die ökologische Forschung und den Naturschutz des Landes noch heute eine große Rolle spielt. Als wir klein waren, wanderte Louis mit meinen Brüdern Jonathan und Philipp und mir oft durch die Olduvaischlucht und erzählte dabei endlose Geschichten – er in der Hoffnung, Hinweise auf neue Fossillagerstätten zu entdecken, wir in der Hoffnung auf den Anblick eines reißenden Löwen oder eines schleichenden Leoparden. Oft waren Szenen wie aus dem Bilderbuch unser Lohn. Auch nachts im Lager fesselte er uns mit Geschichten, während die ruhige Luft von den Lauten der Natur erfüllt war. Ich wurde ebenfalls ein begeisterter Naturforscher und war anfangs besonders von Käfern und Schmetterlingen entzückt. Später erkannte ich die Wunder größerer Tiere; ich grübelte darüber nach, wie vielfältig das Leben ist und wie jeder Teil so eng mit vielen anderen Teilen in Wechselwirkung steht. Im Jahr 1969 gründete ich die Wildlife Clubs of Kenia, die es sich zum Ziel setzten, Kinder über das Leben in ihrem Land aufzuklären.

Ich liebe Kenia, mein Geburtsland. Es ist ein Land gewaltiger geographischer Gegensätze, von den feuchtheißen Lebensräumen auf Meereshöhe bis zu den schneebedeckten Gipfeln des Mount Kenya (der nach dem Kilimandscharo Afrikas zweithöchster Berg ist), und von trockenen Wüsten bis zu feuchten Berghängen. In diesen unterschiedlichen Lebensräumen gedeiht eine Tier- und Pflanzenwelt, deren Vielfalt der des Landes in nichts nachsteht und die zu den üppigsten der Welt gehört. Der Begriff »Gleichgewicht der Natur« war mir in meinen jungen Jahren nicht geläufig, aber er fängt in vereinfachten Worten ein, was ich in der Wildnis empfand.

Ich folgte meinem Drang, mich an unwegsamen Orten aufzuhalten, soweit es nur möglich war, und so ist es bis heute geblieben. Die Natur war und ist ein Mittel zur Reinigung und Belebung dessen, was ich in Ermangelung eines besseren Wortes meine Seele nenne. Natürlich hat die ungezähmte Natur auch ihre Gefahren. Meine Brüder und ich litten häufig an Malariaanfällen und gelegentlich auch an Bilharziose, einer Parasiteninfektion, die man sich beim Baden zuzieht, wenn im Wasser Schnecken mit dem Erreger *Schistosoma mansoni* leben. Daneben gab es Schlangenbisse; sie sahen meist sehr dramatisch aus, ohne wirklich lebensgefährlich zu sein, aber das war nicht immer so. Und bei einer beschämenden Gelegenheit mußte ich mich in einen Käfig einschließen, in dem ich einen Leoparden fangen wollte, denn das Tier schien mir mehr Aufmerksamkeit widmen zu wollen, als ich für gesund hielt. Trotz der damit verbundenen Demütigung hielt ich es für klüger, vorübergehend meine eigene Beute als für immer das Opfer der großen Katze zu sein.

Als junger Bursche träumte ich davon, Wildhüter zu werden, aber dann gab ich mich damit zufrieden, Tiere für die Filmemacher Armond und Michaela Denis zu fangen, die in der Nähe meines Elternhauses in einem Vorort von Nairobi lebten. Die Filme des Ehepaars Denis vermittelten vielen britischen Fernsehzuschauern die ersten Eindrücke von der afrikanischen Wildnis. In Wirklichkeit inszenierten die beiden oft Nahaufnahmen von den Tieren, die ich für sie gefangen hatte. Das galt damals als legitime Methode, denn in freier Wildbahn war es nur eingeschränkt möglich, an gefährliche Tiere heranzukommen. Beim Einfangen der Tiere lernte ich eine Menge über ihr Verhalten. Für die abgelieferten Exemplare erhielt ich auch Geld, so daß meine Ausbildung als Naturforscher mit dem Aufbau eines für einen Dreizehnjährigen recht üppigen Bankkontos verbunden war. Das verschaffte mir eine erste Unabhängigkeit, und darüber war ich froh.

Später wirkten Natur und Kommerz in meiner Ausbildung erneut zusammen, diesmal in Verbindung mit einer schweren Dürre in den Jahren 1960 und 1961. Zehntausende von Tieren gingen zugrunde; die Ebenen waren mit Kadavern übersät – es waren so viele, daß die Aasfresser sie nicht beseitigen konnten. Viele tote Tiere blieben unversehrt, ohne Spuren von Zähnen oder Schnäbeln. Nachdem ich erklärt hatte, ich wolle finanziell von meinen Eltern unabhängig werden (ich war damals siebzehn), erkannte ich in dem Reichtum der unbarmherzigen Natur meine Gelegenheit. Mit geliehenem Geld kaufte ich einen alten Landrover, und dann fuhr ich los und sammelte tote Tiere ein, große und kleine. Ich kochte sie in einem alten Ölfaß, um die Weichteile zu entfernen, reinigte die Skelette, nahm sie auseinander und schickte sie an Museen und Universitäten auf der ganzen Welt. Mit dem Erlös war ich zufrieden. Bei meiner Arbeit machte ich mich eingehend mit vergleichender Anatomie vertraut, denn ich mußte jeden Knochen etikettieren und numerieren, so daß man die Skelette an ihrem Bestimmungsort wieder zusammensetzen konnte. Eine wirksamere Methode, um Anatomie zu lernen, kann ich mir nicht vorstellen. Als Paläoanthropologe muß man ein Tier häufig an ein paar Knochenbruchstücken erkennen. Ohne daß ich es damals schon wußte, verschaffte mir also meine kurze Jugendlaufbahn als Knochenhändler eine solide Grundlage für meine spätere, lange Karriere als Paläoanthropologe.

Bevor ich mich aber eingehend mit der Erforschung der Herkunft des Menschen befaßte, gründete ich meine eigene Safariagentur. Sie bot eine hervorragende Gelegenheit, mich an abgelegenen Stellen in der Wildnis aufzuhalten und mich auch noch dafür bezahlen zu lassen. Ich fand es spannend, Besucher aus Europa und Amerika mit der gewaltigen Vielfalt des Lebens in meiner Heimat bekannt zu machen, deren Spektrum von den kleinsten Einzelheiten einer Orchideenblüte bis zu den großen Tierwanderungen von der Serengeti in Tansania zur Masai Mara in Kenia reichte. Ich fühlte mich in meinem Element und war unglaublich glücklich. Aber ich war auch unruhig: Ich wußte, daß ich eigentlich etwas anderes wollte, aber was, das war mir noch nicht klar. Schließlich wurde ich trotz aller lautstarken Beteuerungen, niemals beruflich in die Fußstapfen meiner Eltern treten zu wollen (oder genauer gesagt, in ihrem Schatten zu stehen), zum Paläoanthropologen, und 1968 leitete ich meine erste größere Expedition an das Ostufer des Turkanasees. Ich habe diese Entscheidung nie bereut, denn ich hatte das Glück, daß ich mit einigen hervorragenden Wissenschaftlern zusammenarbeiten konnte, und außerdem fand ich mehrere wichtige Überreste aus unserer Entwicklungsgeschichte. Viele Menschen verspüren einen tiefen, fast urtümlichen Wunsch, die Anfänge unserer Spezies kennenzulernen, und die Suche nach solchen Überresten in alten Sedimenten bringt uns mit der Vergangenheit der Menschen in unmittelbaren Kontakt. Wir, die wir in dieser Richtung arbeiten, sind wirklich bevorzugt.

Zwanzig Jahre lang kombinierte ich meine Tätigkeit als Direktor der kenianischen Nationalmuseen – es sind zehn Museen, die über das ganze Land verstreut liegen – mit möglichst vielen Freilandaufenthalten, bei denen ich Fossilien suchte und ausgrub. Die Ufer auf der Ost- und Westseite des Turkanasees erwiesen sich als wunderbar reichhaltige Quelle alter menschlicher Fossilien, an denen unsere Evolution von der Zeit vor etwa vier Millionen Jahren bis in relativ junge Vergangenheit deutlich wird. Wir haben heute über unsere Evolution viel vollständigere Kenntnisse als vor zwanzig Jahren, und ich bin stolz darauf, daß ich zu diesem umfassenderen Wissen mit einigen aufsehenerregenden Funden von beiden Seiten des Sees beigetragen habe. Wenn man über alte Sedimente geht und dabei Fossilien sucht und findet, sammelt man nicht einfach nur Knochen auf, auch wenn das oft wichtig ist. Und man rekonstruiert auch nicht nur die Entwicklungsgeschichte einer einzigen Art namens *Homo sapiens*. Man blickt vielmehr durch ein paläontologisches Fenster in vergangene Welten und wird Zeuge des Schicksals, das sie im Laufe der Zeit erlitten haben.

Wenn sich die Eindrücke, die man beim Blick durch dieses Fenster gewinnt, überhaupt mit einem einzigen Wort zusammenfassen lassen, dann lautet dieses Wort *Veränderung*. Der Strom des Lebens ist in ständigem, dynamischem Wandel begriffen. Die Triebkraft ist manchmal eine Klimaverschiebung, die trockenen Gebieten mehr Feuchtigkeit bringt, so daß dort nun Lebewesen mit anderen Eigenschaften leben können. Manchmal gibt es auch in der Evolution eine

Welle der Umwälzungen, so daß zuvor lebende Geschöpfe nicht mehr da sind und andere an ihre Stelle treten. Schübe des Aussterbens und der Neuentstehung von Arten sind eine regelmäßig wiederkehrende Kraft, die den Strom des Lebens verändert und die Schwerpunkte immer wieder verschiebt. Durch das paläontologische Fenster betrachtet, gleicht das Leben dem Bild in einem Kaleidoskop, bei dem Änderungen nicht nur natürlich, sondern unvermeidlich sind. Man sieht den Tod als Teil des Lebens, das Aussterben als Teil der Entwicklung.

Als ich auf Präsident Mois Geheiß Direktor der Naturschutzbehörde wurde, stand ich sofort einigen sehr praktischen Fragen gegenüber, nicht zuletzt dem bereits erwähnten dringenden Problem, dem habgierigen Treiben der Elefantenwilderer ein Ende zu machen. Und es gab die Aufgabe, zwei widersprüchliche Notwendigkeiten zu vereinbaren: die Bedürfnisse einer wachsenden Bevölkerung, die immer mehr Land brauchte, und den Schutz der Wildtiere, die ihrer natürlichen Lebensräume beraubt wurden. Aber ich konnte auch verstehen, was die Vielfalt des Lebens bedeutet und welchen Platz der *Homo sapiens* darin einnimmt; dazu machte ich mir die Perspektive der ständigen Veränderung zu eigen, die ein unausweichlicher Gesichtspunkt der Erdgeschichte ist. Ich behaupte nicht, daß diese Sichtweise viel hilft, wenn man beispielsweise vor der Frage steht, was man gegen die von streunenden Elefanten angerichteten Schäden in den Bauerndörfern tun soll. Nützlich ist sie aber zum Beispiel bei der Überlegung, wie man sich gegenüber den Wechselbeziehungen verhält, die zwischen Elefanten und den von ihnen scheinbar zerstörten Lebensräumen bestehen. Ich bin zu der Überzeugung gelangt, daß man oftmals am besten der Natur ihren Lauf läßt; wir werden in solchen Situationen Zeugen einer Veränderung, die ein Teil der Natur ist, und es wäre unnütz – oder sogar schädlich –, wenn wir versuchen würden, sie zu verhindern. Ich werde auf das Thema später in diesem Buch zurückkommen. Am wichtigsten ist aber noch etwas anderes: Die Erkenntnis, daß die Geschichte des Lebens immer von Wandel geprägt war, bietet uns einen Anhaltspunkt, um unsere Rechte und Pflichten als Spezies sowie die Rechte aller anderen Arten, mit denen wir die Erde teilen, richtig einzuschätzen.

Als ich darüber nachdachte, was für ein Buch ich schreiben wollte, wurde mir klar, daß meine Erfahrungen als Paläoanthropologe und Naturschützer mir einen einzigartigen Blick auf unsere derzeitige mißliche Lage eröffnen. Dies ist nicht das erste Buch, in dem behauptet wird, daß der zur dominierenden Spezies gewordene *Homo sapiens* wahrscheinlich im Begriff steht, eine biologische Katastrophe von gewaltigen Ausmaßen zu verursachen, weil er die Vielfalt des Lebens mit beunruhigender Geschwindigkeit dezimiert. (So führen zum Beispiel allein das Abholzen der Regenwälder und die Vernichtung von Wildnis durch wirtschaftliche Entwicklung zum Aussterben von bis zu 100000 Arten im Jahr.) Aber es beschäftigt sich mit dieser Frage zum erstenmal unter dem Gesichtspunkt, daß der *Homo sapiens* nur eine Art in einem Strom des Lebens ist, der eine lange Vergangenheit und eine lange Zukunft hat. Um uns selbst als Spezies und unsere Stellung im größeren Zusammenhang zu verstehen, müssen wir räumlichen und zeitlichen Abstand von unseren eigenen Erfahrungen gewinnen. Das fällt nicht leicht, aber es ist notwendig, wenn wir die größere Wirklichkeit erkennen wollen. Es ist eine Sichtweise, die uns demütig macht, insbesondere angesichts der gewaltigen Macht, mit der wir unseren Planeten heute tiefgreifend verändern.

Durch dieses Buch ziehen sich mehrere Themen, aber entscheidend ist die Vorstellung vom Wandel. Aus ihr erkennen wir, daß die Menschen nur ein kurzer Augenblick im ununterbrochenen Ablauf des Lebens sind und nicht sein Endpunkt. Aber aus der Veränderung erfährt man nicht nur etwas über die Stellung des Menschen in der Welt. Am wichtigsten sind die *Gesetzmäßigkeiten* der Veränderung, die wir im Strom des Lebens finden; sie sind die äußeren Anzeichen jener grundlegenden Vorgänge, die den Ablauf antreiben. Was sind das für Gesetzmäßigkeiten? Ich meine damit die Bilder, die auftauchen, wenn wir die Gesamtheit der Fossilfunde eingehend betrachten. Und ich meine die Bilder, die wir sehen, wenn wir die ökologischen Lebensgemeinschaften in ihrer Gesamtheit untersuchen. Natürlich setzen sich alle diese Bilder aus Einzelelementen zusammen – solche Elemente sind zum Beispiel die fossilen Überreste einzelner Arten in den geologischen Fundstellen oder die einzelnen lebenden Arten in den Ökosystemen. Aber das wahre Wesen der Welt, in der wir leben, erkennen wir aus den Beziehungen zwischen den Arten in den gegenwärtigen und früheren Lebensgemeinschaften.

Die Bemühungen, solche Bilder zu sehen, gleichen dem Versuch, in dem scheinbar bedeutungslosen Fleckenmuster eines Magic-Eye-Bildes räumliche Formen zu erkennen. Man kann ein solches Bild lange ansehen, ohne etwas anderes als Flecken zu erkennen. Aber plötzlich, wenn der Geist dazu bereit ist und wenn man nicht mehr nur auf das oberflächliche Muster starrt, blickt man dahinter, und nun erkennt man eine tiefere visuelle Realität. Die Wissenschaftsgebiete der Evolutionsbiologie und Ökologie stehen heute kurz davor, diese tiefere Realität im Strom des Lebens zu verstehen. Die Bilder sind noch unvollständig, aber immerhin schon so deutlich, daß wir in der Welt zum erstenmal eine neue Wirklichkeit wahrnehmen können, und das ist nichts Geringeres als eine geistige Revolution. Unsere Welt ist völlig anders, als es noch vor ein paar Jahren den Anschein hatte.

Wir können heute die Gesetzmäßigkeiten des Massenaussterbens in den Fossilfunden erkennen und stellen dabei fest, daß diese Ereignisse keine einfachen Unterbrechungen im Strom des Lebens waren, sondern eine wichtige kreative Kraft. Das ist etwas Neues. Wir können die grundlegenden Evolutionsvorgänge betrachten und stellen dabei fest, daß das gesamte Leben einschließlich des *Homo sapiens* so etwas wie eine große Lotterie ist. Das ist ebenfalls etwas Neues. Und wir können uns die Gesetzmäßigkeiten ökologischer Gemeinschaften ansehen und erkennen, wie sie sich zusammenfinden und wie daraus eine unerwartete Dynamik erwächst. Auch das ist etwas Neues. Gemeinsam bahnen solche veränderten biologischen und ökologischen Erkenntnisse einen Weg durch die nur scheinbar einfachen, in Wirklichkeit aber unvorstellbar komplizierten Phänomene, welche die Welt des Lebendigen um uns herum ausmachen.

Einer verbreiteten falschen Vorstellung zufolge findet man in den Naturwissenschaften die größten intellektuellen Herausforderungen in der Physik: Sie gilt als »harte« Wissenschaft, Biologie dagegen ist etwas »Weiches«. Jedenfalls wird das oft behauptet. In Wirklichkeit sind die Welt des Lebendigen und ihre in den Fossilien überlieferte Vergangenheit unglaublich komplex, und einem umfassenden Verständnis entziehen sie sich bis heute. Ich habe zuvor vom »Gleichgewicht der Natur« gesprochen; in dieser häufig benutzten Formulierung scheinen sich die Einfachheit und Harmonie des Lebendigen widerzuspiegeln. Sie ist aber, wie wir in späteren Kapiteln sehen werden, falsch. Natur ist nicht einfach, und die angebliche Harmonie ist eine grobe Irreführung.

Der *Homo sapiens* teilt die Erde mit Millionen anderen Geschöpfen, und alle zusammen bilden die ehrfurchtgebietende Vielfalt des Lebens. Auf den folgenden Seiten möchte ich mit Hilfe neuer Erkenntnisse aus Evolutionsbiologie und Ökologie zu einer umfassenderen Wertschätzung für diese Vielfalt und ihr zukünftiges Schicksal gelangen. Wir müssen die *Ursachen* und das Ausmaß der Vielfalt verstehen. Wie kommt es zum Beispiel, daß heute etwa 50 Millionen Arten leben und nicht eine Million oder 500 Millionen? Wir müssen die *Stellung der Menschheit* in dieser Vielfalt verstehen. Sind wir eine unvermeidliche Folge des Lebensstromes oder sein krönender Abschluß? Wir müssen die *Auswirkungen der Menschen* auf die Vielfalt verstehen. Ist unsere Spezies in der Lage, Millionen von Arten zu vernichten? Und wenn ja, wie kommt es dazu? Und wir müssen die *Zukunft* der Vielfalt verstehen. Was können wir aus den Gesetzmäßigkeiten der Vergangenheit über die Geschehnisse der Zukunft ableiten?

Wenn ich Vorträge über die Wissenschaft vom Ursprung des Menschen halte, lautet die am häufigsten gestellte Frage: »Was wird als nächstes geschehen?« Mir ist klar, welche Sorgen hinter dieser Frage stehen. Was die Zukunft der Menschheit angeht, herrscht eine tiefe Verunsicherung, und die Fragenden suchen in der Regel eine Art Beruhigung. Die Antwort, die ich in den folgenden Kapiteln entwikkeln werde, wird oft nicht gern gehört, denn sie bietet diese Beruhigung nicht.

Wie bei mehreren früheren Büchern, so habe ich auch diesmal mit Roger Lewin zusammengearbeitet. Aus unseren unterschiedlichen Standpunkten haben wir eine Reise durch die Geschichte des Lebens zusammengestellt, und dabei suchen wir nach Gesetzmäßigkeiten, die ihr Wesen und ihre Zukunft offenbaren: Ich habe meine Erfahrungen als Paläoanthropologe und Naturschützer eingebracht, und Roger nutzte seine Kenntnisse der Evolutionsbiologie und Ökologie. Es war eine gemeinsame Reise, aber wie bei allen unseren gemeinsamen Projekten ist der Text aus meiner Sicht geschrieben. In der Entscheidung für eine solche Vorgehensweise spiegelt sich einerseits meine Rolle als Vertreter des Naturschutzes auf der internationalen Bühne wider, zum Teil ist sie aber auch ein bequemes literarisches Hilfsmittel. Außerdem symbolisiert die Tatsache, daß wir mit einer Stimme sprechen, unsere gemeinsame Vision von der Natur und unsere gemeinsame Sorge um die Arten, die mit uns leben.

Zeit und Wandel

Eingeschlossen in die Welt der Gegenwart, stehen wir vor der Herausforderung, den Fluß der Evolutionsvorgänge zu beurteilen, die unsere Welt, unseren Lebensraum geformt haben.

Homo sapiens ist nur eine Spezies unter vielen, das Produkt eines verwickelten, unberechenbaren Wechselspiels zwischen den kreativen Vorgängen der Evolution und dem manchmal launischen Wirken des Aussterbens.

In dem nun folgenden Abschnitt werden wir einen Blick auf einige grundlegende Merkmale dieser Kreativität – und auf ihre ungelösten Rätsel – werfen und sehen, von welch überragender Bedeutung gelegentliche Krisen für die Geschichte des Lebens sind.

2 Das große Geheimnis des Lebens

Am Westufer des Turkanasees, nicht weit von der Stelle, wo wir 1984 das Skelett eines vor 1,6 Millionen Jahren verstorbenen Jungen ausgegraben haben, bietet sich ein furchterregender Anblick. Wie versteinerte Flußpferde, die sich in einem See aus trockenen Sedimenten suhlen, verraten Hunderte von regelmäßig angeordneten fossilen Stromatolithen, daß hier in alter Zeit eine flache Lagune war. Zum erstenmal sah ich diese seltsamen »Geschöpfe« während einer Arbeitspause an einem der ersten Tage, als wir das Skelett ausgruben, das wir bald darauf als Jungen von Turkana bezeichneten. Während unsere Kollegen weiterhin in der tropischen Sonnenhitze arbeiteten, fuhren Frank Brown, Alan Walker und ich etwa eineinhalb Kilometer weit vom See weg. Alan, ein Anthropologe an der Johns Hopkins University, war schon seit Jahren mein enger Freund und Mitarbeiter; wir haben viele uralte menschliche Überreste zusammen ausgegraben. Frank, Geologe der University of Utah, hat zehn Jahre damit zugebracht, die erdgeschichtliche Vergangenheit des Sees aufzurollen und zu klären, wie die Gegend durch viele verschiedene Kräfte geformt wurde. Kurz zuvor hatte er die Stromatolithen gefunden, und jetzt wollte er sie uns zeigen; das war der Anlaß für unsere kleine Expedition vom Ausgrabungslager aus. Schließlich erreichten wir ein Flußbett; es lag in nördlicher Richtung neben dem Fluß Nariokotome, wo wir das Skelett des Jungen gefunden hatte. Jetzt im August waren beide Flußbetten staubtrocken.

Mittlerweile waren wir fast fünf Kilometer vom Seeufer entfernt, und ich konnte die abgerundeten, erstaunlich regelmäßigen Formen der Stromatolithen erkennen, die sich in langen Reihen bis in große Entfernung erstreckten. Sie liegen auf einer praktisch kahlen Ebene am Fuße einer hohen, trockenen Bergkette, die mit Lavabrocken übersät ist. Aber wie Frank uns erklärte, befanden sie sich vor einer Million Jahren in seichtem, stillem Wasser. Der See war damals offenbar viel größer. Lebende Stromatolithen sind Kolonien einzelliger Algen und anderer Mikroorganismen, die ein kompliziertes kleines ökologisches System bilden. Eine solche Kolonie entsteht aus dünnen Schichten der Kleinstlebewesen, die sich anfangs vielleicht um ein Sandkorn sammeln. Sie wachsen langsam weiter, wenn sich auf der äußeren, lebenden Schicht feines Sediment ansammelt, so daß die jetzt zugedeckten Organismen sich wieder zur Oberfläche durchkämpfen müssen und dort erneut eine dünne, flache, komplizierte Mikroben-Lebensgemeinschaft bilden. In Stromatolithen spielt sich das Leben immer am Rand ab. Das Ergebnis sind Gebilde mit der Form einer abgeflachten Kugel, die mit einem Durchmesser von einem Meter manchmal die Größe eines kleinen Tisches erreichen können.

Einige der fossilen Stromatolithen am Turkanasee waren in zwei Teile zerbrochen, so daß man Schicht für Schicht die Spuren der aufeinanderfolgenden Kolonien erkennen konnte, Spuren von Leben im mikroskopischen Maßstab. Daß sie in diesem Gelände vorhanden waren, gab uns einen Hinweis auf die Bedingungen, die vor einer Million Jahren im Becken des Turkanasees herrschten: Wo heute trockene Wüste war, stand einstmals das Wasser. Außerdem vermittelten sie uns einen Blick auf das Leben, der viel weiter in die Vergangenheit reichte, so weit, wie man überhaupt sehen und noch Leben erkennen kann. Heute sind lebende Stromatolithen selten – einer der wenigen Orte, wo sie noch gedeihen, ist die Sharky Bay in Westaustralien mit ihrem salzigen, lebensfeindlichen Wasser –, aber in fossiler Form findet man sie häufig, und sie sind eine der ältesten Ausdrucksformen des Lebens auf der Erde.

In der Erdgeschichte ist es eine der erstaunlichsten Tatsachen, daß das Leben so früh entstand. Unser Planet ballte sich vor etwa 4,6 Milliarden Jahren aus den Trümmern des entstehenden Sonnensystems zusammen, ein glühendes Konglomerat aus geschmolzenem, radioaktivem Gestein, höchst unwirtlich für jede Form von

Leben. Langsam ließ die Hitze ihrer ungestümen Entstehung nach, und vor knapp vier Milliarden Jahren war Leben erstmals theoretisch möglich, das heißt, die empfindlichen organischen Moleküle wurden nicht sofort nach ihrer Entstehung wieder auseinandergerissen, und eine wasserhaltige Umwelt wurde nicht sofort als Dampf hinweggefegt. Beides war notwendig, damit das Leben auftauchen konnte. Der theoretischen Möglichkeit folgte sehr schnell die Realität: Die ersten Lebensformen erschienen auf der Bildfläche, einfache, einzellige Organismen, deren Abbild man im ältesten, vor 3,75 Milliarden Jahren entstandenen Kontinentalgestein gefunden hat. Diese einfachsten Lebewesen, Zellen ohne Zellkern – oder Prokaryonten, wie man sie auch nennt – fingen die Sonnenenergie ein und nutzten die chemischen Bedingungen ihrer Umwelt, um sich zu vermehren und immer vielfältigere Typen hervorzubringen. Gemeinsam bildeten sie die aufeinandergeschichteten Matten der Mikroorganismen, die im Laufe der Zeit die charakteristische Kolonieform der Stromatolithen entstehen ließen.

Nachdem das Leben so frühzeitig begonnen hatte, hätte man eigentlich damit gerechnet, daß es sofort einen Weg der allmählichen, stetigen Weiterentwicklung zu immer komplexeren Formen einschlägt: Zunächst komplizierter gebaute Zellen, die Eukaryonten, deren genetisches Material in einem Zellkern verpackt ist; dann Mitochondrien und Chloroplasten, spezialisierte Organellen, die in den Zellen besondere Aufgaben erfüllen; anschließend die Vielzeller, einfach gebaute zuerst, dann aber auch von den Wirbellosen zu den Wirbeltieren und von Amphibien und Reptilien zu den Säugetieren – und schließlich zu uns, zum *Homo sapiens*. Von unserem heutigen Standpunkt aus können wir sehen, daß die gerade aufgezählten Stadien des Lebens tatsächlich eingetreten sind, aber das geschah auf eine Art und Weise, die man nur als zufällig und unberechenbar bezeichnen kann. Wenn wir über das Leben auf der Erde aus seiner Geschichte etwas lernen können, dann dieses: Es hat kaum etwas Allmähliches und Stetiges. (Das gilt, wie ein Fraktalmuster, für alle Ebenen von der globalen bis zur lokalen.)

Nachdem das Leben zum erstenmal Fuß gefaßt hatte, blieb die

Prokaryontenzelle verwirrenderweise volle zwei Milliarden Jahre lang die komplizierteste Lebensform, und ihre komplexeste Organisationsform war das mikroökologische System der Stromatolithen. Das Leben, so schien es, hatte es durchaus nicht eilig, zu irgend etwas anderem zu gelangen. Vor 1,8 Milliarden Jahren tauchten schließlich die ersten Eukaryontenzellen auf, und nun, so könnte man meinen, waren die Voraussetzungen für einen Wettlauf zum nächsten Stadium gegeben, dem der Vielzeller. Aber nicht doch! Eine weitere Milliarde Jahre oder mehr mußten vergehen, bis sich die ersten derartigen Organismen entwickelten. Und als es sie schließlich gab, lebten sie bestenfalls im verborgenen; keineswegs waren sie die auffälligen Vorboten der komplexen Strukturen und Wechselwirkungen, die wir heute mit vielzelligen Lebensformen verbinden. Die ersten komplexen Vielzeller – damit meine ich recht bescheidene, allerdings bizarr geformte wirbellose Meeresbewohner – mußten noch bis vor etwa 530 Millionen Jahren auf ihre Entstehung warten, als die Erdgeschichte insgesamt schon zu 85 Prozent vorüber war. Als es aber schließlich soweit war, geschah es so auffällig, daß die Paläontologen dieses Ereignis heute als »kambrische Explosion« bezeichnen.

In einer Phase hektischer entwicklungsgeschichtlicher Neuerungen, die nur wenige Millionen Jahre dauerte, entstanden alle wichtigen Körperbaupläne und damit die Stämme der Organismen, die heute das Leben ausmachen. Unter ihnen war eine winzige Art, ähnlich dem heutigen wurmähnlichen Meeresbewohner *Amphioxus*, die mit dem wissenschaftlichen Namen *Pikaia* gesegnet ist; sie begründete vermutlich den Stamm der Chordatiere, zu dem alle späteren Wirbeltiere einschließlich des *Homo sapiens* gehören. Aus heutiger Sicht war es der bescheidene Anfang einer gewaltigen Entwicklung.

Als »beispiellos und unübertroffen« bezeichnet James Valentine, ein Paläontologe der University of California in Berkeley, die kambrische Explosion. Es ist eine zutreffende und sogar noch untertriebene Beschreibung. Und wie wir im nächsten Kapitel sehen werden, steckt hinter der kambrischen Explosion mehr als nur das Explodieren.

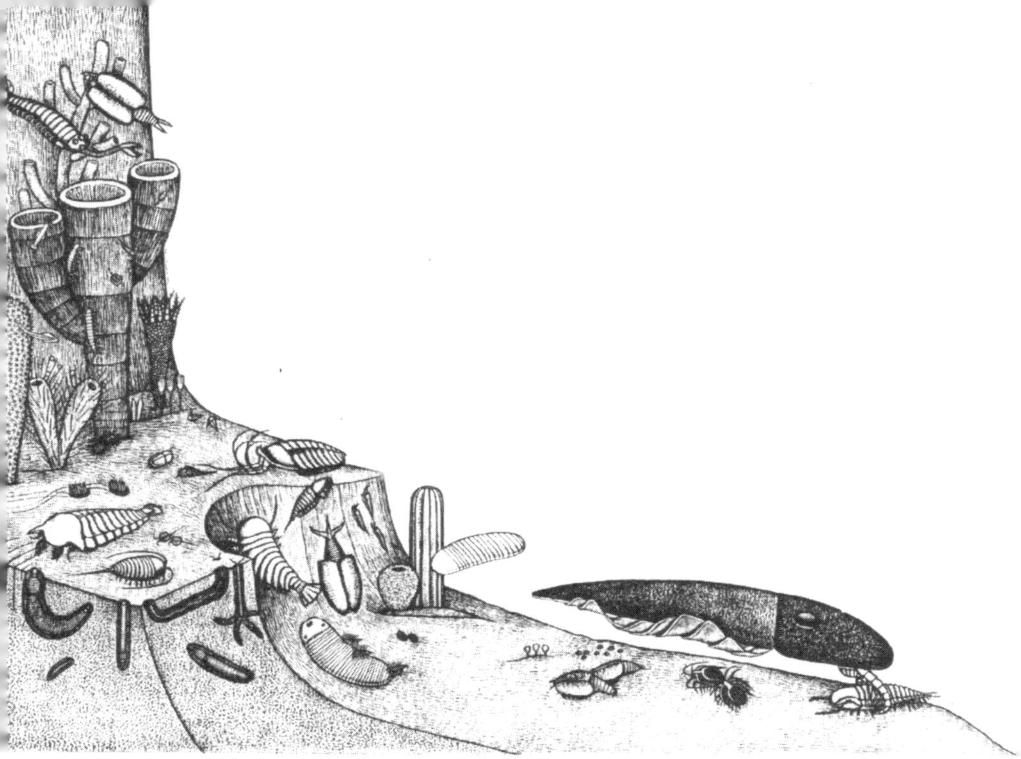

In der kambrischen Explosion vor 530 Millionen Jahren entwickelte sich sehr rasch eine große biologische Vielfalt. Das Bild zeigt eine Rekonstruktion des Lebens aus dem Burgess-Schiefer. Dazu gehören einige vertraute Formen (beispielsweise Schwämme und Armfüßer), die es auch heute noch gibt. Viele andere aber, so zum Beispiel der riesige *Anomalocaris* unten rechts, hinterließen keine Nachkommen, so daß diese Stämme heute nicht mehr existieren. (Aus »The Evolution on Earth« von Stephen Jay Gould. © 1994 by *Scientific American*, Inc.)

Nachdem – allerdings sehr spät – das vielzellige Leben aufgetaucht war, hätte man wiederum erwarten können, daß nun ein stetiges Fortschreiten durch die urzeitlichen Welten einsetzte, die wir aus den Fossilfunden kennen, und daß diese Entwicklung schließlich unausweichlich zu der Natur führte, die uns heute umgibt. Aber auch diese Erwartung erfüllt sich nicht. Seit der kambrischen Explosion ist das Leben von einem starken Auf und Ab geprägt: Arten entwickelten sich wunderschön auseinander, um kurz darauf in ins-

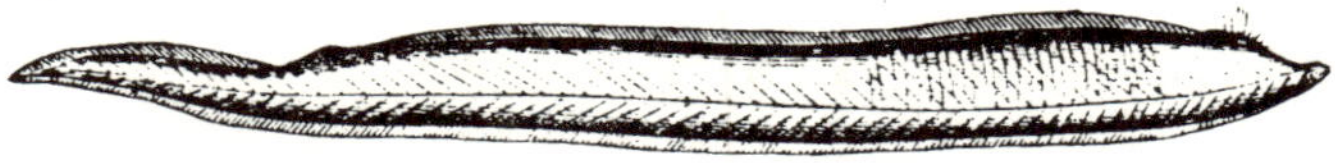

Das Lanzettfischchen *Amphioxus*, ein heute lebender Meeresbewohner, ähnelt zumindest im anatomischen Organisationsgrad stark der Gattung *Pikaia*.

gesamt fünf großen Phasen des Massenaussterbens wieder zu verschwinden. Eine Formulierung, mit der man in Kurzform den Krieg beschrieben hat, trifft – zwar nicht für die Ausprägungsform, aber für den zeitlichen Ablauf – auch für das Leben auf der Erde zu: Lange Phasen der Langeweile wechseln mit Augenblicken des Entsetzens ab.

Die darwinistische Revolution, die vor über 100 Jahren eine naturwissenschaftliche Sichtweise an die Stelle der überlieferten Erklärung des Lebens als göttlicher Schöpfung setzte, zwang der abendländischen Geisteswelt eine ganz bestimmte Weltanschauung auf. Danach gedeihen Arten, weil sie ihren Konkurrenten in irgendeiner Form überlegen sind; sie siegen im »Kampf ums Dasein«, um Darwins Ausdruck zu gebrauchen. Entsprechend sterben Arten auch aus, weil sie in der Konkurrenz unterlegen sind; sie sind die Versager im Lebenskampf. Das ist eine stark vereinfachte Lesart für Darwins wichtigste Erkenntnis, die Theorie von der natürlichen Selektion, aber sie paßte sehr bequem zur abendländischen Moral vom Erfolg durch Leistung. Diese Moral findet ihren Ausdruck – mehr oder weniger offen ausgesprochen – in biologischen und vor allem in anthropologischen Lehrbüchern, insbesondere in solchen aus der Zeit vor ein paar Jahrzehnten.

Die biologische Vielfalt – das heißt die Zahl der Arten in ihren verschiedenen Lebensräumen – war in der Erdgeschichte kaum einmal so groß wie heute. Wir Menschen sind eine Art unter vielen Millionen – es ist die üppigste Ausstattung mit Leben, die unser Planet jemals beherbergt hat. Unter dem gerade beschriebenen Gesichtspunkt des »Evolutionserfolges durch Überlegenheit« könnten wir uns im Recht fühlen, wenn wir uns auf die Schulter klopfen und den *Homo sapiens* als das Endergebnis eines gemeinsamen Erfolges betrachten, bei dem Arten sich immer besser an ihre Umwelt anpaßten. Eine der wichtigsten neuen Erkenntnisse der Evolutionsbiologie in den letzten Jahren lautet jedoch: Nicht Überlegenheit, sondern Glück bestimmt entscheidend darüber, welche Arten überleben; das gilt insbesondere für die Phasen des Massenaussterbens. Wir müssen uns also mit dem Gedanken anfreunden, daß die Menschen sich in Gesellschaft der glücklichen Überlebenden katastrophaler erdgeschichtlicher Umwälzungen befinden und nicht der heutige Ausdruck einer früheren Überlegenheit sind.

Die Biologen interessieren sich für die Gesetzmäßigkeiten des Lebens auf der Erde und die dahinterstehenden Triebkräfte. Sie fragen: Wie entstehen neue Arten, und unter welchen Umständen verschwinden sie? Mit anderen Worten: Was ist die Ursache solcher Gesetzmäßigkeiten? Das dynamische Wechselspiel zwischen Entstehung und Aussterben von Arten bestimmt zu jedem Zeitpunkt über die Vielfalt des Lebens auf der Erde; das jeweils vorhandene Formenspektrum ist das Ergebnis der Vergangenheit und schafft die Voraussetzungen für die Zukunft. In diesem Abschnitt mit dem Titel »Zeit und Wandel« werden wir uns mit der biologischen Ursache der derzeitigen üppigen Vielfalt befassen, nämlich mit der kambrischen Explosion; ich werde beschreiben, welches Spießrutenlaufen des Massenaussterbens das Leben auf dem Weg bis zur Gegenwart durchgemacht hat; und ich werde mich auf die Stellung unserer eigenen Spezies, des *Homo sapiens*, inmitten der heutigen Formenfülle des Lebens konzentrieren.

Charles Darwin war wegen der kambrischen Explosion verwirrt und beunruhigt: Das plötzliche Auftauchen vieler Artengruppen stellte in seinen Augen die entstehende Theorie von der Evolution durch natürliche Selektion ernsthaft in Frage. Das Wesentliche an der natürlichen Selektion, wie Darwin sie sich vorstellte, war die allmähliche Veränderung, die Ansammlung winziger Abwandlungen in Anatomie oder Verhalten als Reaktion auf die jeweiligen Umweltbedingungen. In sehr langen Zeiträumen konnte das zu erheblichen entwicklungsgeschichtlichen Verschiebungen und manchmal auch zu neuen Arten führen, aber das mußte nach Darwins Überzeugung immer langsam vonstatten gehen. Wie sollte man demnach die offenbar explosive Entwicklung des Lebens im ältesten Teil der belegten Vergangenheit erklären?

Darwin tröstete sich mit der Unvollständigkeit der Fossilfunde – diesem Thema widmete er in der *Entstehung der Arten* ein ganzes Kapitel. Die kambrische Explosion, so seine Argumentation, sehe nur deshalb so dramatisch aus, weil man die Vorfahren dieser Lebewesen noch nicht entdeckt habe. Zu Darwins Zeit kannte man noch keine fossilen Überreste des Lebens, die älter als das Kambrium waren, eine Tatsache, die er als »unerklärlich« bezeichnete.[1] Er vermutete, die Organismen des Präkambriums seien nicht als Fossilien erhalten geblieben oder später durch geologische Vorgänge zerstört worden. Er spekulierte sogar, die fraglichen Fossilien könnten sich auf Kontinenten gesammelt haben, die heute am Meeresboden liegen und deshalb den Paläontologen nicht zugänglich sind. (Die heutige geologische Theorie schließt zwar aus, daß Kontinente auf diese Weise auftauchen und verschwinden, aber vor hundert Jahren hielt man solche Vorgänge durchaus für möglich.)

Jeder Paläontologe kennt das, worüber Darwin klagte: Die Fossilfunde sind oft enttäuschend lückenhaft, und zwar aus den verschiedensten geologischen Ursachen. Diejenigen unter uns, die sich für die Frühgeschichte des Menschen interessieren, würden in Ostafrika liebend gern gute geologische Formationen aus der Zeit vor vier bis acht Millionen Jahren finden, denn wir wissen, daß sich in dieser Phase interessante Entwicklungen abgespielt haben. Aber leider sind sie nach wie vor aufreizend schwer zu fassen. Wenn Darwin die Unvollständigkeit der Belege anführte, war das also keine hilflose Ausflucht, sondern die Anerkennung einer unglücklichen geologischen Realität. Eines Tages, so meinte er, werde man Fundstücke ausgraben, an denen das lange Vorspiel der scheinbar explosiven Veränderungen im Kambrium deutlich würde. Dann werde man den allmählich fortschreitenden Weg des Wandels erkennen, und die (in Darwins Augen) unangenehme Plötzlichkeit, mit der komplexe Lebensformen auftauchten, wäre beseitigt.

Abschnitte der Erdgeschichte			
Ära	*Periode*	*Epoche*	*Ungefährer Abstand zur Gegenwart (Millionen Jahre)*
Känozoikum	Quartär	Holozän (Jetztzeit) Pleistozän	
	Tertiär	Pliozän Miozän Oligozän Eozän Paläozän	65
Mesozoikum	Kreide Jura Trias		225
Paläozoikum	Perm Karbon (Ober- und Unterkarbon) Devon Silur Ordovizium Kambrium		570
Präkambrium			

Die geologische Zeittafel

Bis Belege für das Leben des Präkambriums ans Licht kamen, sollte noch fast ein Jahrhundert vergehen.

Im Jahr 1947 machte der australische Geologe R. C. Sprigg eine historische Entdeckung: In den Ediacara-Hügeln der Flinders-Kette, eines Gebirges in Südaustralien, fand er in sehr alten Sedimenten unbekannte Lebewesen, die Quallen ähnelten. Ihre besondere Bedeutung erhielt diese Entdeckung durch das Alter der Ablagerungen: Sie gingen auf die Zeit vor 670 Millionen Jahren zurück, mehr als 100 Millionen Jahre vor der Explosion des Kambriums. Auf weiteren Expeditionen wuchs die Liste der Lebewesen an; unter ihnen waren Geschöpfe, die anderen Quallen, Gliederwürmern, Gliederfüßern und Korallen ähnelten, Tieren also, die uns heute vertraut sind. Manche sahen aber auch ganz anders aus als alle bekannten lebenden oder ausgestorbenen Arten.

Diese Lebewesen, die man zusammenfassend als Ediacara-Fauna bezeichnet, hatten ausnahmslos einen weichen Körper ohne hartes Gehäuse. Das scheinbare Fehlen von Bewohnern der präkambrischen Welt hatte man unter anderem damit erklärt, daß sie nur aus weichem Gewebe bestanden und deshalb höchstwahrscheinlich nicht versteinert waren. Nur unter höchst ungewöhnlichen geologischen Voraussetzungen war es demnach möglich, einen kurzen Blick auf das empfindliche Leben des Präkambriums zu erhaschen. Die feinkörnigen Sandsteinsedimente der Ediacara-Hügel boten solche Voraussetzungen: Sie hatten die Form der Lebewesen bewahrt, statt sie zu zerquetschen und zu vernichten.

Seit dieser ersten Entdeckung hat man in vielen Teilen der Erde ähnliche Ansammlungen einfach gebauter Lebewesen mit weichem Körper aus der gleichen Zeit des Präkambriums gefunden. Damit war die Möglichkeit, daß es sich bei dem Schatz in den Ediacara-Bergen um eine geologische Laune handelte, ausgeschlossen. Die Tiere der Ediacara-Fauna waren formenreich und weltweit verbreitet, Elemente eines offenbar wichtigen Stadiums in der Entwicklung von einfachen zu komplizierteren Einzellern und schließlich zu den komplexesten Lebensformen, den vielzelligen Organismen. Aber das Fortschreiten von den einfachen zu komplexeren Formen war kein zwangsläufiger, vorhersagbarer Vorgang. Wie wir gesehen haben, erschienen die Vielzeller in der Erdgeschichte erst spät auf der Bildfläche, und den Grund dafür hat man vermutlich erst vor kurzem erkannt. »Wir haben Anhaltspunkte dafür, ..., daß das physische System Erde zu der Zeit, als vielzellige Tiere entstanden, größeren Umwälzungen unterlag... So nahm der Sauerstoffgehalt in der Atmosphäre deutlich zu«, erklärte Andrew Knoll, ein Geologe an der Harvard University.[2] Solange der Sauerstoffgehalt der Luft nicht von nur einem Prozent auf die knapp 21 Prozent der Jetztzeit angestiegen war, konnten Lebewesen, die größer als eine einzelne Zelle waren, schlicht und einfach nicht existieren. Die Idee, daß Sauerstoffmangel das Auftauchen komplexer Lebensformen verhinderte, hat eine lange Geschichte; sie geht dreißig Jahre weit zurück, aber erst in jüngster Zeit fand man geochemische Belege für einen plötzlichen Anstieg des Sauerstoffgehalts.

Veränderungen der physikalischen Umweltbedingungen können zu einer machtvollen Triebkraft des entwicklungsgeschichtlichen Wandels werden, und oft waren sie der entscheidende Faktor. Nach meiner Überzeugung gilt das auch für die Entstehung der Menschenfamilie vor etwa fünf Millionen Jahren, also in recht junger Vergangenheit; es war vermutlich entscheidend für das Auftauchen von *Homo*, unserer eigenen Gattung, und ebenso dürfte es auch vor ungefähr 630 Millionen Jahren beim Auftauchen der ersten Vielzeller gewesen sein. Eine solche Erklärung hätte Darwin wahrscheinlich gefallen, denn er war sich immer darüber im klaren, daß der »Kampf ums Dasein« sowohl die Wechselbeziehungen mit anderen Lebewesen als auch die mit der physikalischen Umwelt umfaßte.

Die Entdeckung der Ediacara-Fauna löste in der Geologengemeinde einen allgemeinen Seufzer der Erleichterung aus, denn im allgemeinen teilte man Darwins Ansicht über die allmähliche Entwicklung in langen Zeiträumen. Hier war sie endlich, die Tierwelt, die dem Leben des Kambriums vorausgegangen war. Die kambrische Explosion war also doch kein plötzliches Ereignis gewesen, sondern es handelte sich, wie Darwin vorausgesagt hatte, um eine irreführende Verfälschung durch die unvollständigen Fossilfunde. Die »großen und ganz unbekannten Perioden« vor dem Kambrium waren demnach tatsächlich »von lebenden Geschöpfen erfüllt«, wie Darwin geschrieben hatte.[3] An dem langen Vorspiel des einzelligen Lebens war zwar nicht zu zweifeln, aber die Entstehung der Vielzeller erschien jetzt nicht mehr als abruptes Ereignis, sondern als allmähliche Entwicklung.

Mehrere Jahrzehnte sollten vergehen, bevor sich Zweifel an der wahren Natur der Ediacara-Fauna zusammenbrauten. Manche ihrer Lebewesen waren zwar tatsächlich rätselhaft und ließen sich nicht ohne weiteres mit späteren Lebensformen in Verbindung bringen, aber in den meisten hatte man Vorfahren des einen oder anderen Tiers im Kambrium erkannt. Seit Mitte der achtziger Jahre stellte man jedoch die meisten dieser Verbindungen in Frage, vielleicht mit Ausnahme der Schwämme. Einer der ersten, die an der herkömmlichen Interpretation zweifelten, und sicher der einflußreichste Vertreter dieser Ansicht war der Paläontologe Adolf Seilacher von der Universität Tübingen. Er räumte zwar oberflächliche Ähnlichkeiten zwischen Ediacara-Tieren und späteren Arten ein, behauptete aber, ihr Grundbauplan sei unterschiedlich. So bedienen sich die heutigen Organismen für die Aufnahme von Nährstoffen und Gasen verschiedener Systeme innerer Röhren. Bei der Ediacara-Fauna gab es solche Organe nicht; statt dessen hatten diese Tiere, so Seilachers Beobachtung, »eine einzigartige Steppdecken-Konstruktion«.[4] Da sich die Ediacara-Tiere in ihrem inneren Körperbau so grundlegend von späteren Lebewesen unterschieden, vertrat Seilacher die Ansicht, sie könnten keine Vorfahren der Tierwelt im Kambrium sein. Die Funde aus Australien, so seine Aussage, »sind nicht die Vorfahren der heutigen Tiere und Pflanzen, sondern ein fehlgeschlagenes Experiment der präkambrischen Evolution«.[5]

Seilachers Ansicht setzte sich recht schnell durch. Im Oktober 1989 schrieb beispielsweise Simon Conway Morris, ein Geologe der Universität Cambridge in England, in der Fachzeitschrift *Science* über »ein auffälliges Fehlen von Zusammenhang zwischen der Ediacara-Fauna und der später folgenden kambrischen Fauna«. Zwar merkte er an, welche geologischen Effekte die Uneinheitlichkeit hervorrufen könnten, aber er gelangte zu dem Schluß, in den Unterschieden »könnte sich ein umfangreiches Aussterben der Ediacara-Tierwelt widerspiegeln«.[6] Vier Jahre später verfeinerte er

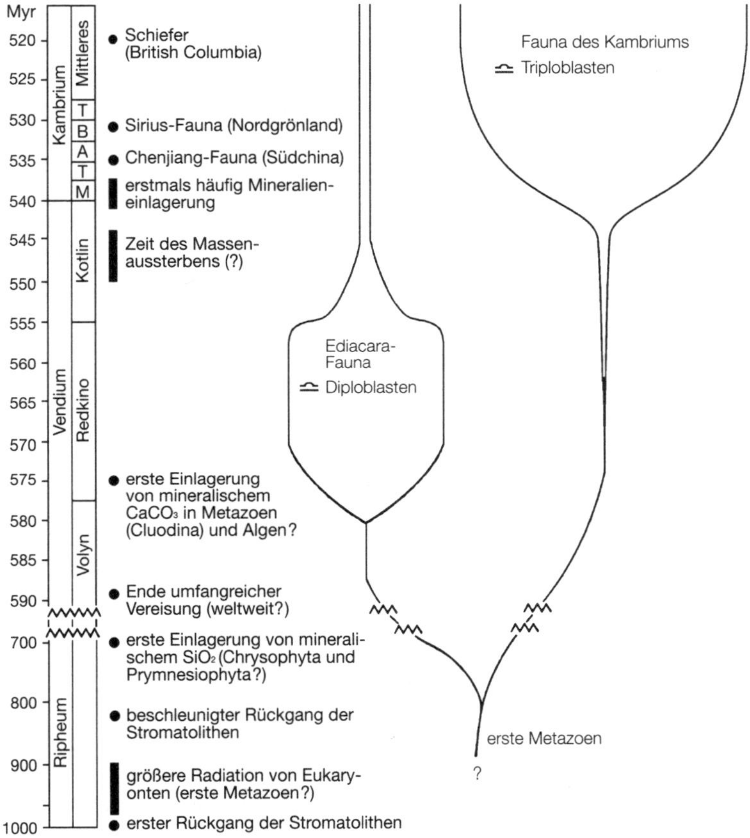

Die Tiere der Ediacara-Fauna, die man anfangs für Vorläufer aller späteren komplex gebauten Lebewesen hielt, waren in Wirklichkeit vermutlich ein eigenständiges Evolutionsexperiment und hinterließen nur wenige oder gar keine Nachkommen. (Nachdruck mit freundlicher Genehmigung aus *Nature*, Bd. 361, Seite 219, von Simon Conway Morris. © 1993 Macmillan Magazines Limited.)

in der Zeitschrift *Nature* seine Ansicht: Er veröffentlichte eine Graphik über das Leben im Präkambrium und Kambrium, die eine anfangs gedeihende Ediacara-Fauna und dann ihren fast völligen Niedergang zeigte, die Folge eines weltweiten Aussterbens, wie man es seitdem nicht wieder beobachtet hat.

Hundert Millionen Jahre lang waren die Ediacara-Tiere auf der Erde die komplexesten Lebensformen. Ihr Auftauchen hatte für die Lebensgemeinschaften der Mikroorganismen verheerende Folgen. Die Prokaryonten, zu denen später die einzelligen Eukaryonten hinzukamen, hatten über drei Milliarden Jahre lang mit Kolonien als höchster Organisationsform gelebt. Das Auftauchen neuer Arten und das Aussterben anderer waren nicht immer gleich schnell verlaufen: Phasen mit hoher Artenfluktuation hatte es gegeben, aber kein Massensterben. Das änderte sich erst, als die exotischen Geschöpfe der Ediacara-Zeit auf der Bildfläche erschienen: Jetzt starben etwa 75 Prozent der einzelligen Arten aus, die bis dahin die lebenden Schichten der Stromatolithen gebildet hatten: Sie wurden von den großen Burschen von nebenan einfach abgegrast. Aber dann verschwanden auch die Ediacara-Tiere, als Opfer von etwas, das wir nicht kennen. Heute wissen wir, daß die meisten Arten der Ediacara-Fauna Vorfahren vor gar nichts waren, sondern nur Überreste eines großen, fehlgeschlagenen Evolutionsexperiments.

Nun fiel also die Ediacara-Fauna als der ersehnte Vorgänger der kambrischen Welt aus, der den von Darwin vorhergesagten allmählichen Wandel repräsentiert hätte, und damit war die kambrische Explosion wieder das Rätsel, das nach einer außergewöhnlichen Erklärung verlangte. Zu Recht hat man sie als »das große Geheimnis in der Geschichte des Lebens« bezeichnet.

3 Die treibende Kraft der Evolution

Die kambrische Explosion vor einer halben Milliarde Jahren war ein Evolutionsschub, der in der Geschichte des Lebens bis dahin nicht seinesgleichen hatte und sich auch, wie wir noch sehen werden, seither nicht wiederholt hat. In einem nach geologischen Maßstäben kurzen Zeitraum entstand eine Fülle neuer Lebensformen. Die Biologen wüßten liebend gern, welche Kraft hinter diesem auffälligen Geheimnis des Lebens steckt. David Jablonski und David Bottjer, zwei Paläontologen der University of Chicago, meinen: »Innovation ist die Triebkraft der Makroevolution.«[1] Als Makroevolution bezeichnet man die großen Verschiebungen in der Geschichte des Lebens wie zum Beispiel das Auftauchen der Blütenpflanzen oder die Entstehung der Plazenta als Mittel zur Ernährung des Embryos, die einen wichtigen Schritt auf dem Weg zu echten Säugetieren darstellte. Makroevolution besteht aus den größeren Einschnitten in der Entwicklung des Lebens, und es gibt keinen größeren oder dramatischeren Einschnitt als die kambrische Explosion, die eigentlich den Schauplatz für die gesamte weitere Erdgeschichte vorbereitete. In dieser kurzen Phase entwicklungsgeschichtlicher Neuerungen entstanden alle grundlegenden Körperbaupläne, nach denen die heutigen vielzelligen Lebewesen gestaltet sind.

Bis vor kurzem glaubte man, die kambrische Explosion habe etwa 20 bis 30 Millionen Jahre gedauert – nach den üblichen großen Maßstäben der geologischen Zeitrechnung tatsächlich eine sehr kurze Phase, insbesondere im Vergleich zum Ausmaß der Veränderungen. Ende 1993 strich eine Arbeitsgruppe aus Geologen und Paläontologen der Harvard University die Schätzungen für die Dauer der kambrischen Explosion nochmals um über die Hälfte zusammen: Sie soll nach dieser Argumentation höchstens zehn, vielleicht sogar nur fünf Millionen Jahre gedauert haben. Mein Freund Stephen Jay Gould, der ebenfalls an der Harvard University arbeitet, meinte kurz nach dieser Entdeckung: »Jetzt ist dieser größte aller Evolutionsschübe noch stärker ein echter Schub, als wir geglaubt hatten.«[2] Der allmähliche Ablauf der Evolution, den der orthodoxe Darwinismus fordert, reicht allein als Erklärung für einen so umfassenden und schnellen Vorgang ganz eindeutig nicht aus, so daß man nach anderen Begründungen suchen muß. Jablonski und Bottjer warnen die Biologen, es sei eine schwierige Aufgabe, nach Erklärungen für die Triebkraft dieser außergewöhnlichen Entwicklung zu suchen. Sie schreiben: »Die tiefgreifendsten Entwicklungen, größere Neuerungen, gehören zu den am wenigsten geklärten Bestandteilen des Evolutionsprozesses.«[3]

Mit diesem Kapitel verfolge ich zwei Ziele. Erstens werde ich mich mit dem Wesen der kambrischen Evolution beschäftigen und einige Hypothesen erörtern, die man zu ihrer Erklärung aufgestellt hat. Und zweitens werde ich mich auf die kürzlich entdeckten, ungewöhnlichen Eigenschaften dieses Ereignisses konzentrieren, die alle herkömmlichen Beschreibungen der Erdgeschichte in Frage stellen.

Wenn Touristen nach Kenia kommen und wilde Tiere sehen wollen, stehen die bekanntesten und am stärksten romantisierten Arten der afrikanischen Tierwelt ganz oben auf ihrer Wunschliste: Elefanten, Löwen, Nashörner, Leoparden und Büffel. Wenn sie nach Hause fahren müssen, ohne Geschichten von der Nähe zur Natur und von Begegnungen mit diesen Geschöpfen in freier Wildbahn erzählen zu können, fühlen sie sich betrogen. Ich kann das verstehen, denn solche majestätischen Lebewesen erzeugen beim Beobachter ein Gefühl der Ehrfurcht. Sie sind auffällige und unersetzliche Bestandteile des üppigen Ökosystems meines Landes, meines Kontinents. Wir Menschen fühlen uns offenbar vom Dramatischen angezogen – und ein matriarchalisch organisiertes Elefantenrudel, reißende Löwen oder eine Büffelherde in Drohhaltung sind zweifellos dramatisch. Aber sie sind nur ein Teil des afrikanischen Ökosystems und aller Ökosysteme weltweit, und zwar nur ein recht geringfügiger. Die

Zahl der Säugetierarten, die in ihrer großen Mehrheit viel kleiner sind als diese majestätischen Geschöpfe, beläuft sich vielleicht auf viertausend – ein winziger Bruchteil der vielen Millionen Spezies, die heute das Leben auf der Erde ausmachen. Wir lassen uns von ein paar Raritäten des Lebendigen betören, die in einer bunten Vielfalt »kleinerer« Mitspieler im großen Spiel des Lebens existieren und von ihnen abhängig sind.

Die Wirbeltiere gehören zu den Chordatieren, einem der etwa 30 Stämme des heutigen Tierreiches. Bei den übrigen neunundzwanzig handelt es sich meist um Lebensformen, die wir vermutlich »bescheiden« nennen würden: Gliederfüßer (mit Spinnen, Insekten, Krebsen und ihren Verwandten), Ringelwürmer (Regenwürmer und dergleichen), Korallen, Schwämme, Weichtiere (Muscheln, Schnecken und Tintenfische) und Stachelhäuter (Seeigel, Seesterne und Sanddollars). Das Känozoikum, die geologische Ära der Jetztzeit, wird oft auch als Zeitalter der Wirbeltiere bezeichnet, was eine sehr voreingenommene Sichtweise für das Leben erkennen läßt. Nach einer genaueren Beurteilung für den Erfolg im Lebensspiel ist es (zumindest nach Zahlen) das Zeitalter der Gliederfüßer; sie herrschen heute ebenso vor wie in den meisten anderen Phasen der Erdgeschichte und stellen etwa 40 Prozent aller lebenden Arten.

Wie ich bereits erwähnt habe, gibt es heute mehr Arten als jemals zuvor in der Erdgeschichte, und jede davon ist eine einzigartige Variante eines der 30 grundlegenden Körperbaupläne. Diese Zunahme der Artenvielfalt im Laufe der Evolution ist eines der großen Rätsel des Lebens auf der Erde, entstanden durch den unausweichlichen Druck der treibenden Kraft hinter der Evolution, die zu ein paar grundlegenden Themen unzählige Variationen geschaffen hat. Die etwas über 30 Grundbaupläne gehen alle auf die Zeit des Kambriums zurück, auf jene Orgie der Neuentwicklungen, die sich vor 530 bis 525 Millionen Jahren abspielte. Wenn ein potentieller Stamm im Kambrium fehlte, fehlte er für alle Zeiten. Es war, als sei die Fähigkeit zu entwicklungsgeschichtlichen Sprüngen, die größere Neuerungen der Funktion hervorbrachten und damit die Voraussetzungen für neue Stämme schufen, am Ende des Kambriums irgendwie verlorengegangen und als habe die Triebfeder der Evolution einen Teil ihrer Kraft verloren.

Man sollte die kambrische Evolution also als etwas Besonderes betrachten, und zwar nicht nur weil sie in so kurzer Zeit so viele Neuerungen hervorbrachte, sondern auch weil diese Fülle nie wieder auch nur annähernd erreicht wurde. Offenbar hatten die Mechanismen der Makroevolution, die vor einer halben Milliarde Jahren wirkten, etwas äußerst Besonderes oder vielleicht sogar Einzigartiges. Jeffrey Levinton, ein Biologe der State University of New York in Stony Brook, formulierte das Dilemma, dem die Biologen in dieser Frage gegenüberstehen, sehr anschaulich: »Warum hat die Evolution während der letzten Hunderte von Jahrmillionen keine grundsätzlich neuen Körperbaupläne hervorgebracht?«[4] Auf diese Frage hat man im Laufe der Jahre zwei wichtige Antworten formuliert. Die erste beruft sich auf ökologische Prinzipien, die zweite auf die Genetik, und beide sind sehr theoretisch. Es gab auch andere Erklärungsversuche, die noch spekulativer waren.

Ökologisch gesehen, war die Erde im Kambrium recht einfach strukturiert. Es gab mehrere hunderttausend Arten von Einzellern und Restpopulationen der Ediacara-Fauna; aber die Nischen, die heute von den vielzelligen Lebewesen besetzt sind, waren damals noch nicht ausgefüllt. Deshalb bot die Welt im frühen Kambrium unbegrenzte ökologische Möglichkeiten. »Die Ökosysteme hatten Platz für alles – kriechende, gehende, grabende, saugende und raubende Arten, was man will –, und das Leben machte sich diese Gelegenheit in beispielloser Weise zunutze«, meint Gould. »Nachdem die Möglichkeiten in der kambrischen Explosion ausgeschöpft waren, konnte sich nie wieder eine ähnliche Gelegenheit bieten, denn der verfügbare ökologische Raum war nie wieder so leer.«[5] Die Idee von den leeren ökologischen Nischen, die James Valentine aus Berkeley vor 20 Jahren zum erstenmal vertrat, liegt im Rahmen der üblichen darwinistischen Lehre, denn sie geht davon aus, daß äußere Einflüsse das Leben gestaltet haben.

Nach dieser Vorstellung waren entwicklungsgeschichtliche Neuerungen in der letzten halben Milliarde Jahren immer gleich häufig, aber die Überlebenschancen für ihre Ergebnisse haben sich verändert. Im frühen Kambrium blieben Neuentwicklungen auf der Ebene der Stämme erhalten, weil sie wenig Konkurrenz hatten. Später, als alle vorhandenen Nischen besetzt waren, schlugen größere neue Versuche auf dieser Ebene fehl, einfach weil kein ökologischer Spielraum mehr vorhanden war. Das ist eine reizvolle Hypothese, nicht zuletzt weil sie zu den hergebrachten Prinzipien der Biologie paßt – was immer eine gute Voraussetzung ist. Sie hat etwas erfreulich Einfaches und Vertrautes.

Im Jahr 1987 stellte Valentine diese Vorstellung auf einen zumindest theoretischen Prüfstand. Dazu tat er sich mit Douglas Erwin, der heute an der Smithsonian Institution in Washington arbeitet, und Jack Sepkoski von der University of Chicago zusammen; gemeinsam unterzogen sie die Fossilfunde nochmals einer genauen Prüfung. Wie sie feststellten, löschte ein weiteres bemerkenswertes Ereignis der Erdgeschichte – das größte Massenaussterben aller Zeiten – am Ende der Permzeit vor etwa 225 Millionen Jahren bis zu 96 Prozent aller meeresbewohnenden Arten aus. Diese gewaltige globale Katastrophe ermöglichte als Experiment der Natur einen Vergleich zwischen zwei erdgeschichtlichen Epochen, in denen die Erde ökologisch ausgedünnt war. Wenn in beiden Perioden tatsächlich ökologische Freiräume vorhanden waren, hätte man der Hypothese zufolge auch in beiden eine ähnliche Reaktion erwartet: eine Welle der entwicklungsgeschichtlichen Neuerungen.

»Es ist sehr unwahrscheinlich, daß zu jener Zeit mehr als ein paar hundert oder höchstens tausend [vielzellige] Arten in der marinen Biosphäre lebten«, meinten Valentine und seine Kollegen. »Jedenfalls folgte eine starke Zunahme der Vielfalt.«[6] Wie man an den fossilen Überresten erkannte, hatte die Welle der Neuentwicklungen nach dem Massenaussterben im Perm ein ähnliches Ausmaß wie bei der kambrischen Explosion – aber nur in quantitativer, nicht in qualitativer Hinsicht.

In der Biologie teilt man die Lebewesen nach einer Klassifikationshierarchie ein, in der auf der untersten Ebene die Art und fast auf der obersten der Stamm steht (ganz oben steht das Reich); dazwischen liegen Gattung, Familie, Ordnung und Klasse. Im mittleren Bereich dieser Hierarchie ähnelten die beiden Phasen der Neuentwicklung sich stark. Während des Kambriums tauchten zum Beispiel insgesamt etwa 470 neue Familien auf, vergleichbar der Zeit nach dem Perm mit 450 Familien. Unterhalb der Ebene der Familie brachte die kambrische Explosion relativ wenige neue Arten hervor, während auf das Perm eine gewaltige Zunahme der Artenvielfalt folgte. Auf den Ebenen oberhalb der Familie geschah nach dem Perm jedoch nicht viel: Es entstanden wenige neue Klassen und kein einziger neuer Stamm. Offensichtlich war die Triebkraft der Evolution in beiden Perioden wirksam, aber im Kambrium sorgte sie für mehr und extremere Experimente als nach dem Perm, als eher Variationen der bereits vorhandenen Themen durchgespielt wurden.

Auf den ersten Blick scheint das die Hypothese von den leeren ökologischen Nischen zu entkräften, denn nach der Krise im Perm boten sich mit Sicherheit Gelegenheiten für das Überleben entwicklungsgeschichtlicher Neuerungen, und doch gab es keine. Nein, argumentieren Valentine und seine Kollegen, die Hypothese bleibt gültig. Es stimmt zwar, daß bei dem Massenaussterben im Perm 96 Prozent aller Arten verschwanden, aber der Rest repräsentierte das vollständige Spektrum ökologischer Nischen, obwohl die absolute Artenzahl drastisch gesunken war: Es war, als seien die Lebewesen nach der Krise trotz ihrer spärlichen Verbreitung in ihren Bauplänen immer noch so vielfältig gewesen, daß sie den ökologischen Kuchen unter sich aufteilen konnten. Es gab schlicht keinen Spielraum für wichtige neue Körperformen, keine unbesetzte Nische, in der sich etwas Neues hätte festsetzen können. Variationen der vorhandenen Themen waren möglich, aber keine größeren Abweichungen.

Mir ist klar, warum diese Hypothese ihre Befürworter hat. Sie erscheint sofort sehr sinnvoll. Aber auch die genetische Hypothese muß man in Erwägung ziehen. Sie besagt im Gegensatz zu den ökologischen Überlegungen, daß die Triebkraft der Evolution im Kambrium qualitativ anders war als in späterer Zeit. Insbesondere postuliert sie für die Frühzeit der vielzelligen Lebensformen eine umfangreichere Entstehung entwicklungsgeschichtlicher Neuerungen. Der Grund für diesen Unterschied soll eine anfangs »lockerer« organisierte Ausstattung mit genetischem Material sein. Demnach wurden die Elemente des Genoms im Laufe der Zeit immer enger verzahnt, so daß Störungen des Systems immer schwerer zu bewältigen waren. Größere genetische Veränderungen, die zu umfangreichen morphologischen Abwandlungen führen, sind in einem locker organisierten Genom eher möglich als bei stark integrierten Genen. Deshalb konnte die Evolution im Kambrium größere Sprünge machen; später wäre sie demnach stärker eingeschränkt gewesen, so daß nur noch kleinere Schritte auf der Ebene der Klassen möglich waren. Soweit zumindest die Hypothese.

Wie sich solche Annahmen überprüfen lassen, kann man sich nicht ohne weiteres vorstellen, denn die ursprünglichen Genome stehen heute für die Untersuchung im Labor nicht mehr zur Verfügung. Die Hypothese ist aber plausibel, denn die Komplexität der Genome dürfte ebenso eine Evolution durchgemacht haben wie die Organismen als Ganzes. Im frühen Kambrium gab es bei den Arten eine ungewöhnlich starke Fluktuation: Sie entstanden im Vergleich zu anderen erdgeschichtlichen Epochen schnell und starben auch schnell wieder aus. Heißt das, daß die Evolution in jener frühen Zeit wegen der lockerer organisierten Genome weniger Beschränkungen unterlag? Vielleicht. Aber man könnte auch eine ökologische Erklärung anbieten und davon ausgehen, daß äußere, außergewöhnliche Umweltbedingungen die treibende Kraft des Wandels waren. Gestützt wird diese Ansicht durch die Beobachtung, daß die starke Artenfluktuation nicht nur die vielzelligen Lebewesen, sondern auch die Einzeller betraf. Zwar gibt es mehrere Theorien, die Umweltveränderungen unterstellen, beispielsweise eine veränderte chemische Zusammensetzung des Meerwassers mit der Folge, daß nun kalkhaltige Skelette entstehen konnten, aber überzeugende Indizien für eine physikalische Triebkraft der kambrischen Explosion gibt es bis heute nicht. Valentine führte kürzlich zwanzig solche Hypothesen auf, die im Laufe der Jahre von verschiedenen angesehenen Fachleuten aufgestellt wurden. Eine derart lange Liste von Vermutungen läßt insgesamt bei den Biologen wohl eher die Hoffnung auf eine Lösung schwinden, als daß eine von ihnen wirkliche Erkenntnisse über das Problem liefert.

Das große Geheimnis des Lebens hält die Biologen also weiterhin in Atem – mit seinem zeitlichen Ablauf, seinem Wesen und seinem Umfang. Aber jetzt muß ich etwas bekennen: Ich habe bisher die Hälfte der Geschichte verschwiegen, und zwar nachweislich die faszinierendere Hälfte. Die Tatsache, daß die Triebkraft der Evolution während des frühen Kambriums in der beschriebenen Weise gewirkt hat – das heißt daß alle heutigen Körperbaupläne in einem winzigen Bruchteil der gesamten Evolutionszeit entstanden sind –, reicht allein schon aus, um unsere Aufmerksamkeit und unseren Respekt zu wecken. In den letzten Jahren hat sich aber gezeigt, daß die Neuerungen noch außergewöhnlicher waren, als man sich bis dahin vorstellen konnte. Und die Geschichte des Lebens nach der Explosion war völlig unglaublich. Aus ihr ergeben sich tiefgreifende Auswirkungen auf unsere Ansichten über die Erdgeschichte.

Wie ich schon erwähnt habe, entstanden alle heutigen Tierstämme in einem kurzen Zeitraum der Kreativität vor etwa einer halben Milliarde Jahren. In Wirklichkeit gab es sogar neben den heutigen Stämmen vermutlich noch bis zu siebzig weitere, die schon vor langer Zeit ausgestorben sind. Der Biologe Edward Wilson von der Harvard University bezeichnet diese Epoche als »Periode wilden Experimentierens, in der Körperbaupläne, die man nie zuvor und nie danach zu sehen bekam, erfunden und wieder verworfen wurden«.[7] Sich in die Fossilfunde zu vertiefen und so auf jene Zeit zurückzublicken ist wie eine Reise in eine fremde Welt, bevölkert von Geschöpfen mit einem Körperbau, wie wir ihn noch nie gesehen haben. Die Dinosaurier mit ihrer gewaltigen Größe und ihrer oft furchterregenden Bewaffnung erscheinen uns schon seltsam genug, aber sie sind dem Blick des Biologen vertraut: Er sieht in ihnen eine interessante Form landlebender Vierfüßer, zu denen auch Krokodile und Elefanten, Spitzhörnchen und Löwen gehören. Damals im frühen Kambrium gab es aber Lebewesen, die trotz ihrer geringen Größe wie Geschöpfe aus einem Science-fiction-Roman aussahen.

Als man vor neunzig Jahren zum erstenmal die Produkte der kambrischen Explosion sah und untersuchte, hatte man von ihnen ein ganz anderes Bild. Die Geschichte dieser Wahrnehmungsverschiebung ist heute ein Wissenschaftsklassiker, den Gould 1989 in seinem Buch *Wonderful Life* hervorragend nachgezeichnet hat. Es ist die Geschichte zweier Männer und ihrer Hingabe an das, was sie jeweils für die Wahrheit hielten.

Im November 1909 entdeckte Charles Doolittle Walcott das, was Gould als »heiligen Gral der Paläontologie« bezeichnet hat: den Burgess-Schiefer. Als er an den Westhängen zwischen Wapta Mountain und Mount Field im Süden der kanadischen Provinz British Columbia nach Fossilien suchte, stieß er gewissermaßen auf ein marines Pompeji oder eigentlich sogar auf mehrere Pompejis, die wie die Seiten eines Buches aufeinandergeschichtet waren. Immer wieder waren Lebensgemeinschaften aus dem Flachwasser durch plötzliche Schlammablagerungen zugeschüttet worden, so daß sie erhalten blieben und uns einen Blick auf die Lebenswelt kurz nach der kambrischen Explosion vor über einer halben Milliarde Jahren ermöglichen. In einem Brief an einen Kollegen bemerkte Walcott damals, er habe »einige sehr interessante Dinge« gefunden.[8] Damit hatte er recht, aber was sie wirklich bedeuteten, erkannte er aus verschiedenen Gründen nicht.

In den nächsten beiden Jahrzehnten seines ausgefüllten Lebens beschäftigte Walcott sich immer wieder eine Zeitlang mit dem umfangreichen Fossilmaterial, das er und seine Mitarbeiter nach Washington, D.C. gebracht hatten. Er fertigte sorgfältige Zeichnungen von allen seinen Beobachtungen an und ordnete jedes Tier einem bekannten Stamm zu. Mit anderen Worten: Walcott sah im Burgess-Schiefer ein primitiveres Abbild der heutigen Tierwelt. Wie Darwin rechnete er voll und ganz damit, daß weitere Fossilfunde die richtigen Vorläufer der kambrischen Fauna in einer langen Evolutionskette aufzeigen würden. Und er stellte sich – ebenfalls wie Darwin – vor, das Leben schreite in einer allmählichen Entwicklung fort, ohne dramatische Schübe oder Verzögerungen. Die hervorragendend erhaltenen Tiere des Burgess-Schiefers, so Walcott, »bereiteten eigentlich den entwicklungsgeschichtlichen Boden für die ganze weitere Erdgeschichte«, wie ich es im ersten Abschnitt dieses Kapitels beschrieben habe.

Der zweite Teil der Geschichte beginnt Anfang der sechziger Jahre, als Harry Whittington, ein Paläontologe der Universität von Cambridge, Walcotts Ausgrabungsstätte erneut öffnete. »Wir schlugen auf 2100 Meter unser Lager auf und kletterten dann noch 50 Meter bis auf den Bergkamm«, berichtet er. »Man steht dort hoch über einem glitzernden grünen See und blickt nach Westen auf die schneebedeckten Rocky Mountains. Und was am besten ist: Wenn man die Steine aufschlägt, findet man die schönsten Fossilien.«[9] Unter den Versteinerungen waren Schwämme, Quallen, Würmer, Weichtiere und viele Gliederfüßer. Manche waren seßhafte oder bewegliche Bewohner des Meeresbodens, andere schwammen oder ließen sich im Wasser treiben. Zum erstenmal tauchten in der entstehenden Vielfalt des Lebens Tiere mit Kalkskelett auf. Ein solches Knochengerüst besaßen etwa 20 Prozent der ungefähr 140 im Burgess-Schiefer identifizierten Arten, die allerdings nur fünf Prozent der gesamten Invdividuenzahl ausmachten. Alle Geschöpfe der Burgess-Tierwelt waren unabhängig von ihrer Lebensweise als flache, schemenhafte Abbilder in den dünnen Schieferschichten erhalten, und ihre äußere Anatomie war praktisch in allen Einzelheiten zu erkennen.

In den folgenden zehn Jahren heuerte Whittington eine kleine Gruppe intelligenter junger Wissenschaftler an, die mit ihm das reichhaltige Material aus der ersten Expedition und späteren Grabungen auswerten sollten. Schon sehr bald zeigte sich bei den Befunden eine gewisse Regelmäßigkeit: Man konnte nicht nur wie Walcott Geschöpfe identifizieren, die heute noch Nachkommen haben, sondern es stellte sich auch heraus, daß viele Lebewesen aus dem Burgess-Schiefer im Gegensatz zu Walcotts Erkenntnissen keine Nachkommen hatten. So fanden Whittington und seine Mitarbeiter beispielsweise Vertreter aller drei Typen der heutigen Gliederfüßer (Spinnen, Insekten und Krebsartige) sowie Trilobiten, die Lieblingstiere jedes jungen Fossiljägers, die am Ende des Perm vor

250 Millionen Jahren ausstarben. Außerdem gab es aber auch viele andere Typen von Gliederfüßern, die alle das Kambrium nicht überlebten.

Je länger sich Whittington und seine Kollegen mit den altertümlichen Tieren beschäftigten, desto seltsamer erschienen ihnen diese Geschöpfe. Schließlich hatten sie eine Liste von etwa zwanzig Arten, die sich »allen Versuchen, eine Verbindung zu bekannten Stämmen herzustellen, entzogen«,[10] so der Bericht von Whittington und Simon Conway Morris, einem seiner jüngeren Mitarbeiter. Diese bizarren Lebewesen, die sie völlig zu Recht als *Problematica* bezeichneten, entsprachen keinem bekannten Körperbauplan. Sie waren in der kurzen Phase des »wilden Experimentierens« plötzlich auf der Bildfläche erschienen und ebenso plötzlich wieder verschwunden. Diesen völlig unerwarteten Ablauf konnten Whittington und seine Kollegen erkennen, weil sie sich im Gegensatz zu Walcott nicht die Scheuklappen einer rein darwinistischen Sichtweise zu eigen gemacht hatten. Walcott war davon ausgegangen, daß die Formen des Kambriums nur Vorstufen zur heutigen Tierwelt waren, und deshalb hatte er auch da Verbindungen zwischen Altem und Modernem hergestellt, wo es keine gab. Wie so oft in der Wissenschaft sah Walcott in den Befunden, die er vor sich hatte, genau das, was er sehen wollte.

Nachdem Whittington und seine Kollegen entdeckt hatten, daß in der kambrischen Explosion eine Fülle neuer Körperbaupläne entstanden und zu einem erheblichen Teil schnell wieder verschwunden war, erhob sich eine große Frage: Was bestimmt darüber, wer die Gewinner und wer die Verlierer sind? Gould meint dazu: »Wir können zwei zusammenhängende Fragen stellen. Erstens: Waren die einzigartigen Stämme der Burgess-Fauna wegen ihrer ungeeigneten Gestaltung dazu verdammt, als fehlgeschlagene Experimente nach dem ersten Aufblühen des tierischen Lebens schnell wieder zu verschwinden? Und zweitens, was die heute noch existierenden Gruppen mit Vertretern im Burgess-Schiefer angeht: Hätte man von vornherein voraussagen können, welchen von ihnen eine beherrschende Stellung bestimmt war und welche später eine Randexistenz in den Ecken und Winkeln einer unbarmherzigen Welt führen würden?«[11] Diese Fragen zielen auf den Kern unserer Sichtweise für die Geschichte des Lebens.

Nach der herkömmlichen Ansicht, wonach – um Darwins Formulierung zu gebrauchen – »alle Natur sich im Krieg befindet, im Krieg eines Lebewesens gegen das andere«[12], ist Konkurrenz das Mittel, mit dem die von der natürlichen Selektion verfeinerte anatomische Gestaltung auf den Prüfstand gestellt wird: Überlegener Körperbau führt zum Sieg im Lebenskampf; unterlegene Gestaltung gerät in Vergessenheit. Genau so charakterisierten Conway Morris und Whittington 1979, in der Frühphase ihrer Arbeiten, in einem Fachartikel die Ereignisse: »Viele Tiere des Kambriums scheinen erste Experimente verschiedener [vielzelliger] Gruppen zu sein, die dazu bestimmt waren, zu gegebener Zeit von besser angepaßten Formen verdrängt zu werden«, meinten sie. »Nach der Aufspaltung im Kambrium bestand der weitere Trend offenbar darin, daß relativ wenige Gruppen Erfolg hatten und in ihrer Artenzahl immer mehr anwuchsen, während viele andere Gruppen ausstarben.«[13]

Im ersten Schritt der Umwälzungen, die zur Neuinterpretation des Burgess-Schiefers führten, mußte man also die Vorstellung akzeptieren, daß sich hier eine Welt der flüchtigen Existenz zeigte: Es entstanden viel mehr Körperbaupläne, als letztlich überlebten. Im zweiten Schritt behauptete man dann, die Opfer dieses Massenaussterbens seien in echt Darwinscher Manier wegen ihres unterlegenen Körperbaus zugrunde gegangen. Diese Ansicht wurde erwartungsgemäß zur allgemeinen Lehrmeinung. Aber es gab noch einen dritten Schritt, und mit ihm hatte man nicht gerechnet.

Je eingehender Whittington und seine Kollegen die Tiere aus dem Kambrium untersuchten, desto deutlicher erkannten sie, daß bei den überlebenden Arten kein eindeutiger Konkurrenzvorteil und bei den ausgestorbenen keine besonderen Schwächen zu erkennen waren. Gould zeichnet in *Wonderful Life* nach, wie in den Veröffentlichungen von Whittington und seinen Mitarbeitern allmählich die Erkenntnis reifte, daß Konkurrenz vielleicht nicht des Rätsels Lösung war: »Sie sprachen immer weniger von ›primitivem‹ Körperbau und gaben sich immer mehr Mühe, die funktionelle Spezialisierung der Burgess-Tiere zu erkennen«, beobachtet Gould. »Sie schrieben weniger über vorhersagbare, schlecht angepaßte Verlierer und sahen allmählich ein, daß wir nicht wissen, warum *Sanctacaris* Verwandte in einer wichtigen heutigen Gruppe hat, während *Opabinia* eine versteinerte Erinnerung ist.«[14]

Wenn Überleben und Aussterben nicht davon abhängen, welche Art besser oder schlechter angepaßt ist, was ist dann die Ursache? »Wir müssen den starken Verdacht hegen, daß die Dezimierung der Burgess-Tierwelt kein Wettrennen in Richtung des Schnellsten und Kräftigsten war, sondern eher eine Art große Lotterie«, meint Gould.[15] Conway pflichtet ihm eindeutig bei; er schrieb im Oktober 1989 in einem wichtigen Fachartikel in der Zeitschrift *Science*: »Die Gesetzmäßigkeiten der Makroevolution, die dem Leben des Phanerozoikums ihren Stempel aufgedrückt haben, lassen sich mit *zufälligem* Aussterben vereinbaren« (Hervorhebung hinzugefügt)[16]. Jetzt war es mit der herkömmlichen Vorstellung vom Erfolg durch überlegenen Körperbau vorbei, und zurück blieb eine Welt voller Arten, deren Anpassung und Komplexität stetig zunahmen. Diese Welt war bevölkert von den glücklichen Überlebenden eines großen Glücksspiels.

Wenn ich Vorträge über den Ursprung des Menschen halte und über die komplexen Ökosysteme spreche, um deren Erhaltung viele von uns sich bemühen, höre ich aus den Fragen meiner Zuhörer häufig ein Unbehagen heraus, wenn sie sich vorstellen sollen, daß etwas in der Geschichte des Lebens ausschließlich auf Zufall beruht. Ich bemerke den Wunsch nach der Versicherung, das Universum sei so, wie es sein soll, und unser Platz darin sei vorhersagbar. In einem späteren Kapitel werde ich auf dieses Thema zurückkommen. Vorerst jedoch, in unserem Überblick über die Anfänge der komplexen Lebensformen, soll es ausreichen, wenn wir »den starken Verdacht hegen«, daß ein Zufallselement über die Geschichte des Lebens mitbestimmt.

Als ich zuvor sagte, die kambrische Explosion habe eigentlich

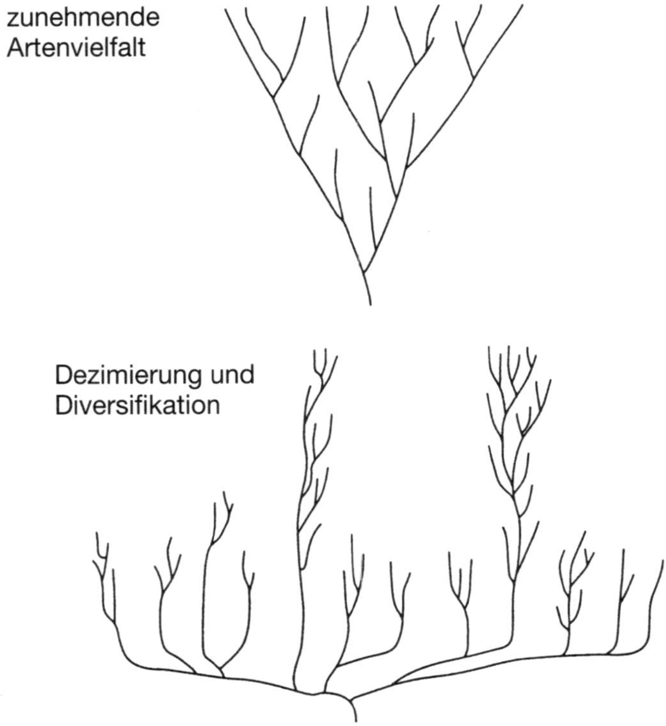

Zwei Ansichten über die Zunahme der Vielfalt von Körperformen während der Evolution. Oben: Nach der herkömmlichen Vorstellung nahm die Vielfalt im Laufe der Zeit allmählich zu. Unten: Nach dieser Vorstellung war die Vielfalt in der kambrischen Explosion größer, und später verschwanden viele Formen. (Copyright Stephen Jay Gould / W. W. Norton.)

»den Schauplatz für die gesamte weitere Erdgeschichte vorbereitet«, war das nur die halbe Wahrheit. Es stimmt, daß damals alle heute existierenden Stämme entstanden. Aber wenn der Zufall für den Lauf der Erdgeschichte eine wichtige Rolle spielt und wenn das Überleben nach diesem ersten Aufblühen des Lebens nicht von einem besonders guten Körperbauplan abhing, dann könnte unsere

Welt heute auch von ganz anderen Geschöpfen bevölkert sein. Oder, wie Gould es formuliert: »Auf dem göttlichen Tonbandgerät sind Millionen Szenarien gespeichert.«[17] Würde man das Tonband noch einmal abspielen, so seine Vermutung, käme etwas ganz anderes heraus.

Conway Morris drückte diese Vorstellung von der historischen Zufälligkeit in seinem *Science*-Artikel von 1989 auf folgende anschauliche Weise aus: »Was würde geschehen, wenn die kambrische Explosion noch einmal abliefe?« fragt er. »Aus größerer Entfernung sähe die Welt der Vielzeller vermutlich kaum anders aus; selbst die bizarrsten Tiere aus dem Burgess-Schiefer hatten eine nachvollziehbare Lebensweise, und deshalb würden die Mitwirkenden des ökologischen Theaters vermutlich die gleichen Rollen spielen. Die Schauspieler selbst wären aber bei näherem Hinsehen vermutlich unbekannt.« Das Ergebnis, so meint er, wäre vielleicht eine Lebenswelt »wie in der besten Science-fiction-Geschichte«.[18]

Ich habe meine Beschreibung der kambrischen Explosion mit den Stromatolithen am Westufer des Turkanasees begonnen und ende mit potentieller Science-fiction. Es war eine schwindelerregende Reise, aber sie war unumgänglich, wenn wir unseren Platz im Gesamtzusammenhang aller Dinge und unsere Rolle in der Zukunft verstehen wollen. Ich stimme Goulds Ansicht zu, wonach historische Zufälligkeiten bei der Entfaltung des Lebens auf der Erde an entscheidenden Stellen mitgewirkt haben, so daß unsere Welt nur eine von vielen möglichen biologischen Welten ist. Gould leugnet nicht, daß die natürliche Selektion für die Anpassung der Arten an ihre Umwelt wichtig ist, aber er sieht darin nur einen räumlich begrenzten Einfluß und keine Kraft, welche die umfassendere Geschichte des Lebens gestaltet. Das paßt zu meinen eigenen Erfahrungen mit den Fossilien, aber wie viele Evolutionsbiologen glaube ich, daß Gould zu weit geht. So stimme ich zum Beispiel der Antwort zu, die Jeffrey Levinton auf die Frage *Gestaltung oder Zufall?* gab: »Nach allem, was man heute weiß, steckt wohl in beiden Annahmen ein Teil Wahrheit.«[19]

Die Erdgeschichte wird sicher bis zu einem gewissen Grade von zufälligen Kräften gestaltet, insbesondere was die Auswahl von Opfern des Massenaussterbens angeht. Aber intuitiv erscheint es auch offenkundig, daß das Leben sich in Anatomie und Verhalten vom Einfachen zum Komplizierten entwickelt hat. Während die Welt früher nur von Lebewesen bevölkert war, die nicht größer waren als eine einzelne Zelle, gibt es heute unzählige Arten, die sich aus vielen verschiedenen Zelltypen zusammensetzen. Während die Welt früher von Lebewesen bevölkert war, die auf ihre Umwelt wie einfache Automaten reagierten, gibt es heute unzählige Arten, die erst nachdenken und dann handeln. Während es früher auf der Welt keine einzige Art gab, die über Selbstwahrnehmung verfügte, gibt es heute mindestens eine, die damit gesegnet ist. Die Triebkraft der Evolution war tatsächlich höchst produktiv.

4 Die Großen Fünf

Ich werde oft gefragt, wie meine Kollegen und ich Fossilien finden. Die Antwort ist einfacher, als man meist glaubt: Wir laufen herum und suchen danach. Natürlich muß man an der richtigen Stelle sein, das heißt, man muß sich Gestein aussuchen, das vor mehreren Millionen Jahren entstanden ist und vor kurzem durch Erosion freigelegt wurde. Und die Sedimente, aus denen das Gestein besteht, müssen unter Bedingungen abgelagert worden sein, die für die Erhaltung von Knochen günstig waren, wie es beispielsweise im Umfeld von Flüssen und Seen der Fall ist. In der Gegend des Turkanasees im Norden Kenias, wo ich seit 1969 menschliche Fossilien gefunden habe, lagerten sich die Sedimente in der Zeit vor vier Millionen bis einer Million Jahren ab. Wind, Regen und jahreszeitliche Wasserläufe blättern im Buch der Erdgeschichte sehr wirksam zurück: Sie führen zur Erosion der alten Sedimente und legen die Knochen unserer Vorfahren frei, die dort vor langer Zeit lebten.

Neben den Überresten der Vorzeitmenschen finden wir am Turkanasee auch versteinerte Knochen von Schweinen, Krokodilen, Elefanten, Affen, Antilopen verschiedener Arten und zahlreichen anderen Tieren. Mit ein wenig Phantasie kann man sich leicht ausmalen, wie die Lebenswelt jener Zeit aussah – das Bild hätte große Ähnlichkeit mit dem heutigen Leben in dieser Gegend. Allerdings gibt es einen entscheidenden Unterschied: Alle Arten in dem Phantasiebild aus alter Zeit würden sich in irgendeiner Form von denen der heutigen Lebensgemeinschaft unterscheiden, manche nur geringfügig, andere höchst auffällig. So gab es zum Beispiel Krokodile mit besonders langem Maul, Elefanten, deren Stoßzähne nicht wie bei den heutigen Arten nach oben gebogen waren, sondern aus dem Unterkiefer nach unten ragten, und eine Spezies sehr kleiner Flußpferde. Außerdem lebten viele weitere Tiere, so zum Beispiel drei Elefanten-, drei Flußpferd- und mehrere Schweinearten. Wenn ich über die Sandsteinfelsen am Turkanasee gehe und die Überreste der Lebewesen sehe, die dort vor zwei, drei oder vier Millionen Jahren zu Hause waren, erkenne ich darin nicht nur die Spuren früherer ökologischer Systeme; sie sind für mich ein Hinweis auf Lebensgemeinschaften, die es heute nicht mehr gibt, weil es die Arten nicht mehr gibt. Sie sind ausgestorben.

Für den Paläontologen gehört der Tod zum Leben, und das Aussterben gehört zur Evolution. Seit sich in der kambrischen Explosion zum erstenmal vielzellige Lebewesen entwickelten, haben den Schätzungen zufolge etwa 30 Milliarden Arten gelebt. Heute ist die Erde nach manchen Schätzungen von 30 Millionen Arten bevölkert, das heißt, von allen Arten, die jemals gelebt haben, sind 99,9 Prozent ausgestorben. Oder, wie ein Spaßvogel unter den Statistikern es einmal formulierte: »In erster Näherung sind *alle* Arten ausgestorben.« Ganz offensichtlich sind es nicht alle; sonst könnten wir uns keine Gedanken über die Wunder der Natur machen. Aber die Herrschaft des Lebens auf der Erde ist empfindlicher, als wir uns gerne eingestehen.

In den 530 Millionen Jahren seit der kambrischen Explosion hat die Evolution 30 Milliarden Arten hervorgebracht, manche davon geringfügige Abwandlungen vorhandener Formen, andere die Vorboten wichtiger entwicklungsgeschichtlicher Neuerungen wie des Kiefers, der umhüllten Eizelle oder der Fähigkeit zum Fliegen. Die Biologen waren völlig zu Recht gefesselt von den Mechanismen, die solche neuen Eigenschaften entstehen lassen, und insbesondere von den Prozessen, durch die sich neue Arten entwickeln. Die Wissenschaftsgebiete der Evolutionsbiologie und Ökologie beschäftigen sich im wesentlichen mit der Artbildung und den Wechselbeziehungen zwischen den Arten in Lebensgemeinschaften. Die durchschnittliche Lebensdauer einer Tierart liegt bei vier Millionen Jahren, das heißt, in den 530 Millionen Jahren hätte eigentlich nur ein winziger Bruchteil der 30 Milliarden Arten aussterben dürfen. Aus der Intuition heraus erscheint es naheliegend, daß das Gleichgewicht zwischen Artbildung und Aussterben für die Geschichte des Lebens auf der Erde von großer Bedeutung ist, aber das Thema Aussterben wurde von den Evolutionforschern bis vor kurzem fast überhaupt nicht beachtet.

Für dieses Desinteresse gab es mehrere Gründe, aber durch zwei zusammenwirkende Faktoren trat eine Änderung ein. Der erste war eine Vermutung, die vor etwas über zehn Jahren zum erstenmal geäußert wurde: Danach ging es mit den Dinosauriern zu Ende, weil vor 65 Millionen Jahren ein riesiger Asteroid mit der Erde kollidierte. Und zweitens wurde immer deutlicher, daß wir heute Zeugen eines Aussterbens von katastrophalen Ausmaßen werden, ausgelöst durch die Eingriffe des Menschen in die Ökosysteme. Der erste Grund regte die Phantasie durch seine unausweichliche Dramatik an, der zweite durch die wachsende Sorge um unsere Zukunft hier auf der Erde. Die jüngste Welle von Forschungsarbeiten zu diesem ältesten aller Lebensvorgänge hat die früheren Annahmen der Biologen über das Aussterben – seine Ursachen und, noch wichtiger, seine Auswirkungen – über den Haufen geworfen.

Dieses Kapitel beschäftigt sich mit zwei Gesichtspunkten des Aussterbens, oder besser gesagt des Massenaussterbens, jener Phasen der Erdgeschichte, in denen ein bedeutender Teil der jeweils vorhandenen Arten ausgelöscht wurde. Erstens geht es um die *Tatsache* solcher Ereignisse, die von Darwin und anderen heftig geleugnet wurde. Und zweitens wird von den *Ursachen* dieses Massensterbens die Rede sein, einem Thema, über das es viele Diskussionen und wenig einhellige Meinungen gibt.

Im folgenden Kapitel werden noch zwei weitere Aspekte des Massenaussterbens erörtert: erstens seine Auswirkungen auf die Geschichte des Lebens und vor allem die Frage, wovon es abhängt, welche Arten zugrunde gehen und welche überleben, und zweitens das Nachspiel, das heißt die Reaktion der Lebensräume auf die Verminderung der Artenzahl. Bei aller Unsicherheit im Umfeld solcher Themen ist eines in den letzten Jahren sehr deutlich geworden: Das Massenaussterben, das früher als passiver Teil der Evolution galt, bestimmt in Wirklichkeit erheblich über ihren Ablauf mit.

Wie in so vielen Fragen der Evolutionsbiologie, so hatten Darwins Gedanken auch beim Thema des Aussterbens tiefgreifenden Einfluß. In der *Entstehung der Arten* stellt er fest, daß es das Aussterben gibt, und meint dazu: »Niemand mochte sich mehr als ich über das Erlöschen der Arten wundern.«[1] Er erkannte an dem Vorgang vier entscheidende Merkmale. Erstens hielt er es für einen stetigen, allmählichen Vorgang: »...haben wir genügend Grund zu glauben, daß Arten und Gruppenarten allmählich, eine nach der andern, verschwinden, erst von einem Ort, dann vom andern, und schließlich von der Erde.«[2] Zweitens, so meinte er, verlaufe das Aussterben im wesentlichen immer mit der gleichen Geschwindigkeit. Im Gegensatz zu vielen Paläontologen seiner Zeit glaubte Darwin nicht, daß es Wellen des Massenaussterbens gibt: »Die alte Meinung, daß alle Bewohner der Erde durch Katastrophen in aufeinanderfolgenden Perioden fortgefegt worden wären, ist jetzt allgemein aufgegeben worden...«[3]

Drittens sterben Arten nach seiner Ansicht aus, weil sie in irgendeiner Form ihren Konkurrenten unterlegen sind: »Die Theorie der natürlichen Zuchtwahl ist auf die Meinung begründet, daß jede neue Varietät und schließlich jede neue Art hervorgebracht und erhalten werde, indem sie einige Vorteile über andere, mit welchen sie in Mitbewerb tritt, erlangt; und daß folglich die minder begünstigten Formen unvermeidlich erlöschen müssen.«[4] Und viertens sei das Aussterben ein untrennbarer Bestandteil der natürlichen Selektion, was auch aus dem vorausgehenden Zitat zu entnehmen ist. Er schrieb: »Das Erscheinen neuer Formen und das Verschwinden alter Formen ist daher... eng verbunden.«[5]

Für die heutige wissenschaftliche Diskussion sind hier zwei Themen von zentraler Bedeutung: erstens die Vorstellung, daß Arten aussterben, weil sie im Wettbewerb versagen, und zweitens die Frage nach der Geschwindigkeit des Aussterbens über lange Zeiträume hinweg.

Darwins Gleichsetzung von Aussterben und schlechterer Anpassung entspringt eindeutig seiner Theorie der natürlichen Selektion und hat bis vor kurzem die Denkweise der Biologen tiefgreifend geprägt. Zu Darwins Zeit vertraten viele Paläontologen die Ansicht, es gebe in den Fossilfunden Anzeichen für plötzliche Wellen des Aussterbens, Krisen in der Geschichte des Lebens. Darwin meinte, solche Indizien für das Massenaussterben beruhten auf unvollständigen Fossilfunden – sie seien also eine Folge der Untersuchungen und spiegelten nicht die Wirklichkeit wider. Daß er darauf beharrte, das Aussterben müsse stetig und ohne starke Schwankungen ablaufen, hatte zwei Ursachen. Erstens ist die natürliche Selektion ein allmählicher Vorgang, und deshalb muß auch das Aussterben allmählich verlaufen, denn beide Prozesse sind gekoppelt. In dem zweiten Argument spiegelt sich der Uniformitarianismus wider, die damals gerade entstehende neue Lehrmeinung der Geologie. Es lohnt sich, dieses Thema ein wenig zu vertiefen, denn darin zeigt sich sowohl Darwins Voreingenommenheit in dieser Frage als auch die Voreingenommenheit vieler heutiger Paläontologen, wie sie sich in der Reaktion auf die Vermutung zeigte, ein Asteroideneinschlag könne das Verschwinden der Dinosaurier ausgelöst haben.

Daß es das Aussterben gibt, wies der französische Anatom Baron Georges Cuvier Ende des 18. Jahrhunderts nach: Er zeigte, daß Mammutknochen sich von den Knochen der heutigen Elefanten unterscheiden. Daraus ergab sich zwangsläufig die Folgerung, daß die Spezies der Mammuts heute nicht mehr existiert. In eingehenden Untersuchungen der Fossilfunde aus dem Pariser Becken konnte Cuvier im weiteren Verlauf Perioden identifizieren, die er für Krisen oder Katastrophen der Erdgeschichte hielt, weil zahlreiche Arten in sehr kurzer Zeit ausgestorben waren. Seine Beobachtungen waren in der ersten Hälfte des 19. Jahrhunderts der Anlaß für umfangreiche geologische Untersuchungen. Dabei fand man Phasen mit offenbar größeren Veränderungen, die verschiedene geologische Epochen gegeneinander abgrenzten. Den Epochen gab man die Namen Kambrium, Ordivizium, Silur, Karbon, Perm, Trias, Jura, Kreide, Paläozän, Eozän, Oligozän, Miozän, Pliozän, Pleistozän und Holozän. Diese Namen – die Geologiestudenten fluchen darüber und haben höchst phantasievolle Eselsbrücken erfunden, um sie zu lernen – sind bis heute ein Teil der geologischen Zeittafel.

Cuvier wies auf zwei Ereignisse hin, die er für besonders verheerende Katastrophen hielt; sie unterteilen die Geschichte des vielzelligen Lebens, auch Phanerozoikum genannt, in drei Abschnitte: das Paläozoikum (»altes Leben«) vor 530 bis 225 Millionen Jahren, das Mesozoikum (»mittleres Leben«) vor 225 bis 65 Millionen Jahren, und das Känozoikum (»modernes Leben«) von der Zeit vor 65 Millionen Jahren bis zur Gegenwart. In Gesprächen mit Geologen hört man häufig einen sinnesverwirrenden Schwall von Bezeichnungen für Epochen und Perioden, denn in diesem Fachgebiet gelten sie wie für Cuvier als echte Anzeichen für die Geschichte des Lebens. Zu Cuviers Zeit gab es natürlich noch keine Evolutionstheorie, und deshalb sah er in den Katastrophen Einzelereignisse, die das bestehende Leben auslöschten und Platz für eine neue Welle der Schöpfung schufen. Für ein solches Ereignis hielt man auch die biblische Sintflut; insgesamt schätzte man die Zahl der Krisen auf etwa 30. Cuviers Prinzip wurde unter dem Namen Katastrophentheorie bekannt.

Aber schon bevor es Darwins Theorie gab, geriet die Katastrophentheorie unter Beschuß. Der Vorreiter dieser Denkschule war der schottische Geologe Charles Lyell; er folgte einem Weg, den zuvor bereits sein Landsmann James Hutton gebahnt hatte. Anfang der dreißiger Jahre des 19. Jahrhunderts veröffentlichte Lyell seine dreibändigen *Principles of Geology*; darin vertrat er die Ansicht, die heute zu beobachtenden geologischen Vorgänge – Erosion durch Wind und Regen, Erdbeben, Vulkanausbrüche und so weiter – seien für alle geologischen Veränderungen der Erdgeschichte verantwortlich. Er leugnete auch das Massenaussterben der Arten: »Es steht uns nicht zu ... uns auf außergewöhnliche Ursachen zu berufen«, um scheinbar tiefgreifende Veränderungen in der Erdgeschichte zu erklären, meinte er. In langen Zeiträumen, so seine Argumentation, komme es durch Ansammlung kleiner Veränderungen zu großen Wirkungen. Lyells Lehre verkörperte sich in dem Satz »Die Gegenwart ist der Schlüssel zu Vergangenheit«. Danach können wir aufgrund unserer eigenen Erfahrungen auch die Ereignisse und Entwicklungen früherer Zeiten verstehen. Diese Behauptung enthält aber einen logischen Fehler. Die menschlichen Erfahrungen mit dem geologisch Möglichen sind sehr eingeschränkt, denn es gibt uns erst seit kurzer Zeit, und es ist höchst unwahrscheinlich, daß wir bereits Zeugen aller geologischen Vorgänge geworden sind, die unsere Erde formen können.

Lyells Prinzip wurde unter dem Namen Uniformitarianismus bekannt; zwischen ihm und der Katastrophentheorie tobte eine Zeitlang eine heftige intellektuelle Auseinandersetzung. Daraus ging der Uniformitarianismus eindeutig als Sieger hervor, und die Katastrophentheorie wurde aus der geistigen Arena verbannt. Sie galt jetzt als Überbleibsel einer veralteten Denkweise, die, so die unausgesprochene Annahme, eher von Religion als von wissenschaftlichen Erwägungen bestimmt wurde.

Für Darwin lieferte der Aufstieg des Uniformitarianismus die Grundlagen für seine eigene gradualistische Theorie in der Biologie: Auch bei der natürlichen Selektion sammeln sich kleine Veränderungen über lange Zeit hinweg an, und das führt zu großen entwicklungsgeschichtlichen Verschiebungen. Und wie Lyell, der die Vorstellung von erdgeschichtlichen Katastrophen als Berufung auf »außergewöhnliche Ursachen« abgelehnt hatte, so wies auch Darwin die Idee von Krisen in der Geschichte des Lebens als Berufung auf übernatürliche Kräfte nach Art der Katastrophentheorie zurück. Er hatte sich lange damit herumgeschlagen, die hervorragende Anpassung der Lebensformen an ihre Umwelt nicht mehr mit übernatürlichen Kräften, sondern mit natürlichen Vorgängen zu erklären. Deshalb lehnte er alles ab, was so nach Übernatürlichem roch wie das plötzliche Verschwinden von Millionen Arten, gefolgt von einer Welle der Neuschöpfung.

Damit war die Katastrophentheorie in akademischen Kreisen vom Tisch, aber die Vorstellung von den entsprechenden Gesetzmäßigkeiten in der Geschichte des Lebens hielt sich hartnäckig. Je mehr die Geologen und Paläontologen in alten Lagerstätten herumkletterten und Überreste des Massenaussterbens fanden, desto mehr wuchs ihre Überzeugung, daß von Zeit zu Zeit Katastrophen stattgefunden hatten. Als die Fossilfunde vollständiger wurden und

Alle Kulturkreise haben Mythen über die Entstehung der Erde. Hier sieht man den chinesischen Schöpfer Pan-Kou-Ché, einen schmächtigen alten Mann, dem seine Arbeit viel Mühe macht. Schwitzend modelliert er die Erdkruste aus einer formlosen Felsmasse.

die von Darwin beklagten Lücken sich nach und nach füllten, wurden die Indizien für gelegentliche Krisen immer überzeugender. Die Erdgeschichte ist offenbar keine Geschichte des allmählichen Fortschreitens, wie Lyell und Darwin es sich so glühend gewünscht hatten, sondern ein Ablauf mit vereinzelten heftigen Umwälzungen. Manche davon waren von eher mäßigem Umfang und führten zum Verschwinden von 15 bis 40 Prozent der meeresbewohnenden Tierarten; einige andere aber waren viel größer.

Die Ereignisse dieser letzten Gruppe, die sogenannten »Großen Fünf«, waren biologische Krisen, in denen mindestens 65 Prozent aller Arten in einem Augenblick der geologischen Zeitrechnung ausstarben. Bei einem davon, am Ende der Permzeit und des Paläozoikums, verschwanden nach den Berechnungen über 95 Prozent der meeresbewohnenden Arten. Der Geologe David Raup von der Universität Chicago meint über das Aussterben am Ende des Perm: »Wenn diese Schätzungen auch nur einigermaßen genau sind, entkam das Leben auf der Erde, zumindest was die höheren Organismen betrifft, damals gerade noch seiner totalen Vernichtung.«[6]

Viele der großen Veränderungen in der Erdgeschichte leitet man aus den Fossilfunden von Meerestieren ab, und das hat einen guten Grund: Diese Versteinerungen sind viel vollständiger als die von Landbewohnern. (Knochen werden im Schlick schneller zugedeckt, und damit ist der erste Schritt zum Fossil getan. An Land werden die Kadaver von Aasverwertern auseinandergerissen und von Tierherden zertrampelt, oder sie liegen jahrhundertelang in der heißen, trockenen Luft, so daß sie zu Staub zerfallen und nicht unversehrt in den Sedimenten begraben werden.) Zwar lebten früher wahrscheinlich genau wie heute zehn- bis hundertmal mehr Arten an Land als im Meer, aber bei 95 Prozent der etwa 250000 Arten, die man aus Fossilfunden kennt, handelt es sich um Meeresbewohner. Daran wird deutlich, was wir für ein schlechtes Bild von den landbewohnenden Arten früherer Zeiten haben. Als Massenaussterben bezeichnen die Paläontologen eine Welle des Artensterbens aber nur dann, wenn sich die Katastrophe an den Fossilien der Meeres- und Landbewohner nachweisen läßt, denn das deutet auf ein Ereignis von globalen Ausmaßen hin.

Betrachtet man alle erkennbaren Hinweise auf die Vielfalt des Lebens auf der Erde, das heißt die Zahl der Arten, die es zu dem jeweiligen Zeitpunkt gab, so findet man anfangs im Kambrium einen sehr niedrigen Wert, der später ansteigt und in der Gegenwart seinen Höhepunkt hat. Darwin glaubte, dieser Anstieg sei stetig verlaufen, aber das stimmt nicht. Die Großen Fünf waren tiefgreifende Einschnitte, die zu einem gefährlich starken Rückgang der Artenvielfalt führten. Die Kurve der Artenzahl ist also keine gerade Linie, die (der üblichen Darstellung der Zeitskala folgend) von links nach rechts ansteigt, sondern sie ist gezackt wie ein Sägeblatt. In der zeitlichen Reihenfolge spielten sich diese wenigen größeren Ereignisse in folgenden Phasen ab: am Ende des Ordoviziums (vor 440 Millionen Jahren), im späten Devon (vor 365 Millionen Jahren), am Ende des Perm (vor 225 Millionen Jahren), am Ende des Trias (vor 210 Millionen Jahren) und am Ende der Kreidezeit (vor 65 Millionen Jahren).

Den Paläontologen war von vornherein klar, daß es sich bei diesen Krisen des Lebens nicht nur um Unterbrechungen im Strom der Entwicklung handelte; bei jedem dieser Ereignisse änderte sich der Charakter der ökologischen Gemeinschaften, und zwar manchmal sogar sehr tiefgreifend. (Deshalb glaubte Cuvier, er habe die Ergebnisse neuer Wellen der Schöpfung vor sich.) Die bekannteste derartige Verschiebung war natürlich die am Ende der Kreidezeit vor 65 Millionen Jahren, die an Land der 140 Millionen Jahre währenden Vorherrschaft der Dinosaurier ein Ende machte. In der dann folgenden Zeit des Känozoikums wurden die Säugetiere an Land zur dominierenden Wirbeltiergruppe. Ganz ähnlich versetzte das Aussterben am Ende des Perm den säugetierähnlichen Reptilien, die das Leben an Land 80 Millionen Jahre lang beherrscht hatten, beinahe den Todesstoß. Davon erholten sie sich nie, und bald darauf nahmen die Dinosaurier ihren Platz ein. Das Massenaussterben verlief immer nach dem gleichen Muster, aber hier ist nicht der Ort, um die Veränderungen der Tierwelt an Land und im Meer im einzelnen zu

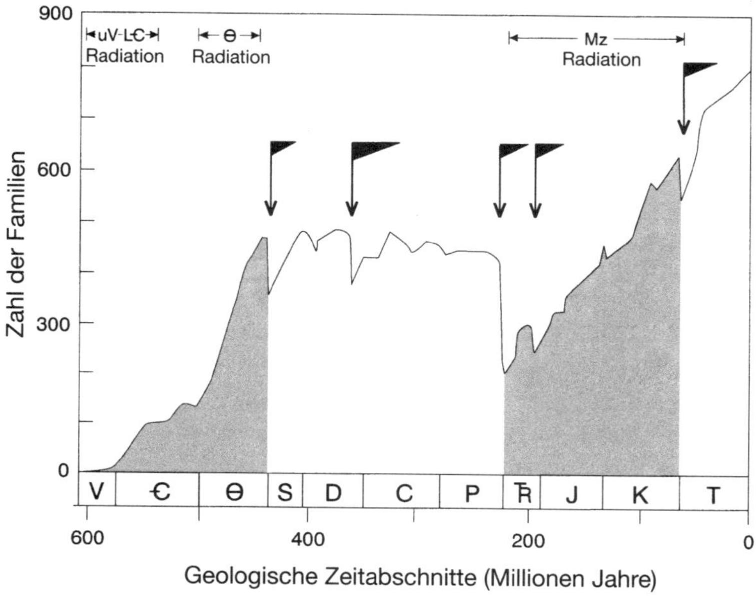

In der Geschichte des Lebens ging die vorhandene biologische Vielfalt fünfmal durch Massenaussterben drastisch zurück. Trotz dieser vorübergehenden Krisen nahm die Vielfalt insgesamt immer mehr zu, bis sie kurz vor der Jetztzeit einen Höhepunkt erreichte. (Nachdruck mit freundlicher Genehmigung von David Raup und Jack Sepkoski.)

betrachten. Zu diesem Zweck sollte man Bücher über Paläontologie befragen. Für unser Thema ist nur die *Regelmäßigkeit* der Aussterbeereignisse von Bedeutung.

Wenn man die Geschichte des Lebens als Schauspiel betrachtet, dessen Bühne der Planet Erde ist, erkennt man immer wieder Pausen, in denen neue Mitwirkende die Szene betreten: Manche Rollen, die zuvor wichtig waren, verschwinden ganz oder treten in den Hintergrund, andere werden von Neben- zu Hauptrollen, und gleichzeitig treten ganz neue Personen auf, so daß sich ein Effekt der ständigen Veränderung wie bei Alice im Wunderland ergibt.

Grundsätzliche Besetzungsänderungen führen im Theater zwangsläufig zu grundlegenden Veränderungen der Handlung, und genauso verhält es sich auch in der Erdgeschichte. Der *Homo sapiens* gehört zu einer Besetzung, die durch die Umwälzungen des letzten Massenaussterbens am Ende der Kreidezeit beeinflußt wurde.

Eine Frage, auf die sich das Interesse in den letzten Jahren konzentrierte, lautet: Inwieweit läßt sich die Besetzungsänderung vorhersagen? Oder mit anderen Worten: Was bestimmt darüber, welche Arten überleben und welche im Zuge des Massenaussterbens zugrunde gehen? Mit diesem Thema werde ich mich im nächsten Kapitel auseinandersetzen. Hier möchte ich mich zunächst der Frage zuwenden, wie es überhaupt zu solchen Krisen kommt. Was sind die Ursachen des Massenaussterbens?

Der Satiriker Will Cuppy hatte darauf eine Antwort, zumindest für die Dinosaurier. In seinem 1941 erschienen Buch *How to Become Extinct* (»Wie man ausstirbt«) schrieb er: »Das Zeitalter der Reptilien ging zu Ende, weil es lange genug gedauert hatte und weil es ohnehin von vornherein ein Fehler gewesen war.« Möglicherweise hat er damit den springenden Punkt getroffen; jedenfalls schreckten Evolutionsforscher und Paläontologen lange davor zurück, eine Erklärung für die Ursachen des Massenaussterbens zu suchen, einfach weil man das Thema für zu kompliziert hielt.

An Vermutungen über die Ursachen des Massenaussterbens gab es im Laufe der Jahrzehnte keinen Mangel; manche davon, so eine angeblich tödliche Wirkung von Supernovae, die in der Nähe explodierten, waren höchst unwahrscheinlich. Es gab jedoch auch ernstzunehmende Hypothesen, so zum Beispiel die von globaler Abkühlung, sinkendem Meeresspiegel, natürlichen Feinden und Konkurrenz unter den Arten. Für jede dieser Vermutungen kann man Argumente anführen, und jede hatte ihre überzeugten Fürsprecher. Sie alle haben jedoch eine gemeinsame Eigenschaft, die nach Ansicht von David Raup jenseits der wissenschaftlichen Plausibilität liegt. In seinem 1992 erschienenen Buch *Ausgestorben: Zufall oder Vor-*

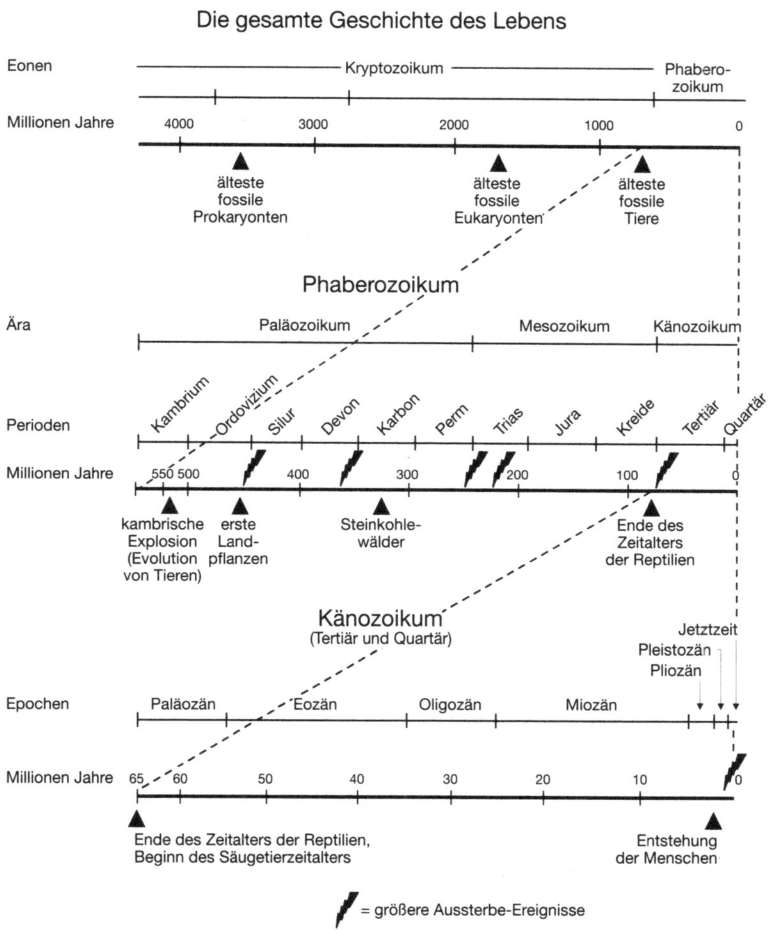

Die Geschichte des Lebens reicht insgesamt bis zum Auftauchen der ersten Einzeller vor über 3,5 Milliarden Jahren zurück. Die wichtigen Phasen der Evolution lassen sich in die geologischen Einteilungen der Eonen, Ären, Perioden und Epochen fassen. Während der großen Ereignisse des Massenaussterbens (hier durch Blitze symbolisiert) ging die biologische Vielfalt stark zurück.

(Nachdruck mit Genehmigung der Verleger von *The Diversity of Life* von Edward O. Wilson; Cambridge, Mass.: The Belknap Press of Harvard University Press, © 1992 by Edward O. Wilson.)

sehung? schreibt er: »Ich sehe hier mehrere Hinweise auf Anthropomorphismen... Könnte es sein, daß die Liste möglicher Gründe für das Aussterben nichts anderes ist als eine Auflistung der Dinge, die uns als Einzelpersonen bedrohen?«[7] Es stimmt sicher, daß das Aussterben für uns etwas Gruselig-Faszinierendes hat, denn wenn Arten oder Artengruppen wie die Dinosaurier, die über Jahrmillionen hinweg erfolgreich waren, in entwicklungsgeschichtliche Vergessenheit geraten können, wie steht es dann mit dem *Homo sapiens*? Sind wir ebenfalls bedroht? Viele Ansichten, die in der Diskussion über das Aussterben eine wichtige Rolle spielen, spiegeln nicht nur wissenschaftliche, sondern auch emotionale Standpunkte wider.

Beim Vergleich der globalen Umweltbedingungen während der fünf großen Aussterbeereignisse fiel auf, daß in allen Fällen der Meeresspiegel sank oder die Ozeane kleiner wurden. Ein solcher Rückgang kann mehrere Gründe haben, beispielsweise eine starke Vereisung der Polgebiete oder Veränderungen in der Gestalt der Kontinente, die sich mit den tektonischen Platten der Erdkruste verschieben. Auf die Lebewesen in flachen Meeresteilen hat so etwas tiefgreifende Auswirkungen. Wenn der Meeresspiegel sinkt, werden die Kontinentalschelfe freigelegt, so daß den im Flachwasser lebenden Arten weniger Lebensraum zur Verfügung steht. Der Zusammenhang zwischen verfügbarem Lebensraum und Artenzahl ist den Biologen gut bekannt, und er ist einfach: Je weniger Fläche vorhanden ist, desto weniger Arten können darauf leben. Das Schrumpfen der Meere wäre also ein plausibler Auslöser für das Massenaussterben, nur muß ein solches Ereignis definitionsgemäß nicht nur die Lebensformen im flachen Wasser in Mitleidenschaft ziehen, sondern auch die Arten in der Tiefsee und an Land. Wie der Paläontologe Paul Wignall von der Universität Leeds in England allerdings im Zusammenhang mit dem Aussterben am Ende des Perm deutlich gemacht hat, besteht möglicherweise auch eine Verbindung zwischen dem Absinken der Meere und dem Massensterben an Land.

Wie bereits erwähnt, verschwanden am Ende des Perm über 95 Prozent der meeresbewohnenden Tierarten und fast ebenso viele an Land. Was auch zu jener Zeit vorgegangen sein mag, es muß äußerst wirksam gewesen sein. Das Ende des Perm fällt in eine Zeit, als alle Kontinente der Erde durch die Kontinentalverschiebung aufeinander zutrieben und einen einzigen, von Pol zu Pol reichenden Superkontinent namens Pangäa bildeten. Schon das allein führte zu einer Schrumpfung des Lebensraumes für Flachwasserbewohner. Man stelle sich vier Quadrate mit jeweils einem Zentimeter Kantenlänge vor; die Gesamtlänge der Kanten beträgt vier Zentimeter für jedes Quadrat und 16 Zentimeter für alle vier Quadrate. Legt man nun die Quadrate zu einem größeren Quadrat mit zwei Zentimetern Kantenlänge zusammen, stehen insgesamt nur noch Kanten von acht Zentimetern zur Verfügung, die Hälfte des ersten Wertes. Das gleiche geschieht mit Kontinenten und Lebensräumen im flachen Wasser. Die Entstehung von Pangäa allein muß also, wie Stephen Jay Gould vor einigen Jahren argumentierte, für die Arten in diesen Lebensräumen verheerend gewesen sein.

Nimmt man dann noch das Absinken des Meeresspiegels hinzu, müssen die Arten in diesen empfindlichen Lebensräumen tatsächlich eine Katastrophe erlebt haben. Nach Wignalls Vorstellung waren die freigelegten, trockenen Kontinentalschelfe außerdem der Erosion ausgesetzt, und organisches Material, das zuvor am Meeresboden lag, konnte oxidieren. Die umfangreiche Oxidation entzog der Atmosphäre Sauerstoff und reicherte sie statt dessen mit Kohlendioxid an. Dabei könnte der Sauerstoffgehalt der Atmosphäre auf die Hälfte des heutigen Wertes abgesunken sein. Auf eine solche Veränderung der Luftzusammensetzung reagierten die Landtiere und vor allem die sehr aktiven Wirbeltiere empfindlich. Am Ende des Perm stieg der Meeresspiegel dann plötzlich wieder an, was nicht nur die Lebensräume an Land schrumpfen ließ, sondern auch durch einen ungeklärten Mechanismus zu einem Rückgang des Sauerstoffgehalts im Meerwasser führte. Infolgedessen, so Wignall, »ist das Massenaussterben zwischen Perm und Trias offenbar eine Geschichte über den Erstickungstod von Land- und Meeresbewohnern«.[8]

Douglas Erwin von der Smithsonian Institution ist ebenfalls der Ansicht, daß an diesem größten Massenaussterben mehrere Ursachen beteiligt waren: Es sei »kein einzelner Mechanismus, sondern ein Ursachengeflecht« gewesen.[9] Neben dem Rückgang und der Verschiebung der Meere nennt er Klimaschwankungen, ausgelöst sowohl durch die Entstehung des Superkontinents als auch durch das Kohlendioxid aus einer riesigen Lavaexplosion, die in Sibirien in der Nähe des Baikalsees eine Fläche aus Vulkangestein mit einem Durchmesser von 1300 Kilometern entstehen ließ. Ich erwähne diese Erklärungen nicht, weil ihr Wahrheitsgehalt erwiesen wäre, sondern um deutlich zu machen, wie kompliziert die Ereignisse sind, die Arten in großem Umfang aussterben lassen. Noch eine letzte Bemerkung zum Rückgang der Meere und seine mögliche Rolle als Ursache des Massenaussterbens: Umfangreiches Aussterben war oft, aber nicht immer mit einem Absinken des Meeresspiegels verbunden, und nicht immer, wenn der Meeresspiegel sinkt, kommt es zum Massenaussterben. Es müssen eindeutig auch andere Faktoren beteiligt sein.

Der zweite beliebte Kandidat als Vorbote des Massensterbens ist eine weltweite Klimaveränderung, insbesondere eine globale Abkühlung. Nach Ansicht des Paläontologen Steven Stanley von der Johns Hopkins University sind Klimaschwankungen *die* wichtigste Ursache von Krisen in der Geschichte des Lebens. Stanley, der das Artensterben bei den Flachwasserbewohnern Nordamerikas eingehend untersucht hat, hält eine Abkühlung des Klimas für die Hauptursache. Sie wirkt nach einem einfachen, unmittelbaren Mechanismus und hat als Erklärung den Vorteil, daß sie land- und meeresbewohnende Arten gleichermaßen in Mitleidenschaft zieht. Stanley schreibt: »Es gibt eine einfache Tatsache, die Klimawechsel als allgemeine Auslöser von Massenuntergängen wahrscheinlich macht: die Leichtigkeit, mit der eine weltweite Temperaturveränderung Myriaden von Arten ausrotten kann.«[10]

Arten sind an die Lebensbedingungen ihrer Umgebung angepaßt, so an die verfügbaren Nahrungsquellen und an die Temperatur, ob sie nun polar, gemäßigt oder tropisch ist. Kühlt die Erde ab, schrumpfen die Lebensräume (soweit sie durch den Temperaturbereich bestimmt werden) in Richtung der Tropen zusammen. Die globale Temperatur war in der Erdgeschichte immer wieder plötzlichen, umfangreichen Schwankungen unterworfen, und die Lebewesen reagieren auf solche Veränderungen in der Regel mit Wanderungen: Sie folgen dem wechselnden Klima und bewegen sich in Phasen der Abkühlung auf den Äquator zu, bei Erwärmung dagegen von ihm weg. Diesen Effekt erkennt man ausgezeichnet an Landkarten, welche die Waldbedeckung Nord- und Südamerikas während der letzten 20000 Jahre zeigen – in dieser Zeit wechselte das Klima von einer Eiszeit zur derzeitigen Zwischeneiszeit. Die Wälder am Amazonas waren anfangs nur verstreute Waldflecken, und die Laub- und Nadelwälder Nordamerikas waren nach Süden gewandert. Als das Eis sich zurückzog, erweiterten sich die Waldgebiete am Amazonas, bis sie zusammenwuchsen, und in Nordamerika begannen Eiche und Lärche ihren Siegeszug nach Norden, auf den Spuren von Nadelbäumen.

Solche Wanderungsbewegungen, bei denen sich zahlreiche Lebensräume verschieben, sind niemals einfach; die Arten zerstreuen sich in verschiedene Richtungen und bilden später neue, anders zusammengesetzte Lebensgemeinschaften. Dennoch zeigt sich an diesem Phänomen deutlich, daß Arten bei Klimaveränderungen wandern müssen. Wenn sie können. Manchmal wandelt sich das Klima so schnell oder so stark, daß die Arten sich nicht darauf einstellen können; und manchmal versperren auch Flüsse, Gebirge oder andere geographische Hindernisse den einzigen Weg. In solchen Fällen ist das Aussterben die wahrscheinlichste Folge. Zu umfangreicher Vereisung kam es in der Erdgeschichte immer wieder, und sie war manchmal, aber nicht immer, von Massenaussterben begleitet. Die globale Abkühlung war also zweifellos bei vielen Krisen des Lebens ein wichtiger Faktor, aber sie kann nicht, wie Stanley meint, stets die wichtigste Ursache gewesen sein.

Rückgang der Meere und globale Klimaveränderungen sind nur zwei von vielen möglichen direkten Ursachen des Aussterbens, aber sie dürften die wichtigsten sein. In beiden Fällen kann der direkte Auslöser aber die Folge unterschiedlicher indirekter Ursachen sein, beispielsweise einer Veränderung in der Konvektion im Erdmantel, in der Lage der tektonischen Platten in der Erdkruste, in der Umlaufbahn der Erde um die Sonne und so weiter. Alle diese direkten und indirekten Mechanismen liegen im Erfahrungsbereich der Menschen oder in der jüngeren Erdgeschichte und werden deshalb von denjenigen Paläontologen bevorzugt, die sich die Mühe gemacht haben, überhaupt über das Aussterben nachzudenken. Die uniformitarische Lehrmeinung herrschte unangefochten. Deshalb war es mehr als nur eine kleine Überraschung, als ein Physiker, ein Geologe und zwei Chemiker 1979 eine neue Vermutung äußerten: Danach ging das Massenaussterben mindesten in einem Fall, nämlich am Ende der Kreidezeit, auf einen Asteroiden oder Kometen zurück, der auf die Erde gestürzt war. Die hoch in die Atmosphäre geschleuderten Staub- und Trümmerteile, so diese Theorie, verdunkelten die Erde praktisch völlig, so daß das pflanzliche Leben, auf das die Tiere angewiesen waren, zugrunde ging. Erwartungsgemäß reichten die Reaktionen der Paläontologen, wie Gould später berichtete, »anfangs von Skepsis bis zu Hohn und Spott«.[11]

Die Geschichte wurde schon oft erzählt, deshalb möchte ich mich kurz fassen und neben den wissenschaftlichen auch die gesellschaftlichen Kernpunkte nennen.

Ende der siebziger Jahren untersuchte ein Geologenteam der University of California in Berkeley unter Leitung des Physikers Luis Alvarez mit chemischen Methoden die Ablagerungsgeschwindigkeit in verschiedenen Sedimentgesteinen. Als sie in den Apenninen Umbriens in Italien sowie in Dänemark arbeiteten, fanden sie zu ihrer Überraschung in einer dünnen Tonschicht, die das Massenaussterben am Ende der Kreidezeit vor 65 Millionen Jahren kennzeichnet, ungewöhnlich große Mengen des reaktionsträgen Schwermetalls Iridium. Dieses Element war in der Frühgeschichte der Erde, als das Gestein zum größten Teil geschmolzen war, wegen seiner hohen Masse ins Erdinnere gesunken; in der Erdkruste und im Kontinentalgestein kommt es deshalb nur in sehr geringen Mengen vor. Iridium ist aber ein wichtiger Bestandteil von Meteoriten. Alvarez und seine Kollegen zählten zwei und zwei zusammen und verblüfften die Paläontologengemeinde: Das Ereignis am Ende der Kreidezeit, so ihre Aussage, wurde durch den Einschlag eines Asteroiden auf der Erde ausgelöst.

Aus der gemessenen Iridiummenge berechneten die Wissenschaftler aus Berkeley den Durchmesser des Asteroiden mit etwa elf Kilometern. Eine solche Kollision hätte eine gewaltige Energiemenge freigesetzt – sie wäre einige Milliarden Male größer gewesen als die der Hiroshimabombe. Der Einschlag hätte einen Krater von etwa 150 Kilometern Durchmesser entstehen lassen, und dabei wären so viele Trümmer in die Atmosphäre geschleudert worden, daß sie die Sonne verdunkelt und die Erde in ewige Nacht getaucht hätten. Die Dauer der Dunkelheit berechneten Alvarez und seine Kollegen anfangs auf mehrere Jahre, aber später korrigierten sie die Schätzung auf einige Monate. Aber auch das hätte noch ausgereicht, um das pflanzliche Leben an Land und im Meer weitgehend zu zerstören; und die Tiere, die nun einmal letztlich von den Pflanzen abhängig sind, hätten das gleiche Schicksal erlitten.

Alvarez' Veröffentlichung, die im Juni 1980 in der Fachzeitschrift *Science* erschien, war der Anlaß für eine ganze Welle von Tagungen und wissenschaftlichen Artikeln über den Asteroideneinschlag. Die Diskussion verlief nicht immer ruhig, und das hatte einen guten Grund: »Ein Stein, der vom Himmel fällt, ist der Masse der Geologen ein Greuel«, sagt David Raup, der für die Vertiefung und Erweiterung der Geschichte eine wichtige Rolle spielen sollte. Diesen Geologen, so meint er, »hat man beigebracht, daß man eine solche Erklärung von Naturereignissen mit einem *deus ex machina* vermeiden sollte, weil sie eine Rückkehr zum Mystizismus der wissenschaftlichen Frühzeit darstellt«.[12]

Um zu sehen, daß es im Sonnensystem Asteroideneinschläge gibt, braucht man nur ein Fernglas zu nehmen und den Mond zu betrachten. Sein pockennarbiges Gesicht legt von dieser Tatsache beredtes Zeugnis ab. Und wenn der Mond bombardiert wurde, muß es der Erde genauso ergangen sein. Allerdings sind die Indizien für solche Einschläge hier viel schwerer zu erkennen; das liegt zum einen daran, daß zwei Drittel unseres Planeten von Meeren bedeckt sind, so daß Krater, die dort entstehen, kaum zu finden sind und durch die Ausdehnung des Meeresbodens irgendwann im Erdinneren verschwinden. Und zum anderen sind Krater, die an Land entstehen, der Erosion ausgesetzt, so daß sich ihre anfangs kraß ausgeprägte Form allmählich verwischt. Dennoch kennt man etwa ein Dutzend große Einschlagkrater, beispielsweise den Manicouga-Krater in Quebec (Durchmesser 130 Kilometer), den Siljan-Krater in Schweden (65 Kilometer) und den Popigai-Krater in der früheren Sowjetunion. An der Tatsache, daß Einschläge stattgefunden haben, gibt es nichts zu deuteln.

Dennoch mußte man mehrere eindeutige Indizien sammeln, bevor selbst die aufgeschlossensten Fachleute den Gedanken ernst nahmen, ein solcher Einschlag könne das Massenaussterben ausgelöst haben. Erstens mußte man dazu an allen Stellen, an denen Sedimente vom Ende der Kreidezeit freilagen, erhöhte Iridiumkonzentrationen finden. Man fand sie; bis heute hat man über 100 solche Stellen aufgespürt. Zweitens sollten auch andere Hinweise auf einen großen Einschlag nachzuweisen sein. Auch das gelang: Man fand winzige glasartige Kügelchen, die sich bei sehr hohen Druck- und Temperaturwerten aus den Mineralien im Gestein bilden; solche Gebilde kennt man von 71 Stellen auf der ganzen Welt. Ein weiterer Hinweis auf einen Einschlag ist der sogenannte geschockte Quarz, dessen Kristalle durch plötzlichen Druck entstandene Bruchlinien zeigen. Geschockten Quarz hat man bisher an etwa 30 Stellen auf der Erde entdeckt.

Der unmittelbarste Beweis wären natürlich Spuren eines Asteroideneinschlags am Übergang von der Kreide- zur Tertiärzeit. Wie ich bereits angedeutet habe, liegt die Einschlagstelle mit großer Wahrscheinlichkeit im Meer, so daß wir nur geringe Aussichten haben, sie zu finden. An Land ist die Manson-Struktur im US-Bundesstaat Iowa ein Kandidat. Sie hat das richtige Alter, ist aber mit einem Durchmesser von nur 30 Kilometern wahrscheinlich zu klein. Paläontologen und Geologen haben mehrere mittelgroße Krater identifiziert, die das richtige Alter hätten, einige davon in Nordamerika, andere in Asien. Dann, im Juni 1990, genau zehn Jahre nach

Alvarez' erster Veröffentlichung, verbreitete sich in der Geologengemeinde eine wichtige Neuigkeit: Man hatte nahe der Nordwestspitze der mexikanischen Halbinsel Yucatán einen gewaltigen Krater entdeckt. Er wurde auf den Namen Chicxulub-Krater getauft und zwei Jahre später von einem Geochronologenteam aus Berkeley datiert; geleitet wurden diese Arbeiten von Garniss Curtiss, der Anfang der sechziger Jahre zusammen mit Louis Leakey, meinem Vater, neue Datierungsmethoden für alte menschliche Fossilien entwickelt hatte. Danach war der Chicxulub-Krater vor 65 Millionen Jahren entstanden, genau zur Zeit des Massenaussterbens am Ende der Kreidezeit. Das ließ zusammen mit der Entdeckung mehrerer weiterer, kleiner Krater gleichen Alters darauf schließen, daß damals vielleicht ein Hagel von Asteroiden oder Asteroidenbruchstükken auf der Erde niedergegangen war.

Der Bericht in *Science* über die Datierung des Chicxulub-Kraters führte dazu, daß auch einige frühere Skeptiker nun die These vom Asteroideneinschlag unterstützten. So schrieb beispielsweise William Clemens, ebenfalls aus Berkeley, in einem Kommentar, der zusammen mit dem Artikel erschien: »Wir haben die Häufigkeit der Kraterentstehung eindeutig unterschätzt... Solche Einschläge sind ein Teil der Umweltbedingungen in [den letzten 600 Millionen Jahren].«[13] Aber obwohl Clemens wie viele frühere Skeptiker nun die Vorstellung von einem Asteroideneinschlag am Ende der Kreidezeit anerkannte, war er nicht unbedingt der Ansicht, dies sei die alleinige Ursache des Aussterbens gewesen. In demselben Kommentar zitierte er Anthony Hallam, einen Paläontologen der University of Birmingham in England, mit den Worten: »Ich akzeptiere vielleicht die Geschichte vom Einschlag, aber ich glaube, es war vor allem der Gnadenstoß. Ein Massenaussterben hätte es nach meiner Überzeugung im marinen Bereich auch ohne den Einschlag gegeben.«[14]

Daß der Gedanke vom Asteroideneinschlag sich auch bei denen durchsetzte, die ihn anfangs abgelehnt hatten, war ein gewisser Fortschritt, denn er schlug eine Bresche in den strengen Lyellschen Uniformitarianismus. Für die Geologen war es ein großer theoretischer

Durchbruch, Katastrophen als normalen Bestandteil der Erdgeschichte anzuerkennen. Seit den ersten Anfängen der Diskussion argumentierte allerdings eine Gruppe von Paläontologen und Geologen recht lautstark, alle sogenannten Hinweise auf einen Asteroideneinschlag – hohe Iridiumkonzentrationen, Glaskügelchen und geschockter Quarz – könnten auch auf umfangreiche Vulkanaktivität zurückgehen. An der Grenze am Ende der Kreidezeit findet man manchmal Vulkanasche, und es gibt auch Belege, daß vor 65 Millionen Jahren gewaltige Mengen an flüssiger Basaltlava aus dem Erdinneren nach außen gequollen sind. Ein Beispiel sind die Deccan-Stufen in Indien, eine Reihe gewaltiger Ebenen, die wie eine Treppe angeordnet sind. In jüngster Zeit wurde auch vermutet, Asteroideneinschlag und Vulkanaktivität könnten zusammenhängen: Die Energie des Einschlags könnte sich ins Erdinnere fortgepflanzt und so auf der anderen Seite der Erdkugel Vulkanausbrüche ausgelöst haben. Eine solche ursächliche Verbindung würde sowohl den Chicxulub-Krater als auch die Vulkanformationen von Deccan erklären.

Zwar dauert die Debatte immer noch an, aber es sieht stark danach aus, als habe ein Asteroiden- oder Kometeneinschlag das Massensterben am Ende der Kreidezeit verursacht oder zumindest erheblich dazu beigetragen. Die Vorstellung, der Einschlag sei nur ein »Todesstoß« gewesen, gründet sich auf die Annahme, daß das Leben schon vorher in Schwierigkeiten war. Die Behauptung von Alvarez und seinen Kollegen stieß auf die Gegenbehauptung, die Dinosaurier und Ammonoideen – die bekanntesten Opfer der Tragödie an Land und im Meer – seien ohnehin stark im Rückgang begriffen gewesen. Wie man jedoch in jüngster Zeit nachweisen konnte, ist das eine Verfälschung durch die Fossilfunde. Den Dinosauriern und Ammonoideen ging es bis zu dem Einschlag gut. Anzeichen für eine Abnahme gibt es allerdings bei einigen anderen Gruppen, insbesondere bei manchen Meeresbewohnern. Und da die Meere damals ohnehin schrumpften, ist das vielleicht nicht verwunderlich. Die Behauptung, größere Krisen des Lebens entstünden durch das Zusammentreffen mehrerer schädlicher Wirkungen, zu

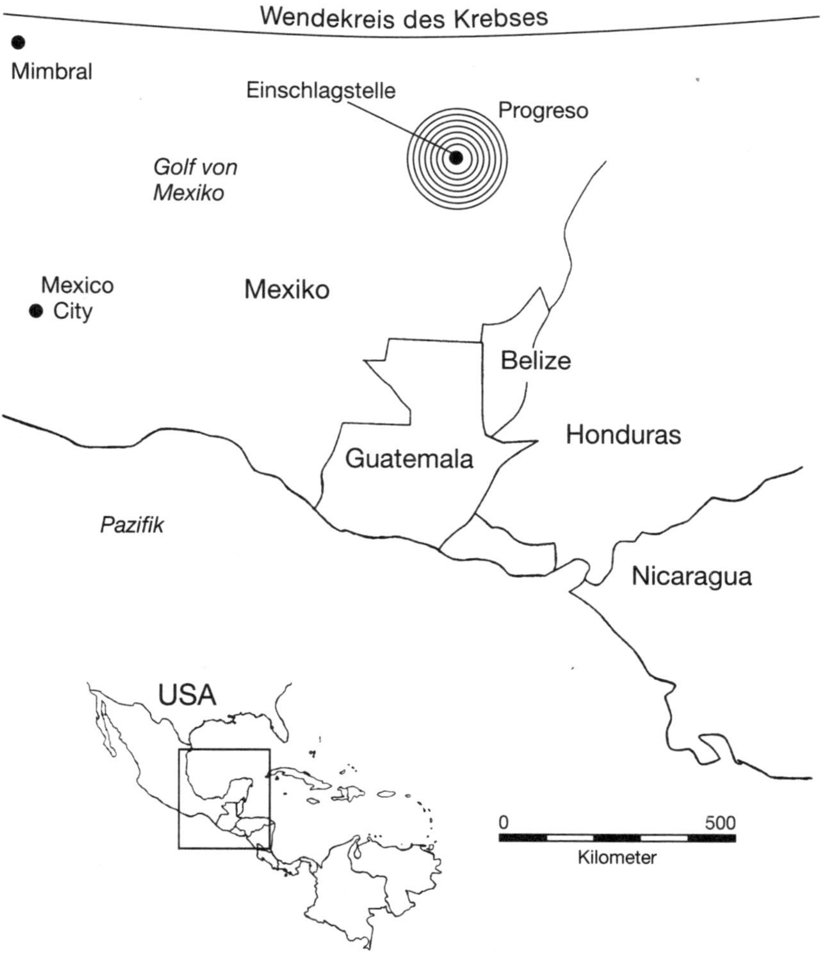

Ein etwa 65 Millionen Jahre alter Krater auf der Halbinsel Yucatán ist ein deutlicher Hinweis auf den Asteroideneinschlag, der das Aussterben am Ende der Kreidezeit verursachte.

denen auch der Einschlag von Kometen und Asteroiden gehören kann, erscheint völlig vernünftig. Das Massenaussterben ist mit Sicherheit ein komplexer Vorgang.

Während Geologen und Paläontologen sich noch schwertaten, die Vorstellung vom Asteroiden- oder Kometeneinschlag als Auslöser des Massensterbens am Ende der Kreidezeit zu akzeptieren, bot man ihnen eine weitere Pille an, die noch schwerer zu schlucken war. Auf der Grundlage von Berechnungen, für die sie eine neu zusammengestellte Datenbank über fossile Meerestiere verwendet hatten, äußerten die Geologen David Raup und Jack Sepkoski 1984 die Vermutung, die etwa 20 Aussterbeereignisse des Phanerozoikums, darunter auch die Großen Fünf, seien in regelmäßigen Abständen von ungefähr 26 Millionen Jahren eingetreten. Für eine solche Regelmäßigkeit, so ihre Ansicht, konnte nur eine außerirdische Ursache verantwortlich sein: ein regelmäßiger Asteroiden- oder Kometenhagel. Dabei kommen Kometen aus verschiedenen Gründen eher in Frage. Nachdem schon der Vorschlag von Alvarez skeptisch bis spöttisch aufgenommen worden war, kann man sich vorstellen, welche Reaktion auf diese neue Idee folgte: schlichter Unglaube. Die Katastrophentheorie feierte fröhliche Urständ.

Raups und Sepkoskis Überzeugung ergab sich aus der statistischen Analyse des Aussterbens im Laufe langer Zeiträume; dabei zeigte sich, daß solche Ereignisse sich alle 26 Millionen Jahre häufen, manchmal in erheblichem Maße. (Das nächste Mal steht so etwas nach diesen Berechnungen in 13 Millionen Jahren bevor; wir können also ein wenig aufatmen.) Die Kritiker, insbesondere der polnische Paläontologe Anthony Hallam, halten dagegen, die Regelmäßigkeit sei ein Kunstprodukt, das sich aus der Konstruktion der geologischen Zeittafel ergebe. Die Diskussion ging wie ein Pingpongspiel hin und her, ohne daß sich eine Lösung abgezeichnet hätte. Wenn Raup und Sepkoski recht haben, müßte jedes große Aussterbeereignis von Anzeichen für einen Einschlag begleitet sein. Erhöhte Iridiumwerte hat man bisher bei sieben der 20 Häufungen des Artensterbens gefunden, unter anderem am Ende der Kreide-

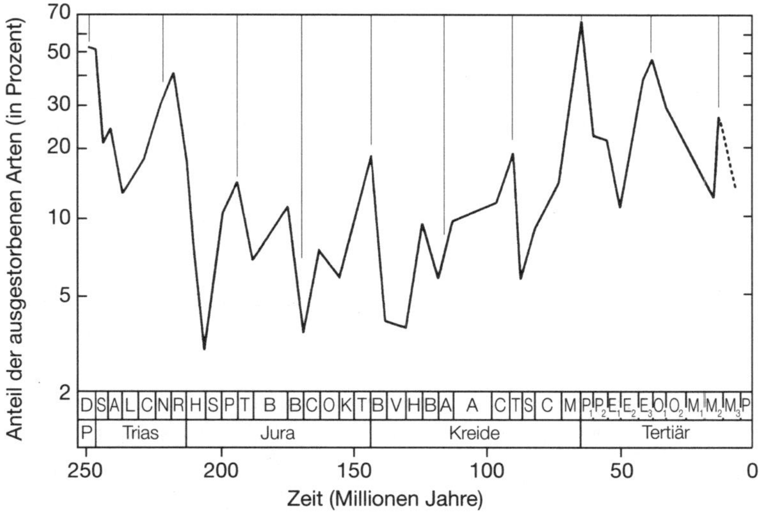

Nach Ansicht mancher Fachleute ereignen sich größere Aussterbe-Ereignisse einschließlich der Großen Fünf in regelmäßigen Abständen von 26 Millionen Jahren. Als Ursache vermutet man auf der Erde einschlagende Asteroiden. (Nachdruck mit Genehmigung von David Raup und Jack Sepkoski.)

zeit. Am Ende des Perm, beim größten aller Aussterbeereignisse, konnte man solche Spuren aber nicht nachweisen. Auch ein halbes Dutzend Krater wurde, was das Alter angeht, mit größeren Aussterbeepisoden in Übereinstimmung gebracht.

Raup und Sepkoski sind nach wie vor davon überzeugt, daß ihre statistische Analyse hieb- und stichfest ist. Wenn sie recht haben, wurden volle 60 Prozent aller Arten während des Phanerozoikums durch Asteroiden- oder Kometeneinschläge ausgelöscht (fünf Prozent während der Großen Fünf, der Rest bei den zahlreichen kleineren Aussterbeereignissen). Raup behauptet nicht, der Einschlag sei die alleinige Ursache des Aussterbens; er hält ihn vielmehr für einen »ersten Schlag«, der die Welt des Lebendigen schwächt und anfälliger für andere schädliche Umwelteinflüsse macht. Die Vorstellung, daß die Erde in regelmäßigen Abständen von Kometen oder Asteroiden getroffen wird, hört sich nach Science-fiction an, aber die US-Raumfahrtbehörde NASA will nichts riskieren: Sie möchte ein System zur Weltraumüberwachung einrichten, das aus mehreren erdgebundenen Teleskopen besteht und nach näher kommenden Körpern sucht; zur Sicherheit sollen Nuklearraketen bereitgehalten werden, mit denen man ein auf Kollisionskurs befindliches Objekt gegebenenfalls ablenken kann.

In jüngerer Zeit haben uns zwei Beinahezusammenstöße – im März 1989 und im Januar 1991 – daran erinnert, daß der große Knall durchaus möglich ist. In beiden Fällen handelte es sich um kleinere Objekte mit einem Durchmesser von wenigen hundert Metern, aber sie passierten die Erde in einer Entfernung, die mit der des Mondes vergleichbar ist. Und im Juli 1994 beobachteten die Astronomen, wie ein Hagel von etwa 21 Kometenbruchstücken in die Oberfläche des Jupiter eintauchte und in der dichten Atmosphäre dieses Planeten eine Reihe gewaltiger Löcher riß, eines davon so groß wie die Erde. Es war ein zeitlich günstiger Beweis, daß solche Einschläge im Sonnensystem tatsächlich vorkommen. In diesem Fall kann die Gegenwart durchaus zum Schlüssel für die Vergangenheit werden, auch wenn wir Zeugen der Gegenwart auf einem anderen Planeten sind.

Über die Frage, wie plausibel Asteroideneinschläge und Vulkanausbrüche als Ursachen des Massenaussterbens sind, werden Geologen und Paläontologen weiterhin debattieren, und die NASA wird weiterhin versuchen, protzige und wahrscheinlich nutzlose Systeme zu installieren. Zumindest haben aber die Erfahrungen in den anderthalb Jahrzehnten seit Alvarez' Veröffentlichung eine neue Katastrophentheorie entstehen lassen, die Kräfte jenseits unseres normalen Erfahrungsbereichs einbezieht: gelegentlich auftretende, verheerende Einschläge von Himmelskörpern. Das ist die zweite große Revolution in der geologischen Wissenschaft unseres Jahrhunderts. Die erste war die Erkenntnis, daß die Erdkruste ein Stückwerk aus verschiedenen Platten ist, deren allmähliche Bewegung die Kontinente über die Erdzeitalter hinweg um den Globus schiebt.

5 Ausgestorben: Gene oder Zufall?

In der Geschichte des Lebens auf der Erde gab es immer wieder Akzente in Form von Schüben des Aussterbens, manche davon eher mäßig, andere mit katastrophalen Ausmaßen. Unabhängig von der Ursache dieser Ereignisse lautet die nächste entscheidende Frage: Wie reagiert die Lebenswelt der Erde darauf? Wie wir gesehen haben, hinterläßt eine größere Aussterbeepisode auf der Bühne des Lebens oft eine veränderte Besetzung, und dadurch verschiebt sich der Lauf der Evolution, manchmal sogar tiefgreifend. Warum waren die Überlebenden gegenüber den Verlierern begünstigt? Oder, wie David Raup es so prägnant formulierte: Gerieten die Verlierer wegen ihrer Gene oder rein zufällig in entwicklungsgeschichtliche Vergessenheit?

Lange sah es so aus, als müsse man diese Frage überhaupt nicht stellen. Die Antwort ergab sich unausgesprochen aus der allgemein anerkannten Evolutionstheorie. Darwin hatte in der *Entstehung der Arten* sehr deutlich gesagt, warum Arten aussterben: Er meinte, sie seien ihren Konkurrenten unterlegen. »Die Bewohner der Erde in jeder sukzessiven Periode ihres Bestehens haben ihre Vorgänger im Kampfe ums Dasein besiegt und stehen insofern höher auf der Organisationsstufe als diese«, schreibt er in seinem Kapitel »Über die geologische Reihenfolge organischer Wesen«.[1] Das Kernstück der natürlichen Selektion ist die stetige, ununterbrochene Anpassung der Arten an ihre Umwelt, und ein wichtiger Bestandteil dieser Umwelt sind andere Arten, Konkurrenten. Das Leben ist ein ständiger »Kampf ums Dasein«.

In einem anderen Kapitel der *Entstehung der Arten* führt Darwin zur Beschreibung dieses Kampfes die berühmte Metapher von den Keilen an: »Das Antlitz der Natur kann man mit einer weichen

Oberfläche vergleichen, in der zehntausend spitze Keile dicht nebeneinander stecken und durch ständige Schläge weiter hineingetrieben werden; manchmal wird ein Keil getroffen und dann ein anderer mit größerer Kraft.«[2] Wenn ein Keil tiefer hineingetrieben wird, drückt er einen oder mehrere andere hinaus. Die Natur ist zum Bersten gefüllt mit Arten, die letztlich alle untereinander durch die Kräfte des Wettbewerbs verbunden sind und von denen jede ums Überleben kämpft. »Die Metapher vom Keil liegt unserer konventionellen Sicht der Ordnung des Lebens zugrunde und unterstützt sie«, meint Stephen Jay Gould, der in den letzten Jahren viel über das Thema geschrieben hat. »Lebewesen streben danach, sich zu vervollkommnen. Das Leben bewegt sich ständig aufwärts, auch wenn keiner permanent vorankommt; Ordnung herrscht, indem sich der vorhersehbare Kampf der Individuen in wachsende Komplexität und Vielfalt übersetzt.«[3] Die Sieger gedeihen, die Verlierer sterben aus, und das Ganze ist ein zwangsläufiges Fortschreiten in Richtung der biologischen Verbesserung.

Die Vorstellung, daß Arten aussterben, weil sie versagt haben, erschien so offenkundig, daß kaum jemand es für lohnend hielt, sie zu überprüfen. Lange Zeit gab es keine solche Prüfung, denn es war allgemein anerkannt, daß Konkurrenz die treibende Kraft der Evolution ist und darüber bestimmt, wer gewinnt und wer verliert. Jeder Beteiligte in dem großen Spiel ist bestrebt, seine Konkurrenten zu überflügeln, und entwickelt zu diesem Zweck verbesserte Verhaltensweisen oder anatomische Eigenschaften; die Gegner reagieren darauf mit der Entwicklung von Gegenmaßnahmen. Infolgedessen wandeln sich die Arten im Laufe der Zeit; in einem gewissen Sinne werden sie besser, aber nur selten geht die Verbesserung so weit, daß sie ihre Gegner ausschalten können. Leigh Van Valen, ein Paläontologe an der Universität Chicago, bezeichnete diesen Effekt als Hypothese von der Roten Königin nach einer Figur in *Through the Looking-Glass,* die ständig laufen mußte, nur um an demselben Ort zu bleiben. Wenn man nicht läuft, fällt man zurück, und in der Natur stirbt man dann aus. Ein solches Schicksal würde in die Rubrik »schlechte Gene« fallen.

In den letzten Jahren stellten viele Biologen die Annahme, Konkurrenz sei die entscheidende Kraft, für räumlich begrenzte Populationen und die Evolution als Ganzes in Frage. Deshalb hält man ihren Einfluß heute nicht mehr für so übermächtig wie früher. Abgeschwächt wurde die Vorstellung von der überragenden Bedeutung der Konkurrenz zum Beispiel durch die Arbeiten Goulds und seines Kollegen C. Brad Calloway. Sie beschäftigten sich mit der Verwandtschaft zwischen Brachiopoden (Armfüßern) und Muscheln, deren entwicklungsgeschichtliche Wurzeln tief in die Vergangenheit des Lebens zurückreichen. Heute sind die Meere vorwiegend von Muscheln bevölkert, während die Brachiopoden nur eine untergeordnete Rolle spielen; vor vielen Millionen Jahren war es genau umgekehrt. Diese Veränderung, so Gould, wurde oft als klassisches Beispiel für das Keil-Prinzip angeführt: Die Muscheln konnten ihre Stellung im Laufe der Zeit stetig ausbauen, bis sie schließlich die Vorherrschaft übernahmen.

Goulds und Calloways eingehende Untersuchung der Fossilien offenbarte etwas anderes. Zu Zeiten, in denen es den Muscheln gutging, gediehen auch die Brachiopoden, und ebenso machten sie auch gemeinsam schlechte Zeiten durch. Die lange unterstellte stetige Verdrängung durch Konkurrenz nach dem Keil-Prinzip hat es nicht gegeben; zu dem Wechsel in der Vorherrschaft kam es durch »eine je unterschiedliche Reaktion auf das größte aller Massensterben – das Aussterben im Perm«. Während die Muscheln von der Krise praktisch nicht betroffen waren, erging es den Armfüßern schlecht. »Demnach erhielten die Muscheln in diesem geologischen Moment einen ›Vorsprung‹ vor den Brachiopoden und gaben ihre neue Überlegenheit seither nicht mehr auf.«[4] Ob allerdings die Muscheln ihren ungehinderten Durchmarsch während der Katastrophe im Perm ihren Genen oder dem Glück zu verdanken hatten, geht aus dieser Aussage nicht unmittelbar hervor.

Ein eindeutiges Beispiel für Pech ist die Geschichte des Heidehuhnes, das im Amerika der Kolonialzeit eine Lieblingsbeute der Jäger war. Sein Verbreitungsgebiet erstreckte sich ursprünglich von Maine bis nach Virginia, aber bis 1908 waren durch intensive Bejagung und die menschliche Besiedelung und den damit verbundenen Verlust der Lebensräume nur noch 50 Vögel übrig; sie lebten isoliert auf der Insel Martha's Vineyard vor der Küste von Massachusetts. Die Heidehühner hatten sicher Pech, daß sie an den Tischen der Kolonialsiedler so begehrt waren, aber darum geht es hier nicht. Man richtete ein Reservat von etwa sechseinhalb Quadratkilometern ein, um die verbliebenen Vögel zu schützen und ihre Population wieder anwachsen zu lassen. Bis 1915 war das Projekt gut in Gang gekommen, und in dem Reservat lebten ungefähr 2000 Heidehühner.

Aber dann schlug die Katastrophe zu, oder vielmehr eine Serie von Katastrophen. Brände, ein harter Winter, die nachteiligen Wirkungen der Inzucht und eine Geflügelkrankheit dezimierten den Bestand bis 1927 auf elf Männchen und zwei Weibchen. Der letzte Vogel wurde am 11. März 1932 gesehen. Die Population ging nicht wegen schlechter Gene zugrunde, sondern durch ungünstiges Schicksal. In ihrem ursprünglichen, viele tausend Quadratkilometer großen Verbreitungsgebiet war die Art gegen das Aussterben praktisch immun; auf eine einzige kleine Population vermindert, wurde sie anfällig für die Unwägbarkeiten der Umwelt.

Dieses und andere Beispiele führten zwar nicht dazu, daß die Konkurrenz in der Evolutionsbiologie in Vergessenheit geriet, aber sie sorgten dafür, daß man in der Geschichte des Lebens auch andere Faktoren in Rechnung stellte. Die Konkurrenz ist in der Evolution als Bestandteil der natürlichen Selektion von großer Bedeutung, daran gibt es keinen Zweifel. Zu den besten Beispielen gehören die Wechselbeziehungen zwischen Räuber und Beute, so die Zunahme der Kraft in den Krebsscheren, die Schritt um Schritt mit einer Dickenzunahme bei den Gehäusen der Mollusken und anderer Beutetiere einhergeht; oder der chemische Krieg zwischen Insekten und den Blättern, die sie fressen; und die verbesserte Kaufähigkeit bei grasenden Tieren und die Abwehrmechanismen der Gräser, zum Beispiel die Einlagerung von Silikatkristallen. Es gibt einen Kampf ums Dasein, bei dem die Arten sich in der beschriebenen Weise im Krieg befinden oder mit ähnlichen Arten um Ressourcen konkurrieren, seien es nun aus dem Boden sprießende Nahrungsmittel oder Fleisch auf schnellen Hufen. Aber die Metapher von den Keilen übertreibt wahrscheinlich hinsichtlich der Frage, in welchem Ausmaß jede nur mögliche Nische besetzt ist.

Unsere Frage lautet: Wie läßt sich dies mit dem bekannten Muster des Aussterbens vereinbaren? Dieses Muster hat zwei Komponenten: Phasen des »normalen« Aussterbens, in denen Arten mit geringer Häufigkeit verschwinden, und Episoden des massenhaften Aussterbens, einschließlich der großen Krisen des Lebens. Die treibende Kraft beim »normalen« Aussterben ist nach übereinstimmender Meinung der meisten Biologen die natürliche Selektion, bei der die Konkurrenz eine wichtige Rolle spielt. Aber wie sieht es mit den Schüben des besonders starken Aussterbens aus? Unterscheiden sie sich nur quantitativ von den normalen Perioden? Ziehen Rückgang der Meere, kühleres Klima und die Auswirkungen von Asteroiden- oder Kometeneinschlägen einfach die Daumenschrauben der Konkurrenz stärker an? Mit anderen Worten: Ist das Massenaussterben nur »normales« Aussterben im großen Stil? Ist das Aussterben, auch wenn es massenhaft eintritt, im wesentlichen die Folge schlechter Gene? Bis vor einiger Zeit hätte man beide Fragen mit einem eindeutigen Ja beantwortet.

Vor zwanzig Jahren saßen David Raup, Stephen Jay Gould und einige ihrer Kollegen an einem Winterwochenende in der meeresbiologischen Forschungsstation von Woods Hole in Massachusetts zusammen und grübelten über das Aussterben nach. Raup, ein Geologe, der seine »Freilandarbeit« am liebsten vor einem Computerbildschirm betreibt, schlug ein statistisches Experiment vor, um herauszufinden, ob man das Muster der Aussterbeereignisse ausschließlich stochastisch, das heißt mit dem Zufall, erklären kann. Das menschliche Auge erkennt Zufallswirkungen sehr schlecht und versucht in allen Mustern eine Regelmäßigkeit zu finden, auch wenn es keine gibt. In einer Serie von etwa einem Dutzend Fachartikeln setzten sich Raup und Gould unter wechselnder Mitarbeit von Jack Sepkoski, Thomas J. Schopf und Daniel Simberloff mit der

Frage auseinander, ob eine künstliche Welt ökologischer Lebensgemeinschaften (die in Wirklichkeit ein Computerprogramm war) einen Wechsel von normalem und massenhaftem Aussterben zeigt, wenn ausschließlich der Zufall darüber bestimmt, ob die einzelnen Arten überleben.

Sie gelangten letztlich zu dem Schluß, daß sich die Geschichte des Lebens im Phanerozoikum nicht allein mit dem Zufall erklären läßt und daß gewisse Selektionskräfte wirken müssen, aber sie erkannten auch Muster, die zwar nicht im Ausmaß, wohl aber in der Form den aus Fossilien abgeleiteten Befunden ähnelten. Es kam zu mäßig ausgeprägten Aussterbeepisoden, weil rein zufällig viele Arten gleichzeitig verschwanden. Aber damit Ereignisse in einer Größenordnung wie am Ende von Kreide- oder Permzeit zufällig auftreten, wären gewaltige Zeiträume erforderlich. Pech in dem Sinn, daß man sich bei Kopf oder Zahl falsch entschieden hat, kann also nicht allein die Ursache dafür sein, daß eine Art während eines Massenaussterbens verschwindet. Aber die Untersuchungen Raups und seiner Kollegen waren Teil der wachsenden Erkenntnis, daß »schlechte Gene« nicht die alleinige Erklärung für die Gesetzmäßigkeiten des Lebens sind. In Wirklichkeit gibt es eine Kombination aus Selektion und Pech.

Alvarez hatte 1979 mit seiner Vermutung, es könne eine Verbindung zwischen einem Asteroideneinschlag und dem Massenaussterben geben, den Anlaß zu einer ganzen Reihe von Forschungsprojekten gegeben; in einem davon beschäftigte sich David Jablonski, ein Paläontologe der Universität Chicago, mit dem Wesen dieser Selektion. Genauer gesagt, verglich er die Gesetzmäßigkeiten in den Perioden des normalen und massenhaften Aussterbens. In normalen Zeiten ist eine Art durch mehrere zusammenwirkende Faktoren vor dem Aussterben geschützt. Wie bei vielen derartigen Untersuchungen, so arbeitete auch Jablonski mit fossilen Meeresbewohnern, aber die gleichen Prinzipien gelten auch für landlebende Arten.

Solange keine Krise herrscht, sind Arten mit weiter geographischer Verbreitung unempfindlich gegen das Aussterben. Es war bereits davon die Rede, wie empfindlich die durch jagende Menschen dezimierte, isolierte Population der Heidehühner gegenüber zufälligen Ereignissen war. Hätten die Vögel noch ihr ursprüngliches großes Verbreitungsgebiet gehabt, hätten Brände, harte Winter und Krankheitswellen zwar örtliche Populationen ausgelöscht, aber nicht die ganze Spezies. Das erscheint sinnvoll. Aus ähnlichen Gründen sterben auch Meeresbewohner, deren Larven mit der Strömung über weite Entfernungen treiben, nicht ohne weiteres aus. Eine Gruppe ähnlicher Arten, von den Biologen Klades genannt, ist unempfindlicher gegen das Aussterben, wenn sie möglichst viele Arten umfaßt. Für das Überleben einer Klades, zu der drei Arten gehören, ist das Verschwinden weniger Arten gefährlicher als für eine, die beispielsweise 20 Spezies umfaßt.

Als Jablonski das Schicksal verschiedener Arten und Klades von Mollusken (Weichtieren) während des Aussterbens am Ende der Kreidezeit untersuchte, ergab sich ein ganz anderes Bild. Hier galten die genannten Regeln nicht. Die einzige Gesetzmäßigkeit, die er erkennen konnte, galt nicht für Arten, sondern für Klades. Wieder spielte die geographische Verbreitung eine Rolle. Artengruppen mit weiter geographischer Verbreitung kamen in der Krise besser davon als solche mit stärker begrenztem Siedlungsgebiet, und zwar unabhängig davon, wie viele Arten zu der Gruppe gehörten. »Beim Massenaussterben sind die Qualität der Anpassung und die Eignung... viel weniger wichtig als die Zugehörigkeit zu den jeweiligen Lebensgemeinschaften, Verbreitungsgebieten oder Verteilungskategorien, die während des Ereignisses die geringsten Störungen erleiden«, schrieb Jablonski.[5] Das war ein bahnbrechender Befund, denn damit war zum erstenmal gezeigt, daß für das normale und das massenhafte Aussterben unterschiedliche Gesetze gelten. Die Krisen des Lebens bestehen eben nicht aus normalem Aussterben im großen Maßstab.

Das erscheint auch plausibel, denn in der Geschichte des Lebens fanden immer wieder sehr erfolgreiche Arten oder Artengruppen durch das Massenaussterben ein plötzliches Ende. Dinosaurier und Ammonoideen hatten in ihren Lebensräumen mehr als 100 Millionen Jahre lang die Vorherrschaft, und als sie am Ende der Kreidezeit hinweggefegt wurden, waren sie so artenreich wie immer. Es gibt keinerlei Hinweise, daß die Säugetiere besser angepaßt waren als die Dinosaurier, deren Platz als beherrschende Gruppe landlebender Vierbeiner sie anschließend einnahmen. In den Ozeanen wurden die Lebensgemeinschaften an den Riffen immer wieder umgekrempelt, weil die beherrschenden Arten verschwanden; in vier Fällen fallen solche Vorgänge mit den großen Krisen des Aussterbens zusammen. Nach jeder derartigen Katastrophe tauchten die Riffe wieder auf: Einmal herrschten kalkhaltige Algen vor, ein anderes Mal die Bryozoen (Moostierchen), einmal die Mollusken und einmal die Korallen. Die Korallen, die wir heute so gut kennen, sind nur die vorübergehenden Bewohner dieser Anpassungszone. Keine der genannten Gruppen ist den anderen erkennbar überlegen.

Genau wie bei dem beschriebenen Verschwinden zahlreicher Stämme nach der kambrischen Explosion, so kennt man auch bei den großen Aussterbeereignissen keine bedeutenden Veränderungen der Tierwelt, bei denen man die Gewinner als besser angepaßt bezeichnen könnte. Natürlich urteilen wir aus großer Entfernung, und möglicherweise spielte überlegene Anpassung eine Rolle, aber wenn es so war, dann aus so geringfügigen Gründen, daß wir sie nicht erkennen können. Dennoch, so Raups Hinweis, »lautet die traurige Wahrheit: Es gibt für die Unterlegenheit der Opfer kein stichhaltiges Indiz, abgesehen von der Tatsache, daß sie ausgestorben sind«.[6] Außerdem gibt es ein weiteres schlagkräftiges Argument dafür, daß überlegene Anpassung im alltäglich-darwinistischen Sinn bei den großen Krisen des Lebens einfach kein wichtiger Faktor gewesen sein kann. Die natürliche Selektion wirkt zwangsläufig auf der Ebene des Individuums und seiner Beziehungen zur örtlichen Umgebung – als Auswirkungen der Konkurrenten und der jeweiligen physikalischen Bedingungen. Sie ist eine starke Reaktion auf unmittelbares biologisches Erleben. Aber sie kann zukünftige Ereignisse nicht vorhersehen. Und mit Sicherheit kann sie seltene Ereignisse nicht vorhersehen.

Wenn die durchschnittliche Lebensdauer einer biologischen Art bei vier Millionen Jahren liegt (und das ist vermutlich zu hoch geschätzt, denn die Zahl gründet sich auf Arten, die so erfolgreich waren, daß sie fossile Spuren hinterlassen konnten) und wenn größere Aussterbewellen im Durchschnitt nur alle 26 Millionen Jahre auftreten, erleben die meisten Arten diese Schübe nicht mit. Und Episoden des Massenaussterbens – die Großen Fünf – sind noch seltener, so daß sie für die natürliche Selektion unsichtbar bleiben. Raup formuliert es so: »Die mutmaßlichen Ursachen für das Aussterben erfolgreicher Arten liegen in Belastungen, die *nicht* in einem so kurzen Zeitmaßstab erlebt werden, daß die natürliche Selektion auf sie wirken könnte.«[7]

Das hat tiefgreifende Folgen. Gould meint: »Wenn Massenaussterben... [durch eine Ursache ausgelöst wird, die]... sich völlig außerhalb der Möglichkeiten der Organismen zur Einflußnahme befindet, dann hat die Geschichte des Lebens entweder ein Mindestmaß an Zufälligkeit, oder sie arbeitet mit neuen, bisher unentdeckten Regeln für Perturbationen. Sie arbeitet dann jedenfalls nicht (wie wir immer dachten) mit Gesetzen, die eine vorhersehbare Konkurrenz während normaler Zeiten regulieren.«[8] Die Folgen des Massenaussterbens müssen also zu einem gewissen Grade zufällig aussehen, vor allem wenn man die Qualität der Anpassung als Maßstab anlegt.

Im ersten Abschnitt dieses Kapitels habe ich behauptet, das Massenaussterben habe zu einer Neubesetzung der Rollen auf der Bühne des Lebens geführt, und dann habe ich gefragt, ob Gene oder Zufall darüber bestimmten. Jetzt ist klar, daß schlechte Gene nicht das Rätsels Lösung sind. Sehen wir uns noch einmal das Aussterben am Ende der Kreidezeit an. Obwohl ich weiß, daß es in allen Lebensräumen zum Massensterben kam, konzentriere ich mich auf die landlebenden Vierbeiner, weil der Punkt, auf den ich hinauswill, an ihnen besonders deutlich wird. William Clemens aus Berkeley stellte Listen dieser Tiere und ihres Schicksals zusammen. Es gab 177 Gattungen fossiler Säugetiere, Amphibien, Reptilien und Fische. In der Krise verschwanden 50 von ihnen, darunter 22 Gattungen von Dinosauriern.

Für die Dinosaurier war es das Aus: Keine einzige Gattung dieser bemerkenswerten Geschöpfe überlebte. Dagegen verschwand nur eine Gattung von Plazenta-Säugetieren, während die Beuteltiere (die oft als primitiver gelten) drei Viertel ihrer Gattungen einbüßten. Angesichts solcher Tatsachen scheint es, als hätten die Plazenta-Säugetiere irgend etwas richtig gemacht, während Dinosaurier und Beuteltiere einen Fehler begangen haben. Über 140 Millionen Jahre hinweg hatte die Lebensweise der Dinosaurier das Leben an Land beherrscht (es gab jeweils etwa 50 Gattungen von ihnen zur gleichen Zeit), und dazu gehörte auch das Eierlegen als Mittel der Fortpflanzung. Nach dem großen Artensterben am Ende der Kreidezeit nahmen Plazenta-Säugetiere die dominierende Stellung ein. Jetzt war die Entwicklung der Jungen im Körperinneren bei den Vierbeinern die häufigste Fortpflanzungsmethode. Die Fortpflanzung nach Art der Beuteltiere, bei der auf eine kurze Phase der inneren Entwicklung ein Wachstum »halb im Innern«, nämlich im Beutel, folgt, ist zahlenmäßig selten.

Nach dem Darwinschen Lehrsatz von der fortschreitenden Verbesserung ergibt sich daraus die offenkundige Schlußfolgerung, daß die Fortpflanzung mit einer Plazenta dem Eierlegen und der Entwicklung im Beutel überlegen ist. Wenn man sich aber fragt, warum die Plazenta-Säugetiere überlebten, während die Dinosaurier verschwanden und die Beuteltiere stark dezimiert wurden, gelangt man zu einer anderen Antwort. Die Dinosaurier gingen höchstwahrscheinlich nicht aus geographisch begrenzten Ursachen zugrunde, denn sie waren weit verbreitet. Aber die meisten von ihnen waren sehr groß, und es gibt einen Zusammenhang zwischen der Körpergröße und der Anfälligkeit für das Aussterben. Die Ursachen könnten mit Demographie zu tun haben, also mit kleinen Populationen, großen Verbreitungsgebieten, langsamer Fortpflanzung und so weiter. Vermutlich waren auch andere Faktoren beteiligt, die mit ziemlicher Sicherheit nicht mit der Anpassung einzelner Arten zusammenhingen. Und wie steht es mit den Beuteltieren? Nach Clemens' Ansicht war ihr Schicksal durch die geographische Isolation in Australien und Südamerika besiegelt. Entscheidend war hier nicht die unterlegene Anpassung, sondern die geographische Verteilung.

Über 100 Millionen Jahre lang hatten die Säugetiere neben den Dinosauriern gelebt, im wesentlichen als kleine, nachtaktive Geschöpfe, die auf Bäumen zu Hause waren. Ihren Aufstieg nach dem Aussterben am Ende der Kreidezeit verdankten sie sicherlich ebensosehr dem Glück wie guten Genen, ja vielleicht war das Glück sogar allein entscheidend. Dieses Bild, das man bei verschiedenen Gruppen von Lebewesen in allen Lebensräumen und an vielen Stellen in den letzen 600 Millionen Jahren der Erdgeschichte erkennt, vermittelt eine völlig andere Vorstellung vom Fließen des Lebens. Früher sah man im Massenaussterben nur Unterbrechungen dieses Stromes. Das Wesen der Lebensgemeinschaften änderte sich häufig nach solchen Ereignissen, das stimmt, aber man hielt es ausschließlich für eine Auswirkung der stärker angezogenen Daumenschrauben der Konkurrenz. Heute ist klar, daß zu diesen Zeiten andere Regeln galten, welche die Darwinsche Konkurrenz vorübergehend in den Hintergrund drängten; statt dessen wurden Kräfte wirksam, auf welche die Arten nicht vorbereitet sind und auch nicht vorbereitet sein können. Das Massenaussterben stellt die Uhr der Evolution nicht einfach ein Stück zurück: Es verändert ihr ganzes Zifferblatt. Solche Ereignisse schaffen das Muster des Lebens.

David Jablonski formuliert es so: »Der Wechsel von normalem und massenhaftem Aussterben formt in der Geschichte des Lebens die großen Muster der Evolution.«[9] Während des normalen Aussterbens wirkt die Darwinsche Selektion: Sie erzeugt Neuerungen, gestaltet die Anpassung und sorgt dafür, daß Lebewesen und Umwelt zusammenpassen. Dabei spielen sowohl Gene als auch Glück eine Rolle, wobei schlechte Gene vielleicht stärker als das Pech zum Aussterben beitragen. Beim Massenaussterben sind die Darwinschen Regeln jedoch außer Kraft gesetzt; jetzt überleben oder verschwinden die Arten aus Gründen, die nichts mit ihrer Anpassung zu tun haben. Hier ist das Pech der vorherrschende Faktor, der die Arten in entwicklungsgeschichtliche Vergessenheit geraten läßt.

Das Massenaussterben gibt der Biosphäre also eine neue Struktur: Eine nicht vorhersagbare Kombination von Überlebenden findet sich in einer Welt mit stark verminderter Artenvielfalt wieder. Wenn mindestens 15, aber auch bis zu 95 Prozent der Arten ausgelöscht werden, leeren sich die ökologischen Nischen, oder zumindest sind sie viel weniger voll besetzt als zuvor. Es ist eine Zeit der entwicklungsgeschichtlichen Gelegenheiten für die wenigen Glücklichen.

Ich habe die Entwicklung der Artenvielfalt während des Phanerozoikums als aufwärts gerichteten Trend von der kambrischen Explosion bis zur Gegenwart bezeichnet, in dem es aber größere Zusammenbrüche gab. Wie wir noch sehen werden, ist das eigentlich eine Vereinfachung. Es ist auch eine relativ neue Sichtweise, jedenfalls im Blätterwald der paläontologischen Fachliteratur. In den siebziger Jahren gab es um die Entwicklung im Phanerozoikum viele Diskussionen und heftige Meinungsverschiedenheiten. James Valentine aus Berkeley argumentierte zum Beispiel auf der Grundlage seiner Lesart der Fossilfunde, es habe einen raschen, sich stetig beschleunigenden Anstieg der Artenvielfalt gegeben. David Raup dagegen vermutete einen frühzeitigen Anstieg, auf den ein Rückgang folgte, und stützte sich bei dieser Schlußfolgerung auf eine statistische Analyse der Funde. Und Richard Bambach vom Virginia Polytechnic Institute schlug, wiederum aufgrund einer Interpretation der Fossilfunde, einen Kompromiß vor.

Es mag seltsam erscheinen, daß man die gleichen Befunde so unterschiedlich deuten kann, aber wie ich immer wieder betonen muß, lassen sich die Befunde wegen ihrer Unvollständigkeit häufig nicht ohne weiteres bewerten. Man muß viele Vermutungen anstellen, und je weiter man in die Vergangenheit zurückgeht, desto mehr Abstriche sind wegen der Unvollständigkeit der Funde notwendig. Die Meinungsverschiedenheiten wurden jedoch ausgeräumt, als die drei Hauptvertreter dieser Ansichten sowie Jack Sepkoski sich zusammensetzten, um die Probleme ihrer unterschiedlichen Methoden zu besprechen. Im Oktober 1981 veröffentlichten die vier einen gemeinsamen Artikel, der in der Branche als »Versöhnungspapier« bekannt wurde. Darin beschrieben sie für das Phanerozoikum eine allgemein, aber schrittweise zunehmende Vielfalt ähnlich der mittleren Position, die Bambach vertreten hatte. Die Aussage stützte sich wie üblich im wesentlichen auf Fossilien von Meerestieren, aber etwas Ähnliches beobachtet man – im Ablauf, allerdings nicht im Zeitpunkt – auch bei Landbewohnern und Pflanzen.

Erhebliche Unterschiede in der Zeitdauer gibt es nicht nur beim Massenaussterben selbst, sondern auch bei der anschließenden biologischen Erholung: Sie nahm am Ende der Kreidezeit einige tausend Jahre, am Ende des Perm aber mehrere Jahrmillionen in Anspruch. Dafür müssen viele Faktoren eine Rolle spielen, so auch die Eigenschaften der überlebenden Tiere. Mit dieser Frage hat Sepkoski sich eingehend beschäftigt. Er unterteilt die Entwicklung der Artenvielfalt während des Phanerozoikums in drei Phasen. Am Anfang steht die vendisch-kambrische Phase, zu der die Vorgänge des ausgehenden Präkambriums, die kambrische Explosion selbst und die Stabilisierung am Ende des Kambriums gehören. Danach folgt die späte paläozoische Phase, die mit der Artbildung im Ordovizium beginnt; diese Zeit erlebte einen gewaltigen, schnellen Anstieg der Artenvielfalt: Die Zahl der Tiergattungen und -familien im Meer stieg auf mehr als das Dreifache. Es folgten 200 Millionen Jahre des offenkundigen Gleichgewichts, unterbrochen hier und da durch unterschiedlich große Zusammenbrüche der Vielfalt. Die letzte Phase, das Mesozoikum-Känozoikum, umfaßt die Erholung von dem großen Aussterbeereignis am Ende der Permzeit und die fortgesetzte Erweiterung der Vielfalt bis zur Gegenwart.

Dieser stufenweise Ablauf ergibt sich nicht durch eine gemeinsame Zunahme oder Stagnation der Vielfalt bei sämtlichen Arten, sondern durch die Entwicklung in bestimmten Gruppen der »Evolutionsfauna«, wie Sepkoski sie nennt. Die vendisch-kambrische Phase der zunehmenden Vielfalt wurde von der sogenannten kambrischen Fauna angetrieben, zu der Trilobiten, Weichtiere und Stachelhäuter gehörten. Diese Arten entwickelten sich schnell auseinander, aber dann, zu Beginn der nächsten Phase, wurden sie ausgedünnt, und später spielten sie nur noch eine untergeordnete Rolle. Die Trilobiten zum Beispiel verschwanden am Ende der Permzeit völlig. Das späte Paläozoikum war beherrscht von Armfüßern, Korallen, Moostierchen und Kopffüßern, der paläozoischen Fauna. Sie waren in dieser Phase für die gewaltige Zunahme der Artenvielfalt verantwortlich, aber auf der Bildfläche waren sie schon viel früher erschienen, nämlich vor allem im Kambrium. Ihre Chance erhielten sie durch Aussterbeereignisse am Ende des Kambriums. Das Mesozoikum-Känozoikum war von dem geprägt, was Sepkoski als moderne Fauna bezeichnet; zu ihr gehören Weichtiere (vor allem Muscheln und Schnecken), Krebstiere, Stachelhäuter und echte Fische. Auch hier entwickelten sich viele Gruppen schon zu Beginn des Paläozoikums, aber damals spielten sie keine auffällige Rolle. Erst nachdem sie das Aussterben am Ende des Perm überlebt hatten, nahmen ihre Zahl und Vielfalt explosionsartig zu, bis schließlich die Lebenswelt der heutigen Meere entstanden war.

Die Erholung der Artenvielfalt verläuft nach einer komplexen Dynamik: Die Artenzahl innerhalb der ökologischen Lebensgemeinschaften kann wachsen, es können neue, anders geartete Lebensgemeinschaften entstehen, und es können sich Gemeinschaften von Spezialisten entwickeln, die nur in begrenzten Lebensräumen vorkommen. Ein gemeinsames Element in der Frühphase der Erholung ist aber eine vorübergehend besonders hohe Artenfluktuation, das heißt, die Arten haben eine Zeitlang eine kürzere Lebensdauer als sonst. Das läßt auf eine Art entwicklungsgeschichtlicher Instabilität schließen, die sich vielleicht durch die Entfaltung von Evolutionsexperimenten in einem relativ großen ökologischen Spielraum ergibt. Außerdem tauchen in der Frühphase der Erholung – vermutlich aus dem gleichen Grund – weitaus mehr Neuentwicklungen auf. Wie wir bereits gesehen haben, erreichten die Neuerungen nie wieder das gleiche Ausmaß wie in der bemerkenswerten kambrischen Explosion.

Daß es nach einem verheerenden Zusammenbruch der Artenvielfalt zu einem Evolutionsschub kommt, ist nicht verwunderlich: Die Ökosysteme bieten plötzlich mehr Spielraum und laden neue Arten geradezu zur Besiedelung ein. Aber das erklärt noch nicht den Aufwärtstrend der Artenvielfalt, insbesondere in der letzten Phase, dem Känozoikum. Er ergibt sich nach Sepkoskis Ansicht aus der Zusammensetzung der Tierwelt und ihren grundlegenden ökologischen Strategien. Valentine hat dafür eine andere Erklärung, die mit der Lage der Kontinente zusammenhängt.

Die Tierarten des Kambriums waren in vielerlei Weise ökologische Generalisten, was auch mit der geringen Artenvielfalt in dieser Phase übereinstimmt. Im Vergleich zu den Spezialisten mit ihren enggefaßten ökologischen Bedürfnissen vertragen Generalisten ein relativ breites Spektrum von Umweltbedingungen. Deshalb gibt es eine Fülle von Spezialistenarten, die jeweils einen kleinen Bereich des Lebensraumes besetzen; die Arten der Generalisten sind dagegen weitaus weniger zahlreich, weil jede von ihnen sich über ein viel größeres Gebiet verbreiten kann. Der Schub der Vielfalt in der zweiten Phase, dem späten Paläozoikum, dürfte darauf zurückzuführen sein, daß viel mehr neue Spezialistenarten auftauchten. Und daß die Vielfalt über 200 Millionen Jahre hinweg recht konstant blieb, läßt nach Sepkoskis Vermutung darauf schließen, daß das globale Ökosystem eine Art Gleichgewicht erreicht hatte, oder mit anderen Worten: Der ökologische Spielraum war ausgefüllt. In der modernen Fauna wurden Räuber-Beute-Beziehungen zu einem wichtigeren Element der Dynamik von Lebensgemeinschaften. Aus mathematischen Modellen und einigen empirischen Beobachtungen wissen die Ökologen, daß Räuber zur Zunahme der Artenvielfalt führen können, weil sie verhindern, daß eine oder wenige Arten das System beherrschen. Weltweit betrachtet, könnte das die Ursache für die starke Zunahme der Artenvielfalt im Känozoikum sein. »Demnach«, so vermutet Sepkoski, »ist das Ausmaß der Artenvielfalt in den Meeren eher von der Identität der Mitwirkenden als vom Akt des Dramas abhängig.«[10]

Valentines Erklärung zielt nicht auf die Lebensweise, sondern auf die Lebensräume der Arten. In den letzten 200 Millionen Jahren ist der Überkontinent Pangäa unter dem Einfluß tektonischer Bewegungen auseinandergebrochen. Seit etwa 100 Millionen Jahren nahmen die Kontinente allmählich die Form an, die wir heute kennen. Die Zahl der Landmassen nahm zu, und schließlich waren sie von Pol zu Pol verteilt. Durch eine solche Anordnung entsteht die größtmögliche Zahl von Lebensräumen, sowohl für Meeres- als auch für Landbewohner.

Welcher Mechanismus auch wirksam war (vielleicht waren es beide), in jedem Fall entstand der *Homo sapiens* auf einem Höhepunkt der weltweiten Artenvielfalt. In den letzten zwei Millionen Jahren führten Aussterbewellen bei den großen Landtieren – verursacht vielleicht durch Phasen der Vereisung – zu einem gewissen Rückgang der Vielfalt, aber er war nicht sehr dramatisch. Wir sind nur eine von vielen Millionen Arten auf der Erde, das Produkt einer halben Milliarde Jahre im Strom des Lebens, die glücklichen Überlebenden von mindestens 20 wichtigen Krisen, darunter auch die Großen Fünf.

Der Motor der Evolution

Mehr als eine halbe Milliarde Jahre lang haben Evolutionsvorgänge immer neue Variationen der in der kambrischen Explosion eingeführten Themen geschaffen. Es war eine Zeit beispielloser entwicklungsgeschichtlicher Neuerungen.

Der *Homo sapiens* entstand in einer Phase der Erdgeschichte, die sich der reichhaltigsten Fülle von Lebensformen aller Zeiten rühmen konnte. Vielleicht sind wir der höchste Ausdruck des Stroms der Evolution.

Als vernunftbegabte Spezies ist der *Homo sapiens* in der Lage, die Gestalt, das Ausmaß und den Wert der Artenvielfalt auf der Erde zu verstehen. Und wir haben nicht nur ein eigenes Interesse, sondern auch die Verantwortung, sie hochzuschätzen.

6 *Homo sapiens*, die Krone der Evolution?

Die Antwort auf die Frage der Überschrift erscheint selbstverständlich. Ja, natürlich sind wir das. Im vorletzten Kapitel der *Entstehung der Arten* schreibt Darwin: »Da die natürliche Zuchtwahl nur durch und für das Gute jedes Wesens wirkt, so werden alle körperlichen und geistigen Begabungen der Vollkommenheit zustreben.«[1] Der *Homo sapiens* hat seit seiner Entstehung vor 150000 Jahren alle Kontinente erobert, ausgenommen die lebensfeindliche Öde der Antarktis, und auch dort haben wir einen Brückenkopf. Das spricht sicher für unsere gute körperliche Ausstattung, denn wir haben uns an alle diese unterschiedlichen Umgebungen angepaßt. Und unsere geistige Ausstattung steht außer Frage: Sie hat in der Natur nicht ihresgleichen. Wir können analytisch denken, sind künstlerisch kreativ und haben ethische Normen entwickelt, nach denen die Gesellschaft funktioniert. Niemand kann daran zweifeln, daß unsere Spezies einen Fortschritt durchgemacht hat, zwar nicht bis zur Vollkommenheit, aber bis zu einem Höhepunkt – dem höchsten Punkt – in der Vielfalt des Lebens. Wir *sind* die Krone der Evolution. Oder?

Mit dieser Frage schlagen sich Anthropologen und Biologen schon lange herum, und einfache Antworten gab es nie. Wir fühlen uns in der Natur als etwas Einzigartiges, und das sind wir natürlich auch: Jedes Spezies ist definitionsgemäß einzigartig, das hilft also nicht viel weiter. Wir sind nur eine Art unter den vielen Millionen der heutigen Lebenswelt, aber in dieser üppigen Fülle halten wir uns für etwas Besonderes, weil wir die beispiellosen Fähigkeiten der Sprache und des introspektiven Bewußtseins besitzen und weil wir unsere Welt gestalten können wie keine andere Spezies. Nach unserem eigenen Urteil stehen wir deshalb auf dem Gipfel des Berges. Bevor Darwin im 19. Jahrhundert zum erstenmal die Tatsache der

Evolution bewies, glaubte man, ein göttlicher Schöpfer habe den *Homo sapiens* an die Spitze der Natur gestellt. In der Darwinschen Welt sollte unsere Spezies durch die natürliche Selektion unserer besonderen Qualitäten emporgestiegen sein. Der geistige Hintergrund änderte sich, aber das Ergebnis blieb das gleiche. Wir hielten uns für den krönenden Höhepunkt der Natur.

Diese Einschätzung enthält zwei Annahmen, die eine unausgesprochen, die andere offen. Die unausgesprochene Unterstellung lautet: Die Entstehung des *Homo sapiens* war, als die Evolution sich entfaltete, ein zwangsläufiges Ergebnis. Und ganz offen wird ausgesprochen, daß die Qualitäten, die wir an unserer eigenen Spezies so hochschätzen, in irgendeiner Form denen der übrigen Natur tatsächlich überlegen sind. In den langen Zeiträumen der Evolution wurde das Leben immer komplexer, so daß sich ein gerichteter Fortschritt ergab. Wie Darwin in der eingangs zitierten Passage feststellt, »werden alle körperlichen und geistigen Begabungen der Vollkommenheit zustreben«. Wir sind die Spitze des Fortschritts, der Ausdruck der Vollkommenheit.

Ich möchte mich hier mit drei Gesichtspunkten dieses Themas auseinandersetzen. Zunächst werde ich erörtern, wie die Gelehrten sich über Jahrtausende hinweg, von Aristoteles bis zu den modernen Anthropologen, darum bemüht haben, den *Homo sapiens* in der Natur richtig einzuordnen. Die zweite Frage betrifft die Unvermeidlichkeit unserer Spezies im Lauf des Lebens. Wenn man die Geschichte des Lebens an den Anfang zurückdrehen und noch einmal ablaufen lassen könnte, würde sich dann aus der gewaltigen Vielfalt ein zweites Mal der *Homo sapiens* herausschälen? Und als letztes werde ich die Frage stellen, ob die Natur im Laufe der Evolution tatsächlich komplexer geworden ist. Gibt es im Wirken der natürlichen Selektion einen gerichteten Fortschritt?

Die Ansicht des Menschen vom Menschen in der Natur hat sich im Laufe der Jahrhunderte verändert. Darin spiegelt sich die ständige Verschiebung der geistigen Zusammenhänge wider. Erst in relativ junger Vergangenheit haben die Anthropologen begonnen, die Entstehung des Menschen auf die gleiche Weise zu erörtern wie die Entstehung von Austern, Katzen und Affen. Aber in den Theorien mancher Fachleute über die Vorgeschichte des Menschen erkennt man auch heute noch den Wunsch, eine Grenze zwischen uns und unseren biologischen Verwandten aufrechtzuerhalten, insbesondere wenn es um die Entstehung der heutigen Menschen geht, der Menschen wie du und ich.

Im 18. und 19. Jahrhundert sahen die Gelehrten eine natürliche Ordnung in der Form der großen Seinskette, die auf die aristotelische Weltanschauung zurückgeht. Sie war eine »geheiligte Phrase«, so Arthur Lovejoy, ein Wissenschaftshistoriker der Harvard University, dessen klassische Untersuchung über diese Vorstellung 1936 veröffentlicht wurde. Sie habe eine Rolle gespielt, die »ein wenig analog zu der des geheiligten Wortes ›Evolution‹ am Ende des 19. Jahrhunderts war«. Von den einfachsten Lebensformen, den Bakterien, bis hin zum *Homo sapiens* als komplexester Spezies war die Natur in regelmäßigen Abstufungen geordnet, und in diesen Abstufungen spiegelte sich die Schöpfungsordnung wider. Die Seinskette galt als Beschreibung für die Welt der Natur, wie sie seit der Schöpfung war und immer sein würde.

Wäre die Kette ein umfassendes Abbild der aristotelischen Vervollkommnung und der Erwartungen späterer Gelehrter an die natürliche Ordnung gewesen, hätte sie ununterbrochen sein müssen: In den Abstufungen der Natur hätte es keine Lücken geben dürfen. In Wirklichkeit waren aber große Lücken leicht zu erkennen: zwischen Mineralien und Pflanzen, zwischen Pflanzen und Tieren, und – am verwirrendsten von allen – zwischen Affen und Menschen. Die Theorie hatte so großen Einfluß, daß Carl von Linné, der von 1736 bis 1758 mit seinem *Systema naturae* die Grundlagen der zoologischen Systematik schuf, eine primitive Menschenform namens *Homo troglodytes* postulierte. *Homo troglodytes*, der die Kluft zwischen Affe und Menschen überbrücken sollte, lebte angeblich im Wald, war nur nachts aktiv und verständigte sich durch Zischlaute. Die Entdekkungsreisenden jener Zeit kamen aus Afrika häufig mit phantastischen Geschichten von Geschöpfen zurück, die halb Mensch und halb Affe waren und sich auch entsprechend verhielten; man hatte »gesehen«, was man sehen wollte, weil es der gängigen Theorie entsprach.

Nachdem es Darwins Theorie gab, sah man ganz andere Ursachen für die Ordnung in der Natur. Sie galt jetzt nicht mehr als Produkt einer Schöpfung, sondern als Folge eines historischen Ablaufs, der »Abstammung mit Abwandlung«, wie Darwin ihn nannte. Alle Lebewesen gingen auf die gleichen Wurzeln zurück und waren durch die Entfaltung der Evolution in vielfältiger Weise verbunden. Das schloß den Menschen natürlich mit ein. Dennoch ähnelten die Ansichten der Gelehrten weiterhin stark der Haltung in der Zeit vor der Evolutionstheorie: Man hielt den *Homo sapiens* für das Endprodukt der Evolution, das in einem wichtigen Sinn von der übrigen Natur getrennt ist, wobei es unter den geographischen Rassen eine abgestufte Überlegenheit von den australischen Ureinwohnern bis zu den Europäern geben sollte.

Alfred Russel Wallace zum Beispiel, der Miterfinder der Theorie von der natürlichen Selektion, war der Ansicht, die Evolution habe »unzählige Millionen von Jahren lang gewirkt« und dabei »...langsam Formen des Lebens und der Schönheit hervorgebracht, die im Menschen gipfelten«.[2] Der schottische Paläontologe Robert Broom, der in den vierziger und fünfziger Jahren in Südafrika an den Pionierarbeiten zur Suche nach menschlichen Fossilien beteiligt war, behauptete 1933: »Vieles an der Evolution sieht aus, als sei geplant gewesen, daß sie zum Menschen führt, aber auch zu anderen Tieren und Pflanzen, welche die Welt für ihn zu einem geeigneten Aufenthaltsort machen.«[3] Broom sah im Menschen eindeutig etwas Besonderes und Getrenntes, und die übrige Natur war für ihn etwas, das wir nach Belieben ausbeuten könnten. Er stand mit seiner Ansicht nicht allein: Sie gab das Denken jener Zeit genau wieder. Die Anthropologen standen damals ehrfürchtig staunend vor der Größe und Leistungsfähigkeit des menschlichen Gehirns und sahen darin eine biologische Ausstattung, die uns eine Spitzenstellung verschaffte und zu Herrschern der Welt machte. Der Fortschritt der Menschen während der Vorgeschichte war nach Ansicht des angesehenen britischen Anthropologen Sir Arthur Keith »ein glorreicher Exodus, der zur Beherrschung von Land, Meer und Himmel führte«.[4]

In den Fachveröffentlichungen aus den ersten Jahrzehnten des 20. Jahrhunderts finden sich massenhaft Beispiele für eine Einstellung, die wir nach heutigen Maßstäben als blanken Rassismus bezeichnen würden. Sie ordneten alles, was man früher als Produkt der Schöpfung angesehen hatte, in den Rahmen der Evolutionstheorie ein. Zur Verdeutlichung reicht ein einziges Zitat. Der bekannte britische Anatom Sir Grafton Elliott Smith schrieb 1923 in seinen *Essays on the Evolution of Man*:

»Die primitivste Rasse, die heute lebt, ist zweifellos die australische. In ihr hat mit vergleichsweise wenigen Veränderungen vielleicht der primitive Typus der Spezies überlebt. Als nächstes folgt in der Reihe die Negerrasse; sie kommt viel später und ist in vielerlei Hinsicht höher spezialisiert, teilt aber mit jener die schwarze Pigmentierung der Haut, ein wirklich frühes, primitives Merkmal der Menschenfamilie, das der primitive Mensch mit Gorillas und Schimpansen gemeinsam hat. Nachdem sich der Neger vom Hauptstamm der Familie abgespalten hatte, erlebte die Menge der Pigmentierung eine plötzliche, sehr deutliche Veränderung; die nächste Gruppe, die abgetrennt wurde und ihre eigenen charakteristischen Spezialisierungen durchmachte, war die mongolische. Nach der Abspaltung der mongolischen Rasse ging die Pigmentmenge in der Haut weiter zurück; innerhalb dieses weißen Teils der Menschheit trennte sich zuerst die alpine Rasse vom Hauptstamm, und dieser teilte sich schließlich in die mediterrane und die nordische Rasse; bei der letzteren wurde die Verminderung des Pigments noch ein Stück weiter getrieben, so daß sie die blondesten aller Menschen hervorbringt.«[5]

Derart offener Rassismus verschwand um die Mitte des Jahrhunderts aus den Lehrbüchern, und das hatte seltsame Folgen. Bis dahin hatten die »minderen Rassen«, die man für primitiver hielt als die weißen Europäer, sozusagen eine Brücke zwischen dem höchsten Ausdruck des *Homo sapiens* und der übrigen Tierwelt gebildet. Als man nun alle Rassen als gleichwertig ansah, verschwand diese Brücke, und eine Lücke tat sich auf: Jetzt sah es so aus, als seien die Menschen noch stärker von der Natur getrennt. Die anthropologischen Schriften konzentrierten sich auf die Eigenschaften, die wir bewundern – großes Gehirn, Sprache und Technologie –, und ihre Evolution, so glaubte man, war seit Anbeginn der Menschenfamilie ein Teil unserer Entwicklungsgeschichte. Wir waren von Anfang an etwas Besonderes und wurden von der Kraft der Evolution vorangetrieben, hin zu einem besonderen Platz in der Welt.

Es war ein so besonderer Platz, daß Julian Huxley, ein Enkel von Thomas Henry Huxley, den Vorschlag machte, man solle den Menschen in der Klassifikation völlig anders einordnen als die übrige Natur. »In einer wirklich entwicklungsgeschichtlichen Sicht sind die Menschen eine grundlegend neue und höchst erfolgreich vorherrschende Gruppe, deren Evolution durch eine neue Art der kulturellen Überlieferung erfolgt«, schrieb er 1958. »Man muß den Menschen... einer anderen Kategorie zuordnen, die man als Psychozoa bezeichnen könnte.«[6] Tiere, Pflanzen und alle anderen Lebewesen teilt man in Organismenreiche ein, zu denen jeweils viele Arten gehören. Die Menschen sollten nach Huxleys Ansicht einsam und allein ein eigenes biologisches Reich bilden.

Ich möchte nicht behaupten, daß der von Menschen geschaffene kulturelle Bereich nichts Besonderes ist, aber seit Huxley seinen Vorschlag machte, haben wir immer deutlicher die Fähigkeiten anderer Lebewesen erkannt, insbesondere bei unseren nächsten Verwandten, den Menschenaffen. Angeblich trennten Sprache und Kultur uns in vielerlei Weise von der Natur. Nur Menschen, so hieß es, benutzen Werkzeuge; nur Menschen besitzen die Fähigkeit zur Selbstwahrnehmung; nur Menschen können eine Kultur hervorbringen; nur Menschen haben eine Symbolsprache. Naturnahe Untersuchungen von Wissenschaftlerinnen wie Jane Goodall und Dian Fossey haben die Grenze zwischen Mensch und Tier aufgeweicht, die wir aufgrund solcher angeblich einzigartiger Fähigkeiten so eifrig aufgerichtet hatten. Menschenaffen benutzen Werkzeuge; sie haben eine Art Kultur; sie sind sich ihrer selbst bewußt; und es besteht, auch wenn das Forschungsgebiet noch umstritten ist, eine hohe Wahrscheinlichkeit, daß Menschenaffen trotz ihrer Unfähigkeit zu sprechen in der Lage sind, den Symbolcharakter zu verstehen und zu handhaben, der sich in gesprochener Sprache verkörpert. So besonders sind wir nun auch wieder nicht.

Auch die lange Zeit herrschende Vorstellung, unsere Vorfahren seien praktisch seit der Entstehung der Menschenfamilie im wesentlichen Menschen gewesen, ging zu Bruch. Wie wir heute aus Fossilien und archäologischen Befunden, aber auch aus molekularbiologischen Untersuchungen wissen, entwickelten sich zwar vor etwa fünf Millionen Jahren die ersten Menschenarten, aber die vielgepriesenen Eigenschaften des größeren Gehirns und der technischen Fähigkeiten tauchten erst vor 2,5 Millionen Jahren auf. Während einer langen Phase unserer Vorgeschichte waren wir aufrecht gehende Affen, mehr nicht. Die Menschenfamilie machte die gleiche Anpassung und Aufspaltung durch wie viele Gruppen großer, landlebender Wirbeltiere: Aus der Gründerart der Gruppe gingen durch Evolution neue Arten hervor – ein Evolutionsbusch mit geringfügigen Variationen des ursprünglichen Themas entstand. Eine wichtige Veränderung war die Zunahme der Gehirngröße in der Gattung *Homo*, deren einzige überlebende Angehörige wir sind. Jetzt waren wir nicht mehr nur zweibeinige Affen; wir waren zweibeinige Affen, bei denen mit einer primitiven Form des Jagens und Sammelns eine neue Art der Anpassung begonnen hatte. Fast 2,5 Millionen Jahre lang wurde das Gehirn allmählich größer, und die Anpassung an das Jagen und Sammeln entwickelte sich immer weiter. Ich habe keinen Zweifel daran, daß auch die Sprachfähigkeit ganz allmählich wuchs.

So betrachtet, mag der *Homo sapiens* zwar mit besonderen Merkmalen gesegnet sein, aber wir sind von der übrigen Natur nicht durch eine rätselhafte Kluft getrennt; wir stehen mit ihr über eine Ahnenreihe in Verbindung, in der sich diese Eigenschaften allmählich entwickelten. Ich finde es interessant und sogar amüsant, wenn ich höre, wie manche meiner Anthropologenkollegen ganz anders über die Vorgeschichte des Menschen reden. Sie behaupten, der heutige Mensch mit seinen hochgelobten Verhaltensmerkmalen sei erst in jüngerer Zeit ganz plötzlich entstanden. Alle Menschenarten vor dem *Homo sapiens*, so sagen sie, ähnelten eher den Menschenaffen als den Menschen und hatten in Kognition, Kommunikation und Nahrungssuche die gleichen Fähigkeiten wie Schimpansen. Wie man so etwas über eine Spezies behaupten kann, die den gleichen Körperbau hatte wie wir und deren Gehirnkapazität die unsere fast erreichte oder manchmal sogar übertraf, ist mir schleierhaft. Ich kann daraus nur eine Erkenntnis ableiten: So wie die Anthropologen zu Beginn unseres Jahrhunderts, die sich nicht dazu durchringen konnten, etwas Affenähnliches als Ausgangspunkt für die Evolution des Menschen zu betrachten, haben auch manche meiner Zeitgenossen den glühenden Wunsch, die Grenze zwischen uns und der Natur aufrechtzuerhalten. Es ist ein vergeblicher Wunsch.

Nach meiner Überzeugung sind wir also weder etwas so Besonderes, wie manchmal behauptet wurde, noch sind wir von unseren biologischen Verwandten so weit entfernt, wie es sich viele von uns offenbar wünschen. Dennoch könnten wir durchaus die Krönung der Evolution sein, das zwangsläufige und komplizierteste Produkt dieses kreativen Vorgangs.

»Das Leben, richtig verstanden, ist keine Laune im Universum – und der Mensch ist keine Laune des Lebens«, schrieb der französische Jesuitenpater, Philosoph und Paläontologe Pierre Teilhard de Chardin 1959 in seinem berühmtesten Buch *Der Mensch im Kosmos*. »Im Gegenteil: Das Leben findet physisch seinen Höhepunkt im Menschen, wie die Energie ihren Höhepunkt im Leben findet.« Teilhard de Chardin bezog seine Sicherheit aus seiner Philosophie eines vom Geist geleiteten Energieflusses im Universum, dessen vorherbestimmter Endpunkt zwangsläufig der Mensch sei. Mit der gleichen Frage müssen wir uns jetzt auch befassen, aber unser Bezugspunkt ist das, was wir aus den Kenntnissen über den physischen Strom des Lebens, den wir in diesem Buch bereits kennengelernt haben, ableiten können. Die Frage, ob unsere Evolution etwas Zwangsläufiges war, ist eng verknüpft mit der Frage nach der Zunahme der biologischen Komplexität in der Geschichte des Lebens; ich möchte die beiden Themen aber trennen und einzeln erörtern, um sie dann am Ende wieder zusammenzuführen.

Charles Lyells Lehrsatz »Die Gegenwart ist der Schlüssel zur Vergangenheit« dürfte ein wenig zu optimistisch sein, denn wir sind durch unsere Erfahrungen mit der Gegenwart eingeschränkt. Ich war zum Beispiel so oft, daß ich es nicht mehr zählen kann, am Turkanasee in Nordkenia, um in den Sandsteinsedimenten des Ost- und Westufers nach urzeitlichen menschlichen Fossilien zu suchen. Der See ist riesengroß und hat die Form eines Hundebeins; er mißt von Nord nach Süd etwa 230 und von Ost nach West ungefähr 50 Kilometer. Er bietet immer einen beeindruckenden Anblick, pulsierend vor Leben in seiner kahlen Umgebung aus sonnendurchglühter, trockener Erde. Seit 1968, als ich zum erstenmal dort war, ist der Wasserspiegel um etwa 20 Meter gefallen, so daß der Weg von unserem Lager zur Morgentoilette am Ufer immer länger wurde. Der Rückgang überraschte mich nicht, denn ich hatte Reiseberichte aus dem 19. Jahrhundert gelesen, in denen von beträchtlichen Schwankungen des Wasserspiegels die Rede war. Dennoch ist es auch heute noch nach allen Maßstäben ein riesiger See.

Diese Schwankungen in der jüngeren Vergangenheit des Sees sind aber geringfügig im Vergleich mit den Veränderungen, die er in der Vorgeschichte durchgemacht hat. Frank Brown von der University of Utah beschäftigte sich fast 20 Jahre lang mit dem See und seiner Umgebung, um seine Gestalt während der letzten vier Millionen Jahre nachzuzeichnen. Dabei gelangte er zu atemberaubenden Erkenntnissen. Im Vergleich zu manchen anderen Zeiten ist der See heute winzig. Vor nur 10000 Jahren war die Wasserfläche zum Beispiel zehnmal so groß wie heute. Zu anderen Zeiten gab es im Turkanabecken überhaupt keinen See, sondern nur einen Fluß. Ich weiß, daß diese Aussagen stimmen, aber ich kann sie geistig nicht richtig erfassen, so kraftvoll bietet der See sich heute meinen Blicken dar. Ich kann mir einfach nicht vorstellen, daß er nicht da ist.

Das gleiche Problem stellt sich, wenn wir uns eine Welt ohne den *Homo sapiens* ausmalen wollen. Unsere Selbstwahrnehmung als Einzelwesen und als Spezies drängt sich so zwingend auf, daß wir uns unsere Existenz nicht wegdenken können, und das, obwohl die Menschen viele hundert Millionen Jahre lang für den Strom des Lebens auf der Erde keine Rolle spielten. Wenn Teilhard de Chardin schrieb, das Phänomen Mensch sei von Anfang an vorbestimmt gewesen, drückte er einerseits sein tiefstes individuelles Erleben aus, das wir alle teilen, andererseits aber auch seine religiös geprägte Philosophie. Unsere Unfähigkeit, uns eine Welt ohne den *Homo sapiens* vorzustellen, hat tiefgreifende Auswirkungen auf unsere Sichtweise für uns selbst; die Idee, unsere Evolution sei unvermeidlich gewesen, wird verführerisch einfach. Und Unvermeidbarkeit gibt dem Leben einen Sinn, denn der Glaube, die Dinge seien so, wie sie sein sollen, hat etwas zutiefst Beruhigendes.

Aber wie paßt das Streben nach Unvermeidlichkeit zu dem, was wir über die Geschichte des Lebens wissen?

Diese Frage müssen wir auf zwei Ebenen beantworten, einer globalen und einer lokalen. Die globale Ebene umfaßt die großen Verschiebungen in der Geschichte des Lebens, insbesondere in den Krisen, den großen historischen Einschnitten, und vor allem während der Großen Fünf. Auf lokaler Ebene haben Umweltveränderungen die Vorgeschichte des Menschen beeinflußt.

Betrachtet man die Geschichte der Wirbeltiere als Ganzes, so erkennt man die Evolution von den Fischen über Amphibien und Reptilien zu den Säugetieren mit den Primaten und schließlich zum Menschen, einen offenkundigen Fortschritt vom Primitiven zum Hochentwickelten. »Wenn die Evolution sich auf einem geraden Weg des Fortschritts bewegt hat, hätte sich die Entwicklung dann grundlegend anders entfalten können?« fragt Stephen Jay Gould rhetorisch. Der Fortschritt scheint eine innere Logik zu haben, und zwar nach Goulds Ansicht so stark, daß wir annehmen, »was da ist, ist richtig«.[7] Dabei wissen wir sehr genau, daß das vermutlich nicht stimmt.

Heute ist klar, daß die kambrische Explosion eine Zeit der beispiellosen Evolutionsexperimente war; sie brachte eine gewaltige Fülle von Körperbauplänen hervor: die Stämme der Organismen, die zur Grundlage für die gesamte weitere Geschichte des Lebens wurden. Mit diesem Spektrum der Baupläne – insgesamt waren es vielleicht bis zu 100 – war das Spektrum der möglichen entwicklungsgeschichtlichen Neuerungen vermutlich erschöpft, so daß die gleichen Stämme noch einmal auftauchen würden, wenn eine Zauberkraft den ganzen Vorgang ein zweites Mal ablaufen ließe. Aber diese Vermutung wird durch keinerlei theoretische oder empirische Argumente gestützt. Es stimmt zwar, daß für biologische Strukturen bestimmte Beschränkungen gelten, die meist mit der Biomechanik zu tun haben (so gibt es zum Beispiel keine Lebewesen mit Rädern). Aber viele Tiere aus dem Kambrium strapazieren unsere Erfahrungen und auch unser Zutrauen schon stark. Obwohl also das Formenspektrum nicht unbeschränkt ist, war die Tierwelt des Kambriums mit ziemlicher Sicherheit nur eine von vielen möglichen Welten. Würde man das Tonband zurückspulen und noch einmal ablaufen lassen – um Goulds Metapher für dieses Gedankenexperiment zu verwenden –, so dürften andere Welten auftauchen.

Na und? Unter den Körperbauplänen, die im Kambrium entstanden, war auch der des Stammes Chordata, der die Wurzel der Wirbeltiere bildete. Eine zweite explosive Neuentwicklung von Lebensformen würde vielleicht keine Chordatiere hervorbringen, und wenn ein Stamm in dem ersten kreativen Schub nicht dabei ist, wird es ihn, wie wir wissen, auch später nicht geben. Die Welt, die beim nochmaligen Abspielen des Bandes entsteht, könnte durchaus eine Welt ohne Rückgrat sein: keine Fische, keine Frösche, keine Eidechsen, keine Löwen – und keine Menschen.

Aber die kambrische Explosion brachte nun einmal das Rückgrat hervor, in Form eines unscheinbaren Lebewesens, das Charles Walcott auf den Namen *Pikaia gracilens* taufte. Nach seiner Seltenheit in der Fauna des Burgess-Schiefers zu urteilen, spielte es im Leben des Kambriums nur eine unbedeutende Rolle. Aber es war da, und man könnte mir vielleicht vorwerfen, ich beschäftigte mich mit Gedankenspielereien ohne intellektuellen Inhalt. Wir können die kambrische Explosion nicht noch einmal ablaufen lassen, das stimmt, und deshalb können wir auch den Wahrheitsgehalt dieser Möglichkeit nicht überprüfen. Aber wir können uns ansehen, welches Spießrutenlaufen die Chordatiere in der Geschichte des Lebens überstanden, so daß wir überhaupt erst möglich wurden.

Eine der wichtigsten Schlußfolgerungen aus dem vorangegangenen Abschnitt dieses Buches lautete: Die Darwinsche Selektion war zwar wichtig für die Entwicklung angepaßter Eigenschaften, durch die ein Lebewesen mit den Erfordernissen seiner Umwelt zurechtkommt, aber während der großen Krisen waren die darwinistischen Regeln vorübergehend außer Kraft gesetzt; an ihre Stelle traten andere Gesetzmäßigkeiten, die wir jetzt gerade erst aufklären. Wir wissen aber, daß der Zufall beunruhigend stark darüber mitbestimmte, welche Arten überlebten und welche nicht. Diese Erkenntnis kann man nun auf das Schicksal der etwa 100 Körperbaupläne anwenden, die in der kambrischen Explosion entstanden: Als ihre Zahl auf ungefähr 30 schrumpfte, die zur Grundlage der heutigen Tierstämme wurden, hatte der Zufall seine Hand im Spiel. *Pikaia* überlebte diese erste große Lotterie des Lebens und wurde zum Ausgangspunkt aller Wirbeltiere einschließlich des *Homo sapiens*, aber es hätte auch anders kommen können. Das Überleben war nicht eine Frage der guten Gestaltung, sondern der historischen Zufälle; diese Erkenntnis hat Gould in den letzten Jahren überzeugend entwickelt und in seinem Buch *Wonderful Life* im einzelnen dargelegt.

Von den bescheidenen Anfängen aus entwickelten sich die Wirbeltiere zuerst zu den Fischen und dann zu den landlebenden Vierbeinern; der Übergang ging von den Lungenfischen und Quastenflossern aus, einer relativ unbedeutenden Gruppe der Fische. »Wenn man das Band noch einmal abspielt und die Quastenflosser aussterben läßt, wird das trockene Land zur alleinigen Domäne von Insekten und Blumen«, stellt Gould fest.[8] Aber der Übergang hatte nun einmal stattgefunden, und schließlich, am Ende der Triaszeit von etwa 200 Millionen Jahren und mehr oder weniger gleichzeitig mit den Dinosauriern, entwickelten sich die Säugetiere. Etwa 100 Millionen Jahre lang spielten sie ökologisch nur eine Nebenrolle, während die schrecklichen Echsen das Leben an Land beherrschten. Die Dinosaurier gediehen, bis sie am Ende der Kreidezeit auf einmal zugrunde gingen, ausgelöscht höchstwahrscheinlich (zusammen mit Millionen anderen Arten in allen ökologischen Lebensgemeinschaften) durch die Nachwirkungen eines Kometeneinschlags auf der Erde. Hätte es den Kometen nicht gegeben, wären die Dinosaurier vielleicht noch heute die dominierende Gruppe der landlebenden Vierbeiner, und die Säugetiere würden als rattengroße Geschöpfe durch das Dämmerlicht dichter Wälder huschen.

Aber der Komet schlug nun einmal ein; die Dinosaurier verschwanden (und hinterließen als einzige Nachfahren die Vögel); die Plazenta-Säugetiere überlebten mit relativ geringen Verlusten, und unter ihnen war eine kleine Kreatur namens *Purgatorius*, der erste Primat. Wenn *Purgatorius* nicht überlebt hätte...

Man kann mir vorwerfen, ich spielte das »Was wäre, wenn«-Spiel, bei dem es nie echte Antworten gibt. Aber nach meiner Überzeugung hatte Gould recht, als er unsere Aufmerksamkeit auf die Bedeutung des Zufalls für den Strom des Lebens richtete, auch wenn er seine Argumentation nach meiner Vermutung zu weit treibt. Bei leidenschaftsloser Betrachtung muß man aber davon ausgehen, daß das Massenaussterben für die Geschichte des Lebens eine wichtige gestaltende Kraft war, und das auch in nicht vorhersehbarer Weise. Aus dieser Unberechenbarkeit folgt, daß die Entwicklung von den Fischen bis zu uns in der Evolution zufällig ablief, daß sie aber nicht ablaufen *mußte*. Nach dieser Lesart kann man aus der Geschichte des Lebens schließen, daß die Evolution des *Homo sapiens* nichts Zwangsläufiges war. Wir sind, wie Gould es formulierte, »ein höchst unwahrscheinliches Evolutionsereignis«.[9] Das können wir vielleicht nur schwer einsehen, aber es stimmt sicher.

Auf der lokalen Ebene führt die Geschichte des Lebens im wesentlichen zu den gleichen Schlußfolgerungen wie im globalen Maßstab. Vor 20 Millionen Jahren zog sich ein üppiger Waldgürtel von Westen nach Osten quer über den afrikanischen Kontinent. Es gab ein Dutzend Arten von Menschenaffen, vielleicht sogar noch mehr. Die

Kleinaffen spielten in der ökologischen Gemeinschaft noch keine wichtige Rolle. Während der nächsten 15 Millionen Jahre ereigneten sich überall auf dem Kontinent tiefgreifende Veränderungen, ausgelöst vor allem durch geologische Kräfte aus dem Erdinneren. Danach, vor etwa fünf Millionen Jahren, war nur noch eine Handvoll Menschenaffenarten übrig, es gab zahlreiche Kleinaffen, und irgendwo in Ostafrika war die Menschenfamilie entstanden. Weitere zweieinhalb Millionen Jahre später sanken weltweit die Temperaturen, und an den Polen bildeten sich gewaltige Eiskappen. Jetzt entwickelte sich die mit einem großen Gehirn ausgestattete Gattung *Homo*, jene Abstammungslinie, die zu uns führt. Das ist in groben Umrissen die ganze Geschichte. Sehen wir uns jetzt einmal an, was im einzelnen geschah und warum.

Die geologischen Kräfte, die das Antlitz des Kontinents veränderten, stammten aus der Trennlinie zweier tektonischer Platten, die sich vom Roten Meer im Norden bis nach Mosambik im Süden zieht. Emporquellendes Magma drückte zwei riesige »Blasen« nach oben, den äthiopischen und den kenianischen Dom, jeder mindestens 2000 Meter hoch. Je weiter die Platten auseinandertrieben, desto stärker wurde die Spannung in dem darüberliegenden Kontinentalgestein. Schließlich, vor etwa zehn bis zwölf Millionen Jahren, gab es nach: Durch Verwerfungen und weiteres Anheben entstand das Große Rift-Tal, eine der wenigen geologischen Strukturen, die man sogar aus dem Weltraum ohne weiteres erkennt.

Diese physikalischen Veränderungen hatten tiefgreifende ökologische Folgen. Die Winde, die vorwiegend von West nach Ost geweht und die Wälder des ganzen Kontinents mit Feuchtigkeit vom Atlantik versorgt hatten, wurden jetzt durch eine Barriere aufgehalten, die Erhebung, die im Zusammenhang mit dem Großen Rift-Tal entstanden war. Die Winde wurden nach oben getrieben und gaben die Feuchtigkeit ab, so daß der Osten des Tals im »Regenschatten« lag. Durch den Wassermangel schrumpften die Wälder und zerfielen in Stücke; an ihre Stelle traten lockere Gehölze und schließlich Grassteppen. Wo der Wald zuvor einen mehr oder weniger einheitlichen Lebensraum gebildet hatte, gab es jetzt zwei ökologische Zonen: Im Westen gedieh weiterhin der Wald, der Osten dagegen war von dem neu entstandenen Mosaik aus Busch- und Graslandschaften überzogen. Weiter bereichert wurde das Mosaik durch das Rift-Tal selbst, das verschiedene Lebensräume von kühlen Hochebenen bis zu heißer, trockener Wüste an der Talsohle bot. Solche reich gegliederten, mosaikartigen Lebensräume, das weiß jeder Biologe, sind eine kraftvolle Triebfeder der Evolution, denn sie bieten viele Gelegenheiten für unterschiedliche Arten der Anpassung. Von dieser Tatsache legt die heutige Artenvielfalt des Gebietes beredtes Zeugnis ab.

Die ökologischen Auswirkungen nach der Entstehung des Rift-Tales waren offenbar für die Evolution der Menschenfamilie von entscheidender Bedeutung. Die Menschen stammen von dem gleichen Vorfahren ab wie die heutigen Schimpansen; die Entwicklungslinien trennten sich vor etwa fünf Millionen Jahren. Westlich des Tales konnten die Menschenaffen weiterhin so leben, wie es ihrer Anpassung an dichtbewaldetes Gelände entsprach. Heute sind dort Schimpansen und Gorillas zu Hause. Dagegen eignete sich das Gebiet östlich des Tales, wo die Wälder wegen des ausbleibenden Regens schnell verschwanden, nicht mehr für Menschenaffen. Der aufrechte Gang, das charakteristische Merkmal der Menschenfamilie, entstand einer sehr überzeugenden Theorie zufolge als Anpassung zur effizienteren Fortbewegung zwischen weit voneinander entfernten Nahrungsquellen. Es gibt auch andere Theorien, aber diese erscheint angesichts der damaligen Veränderungen des Lebensraumes biologisch sehr sinnvoll.

Über die frühe Vorgeschichte der Menschenfamilie wissen wir sehr wenig, denn aus der Zeit vor mehr als vier Millionen Jahren gibt es so gut wie keine Fossilien. (Der Zeitpunkt vor fünf Millionen Jahren für die Entstehung der Menschenfamilie ergibt sich aus Vergleichen zwischen den Genen von Menschen und afrikanischen Menschenaffen sowie aus kürzlich entdeckten Fossilien.) Aus den letzten drei Millionen Jahren kennt man dagegen genügend Versteinerungen, und man kann erkennen, daß damals mehrere Menschenarten – das heißt Arten aufrecht gehender Menschenaf-

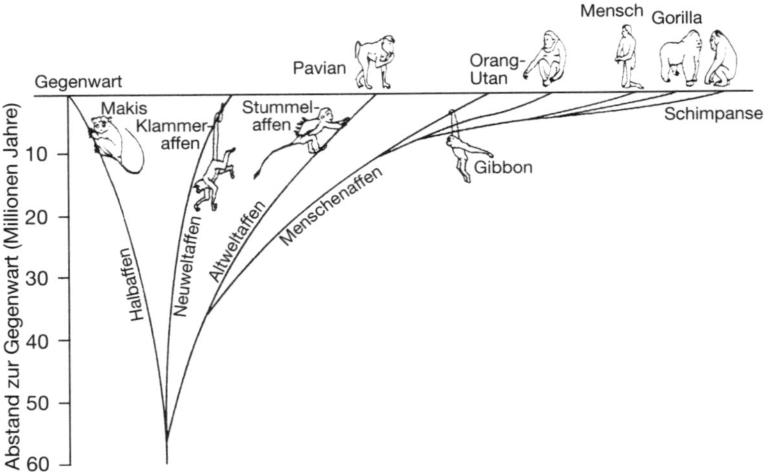

Der Stammbaum der Primaten. (Nachgedruckt mit freundlicher Genehmigung von Blackwell Science / Roger Lewin.)

fen – in Ost- und Südafrika nebeneinander existierten. Es ist genau die Verteilung, die man bei der Entstehung einer neuen Anpassung beobachtet – in diesem Fall war es eine neue Art der Fortbewegung. Über mehrere Millionen Jahre hinweg entwickelte sich eine ganze Reihe von Variationen desselben Themas, wobei neue Arten entstanden und andere ausstarben. Die grundlegenden angepaßten Eigenschaften der ganzen Familie waren ein relativ zierlicher Körperbau, der aufrechte Gang und ein kleines Gehirn. Die Ernährung umfaßte mehr zähes Futter als bei anderen Menschenaffen. Diese frühen Angehörigen der Menschenfamilie waren die verschiedenen Arten der Gattung *Australopithecus*.

Vor etwa 2,5 Millionen Jahren gab es in der Evolution der Menschenfamilie offenbar einen weiteren Schub, der zu zwei verschiedenen Anpassungen an ähnliche Umweltbedingungen führte. Bei einer davon wurden die bisherigen Eigenschaften noch weiter entwickelt: Es tauchten aufrecht gehende Menschenaffen auf, die in einer trockeneren Umgebung leben und noch zähere pflanzliche Nahrung essen konnten. Die zweite umfaßte mehrere wichtige Veränderungen, so die Entwicklung eines athletischeren Körperbaus, eines größeren Gehirns und vor allem eine Ernährung, die jetzt, ermöglicht durch die Herstellung und Verwendung von Steinwerkzeugen, auch Fleisch einschloß. Das war die Gattung *Homo*, von der es anfangs wahrscheinlich ebenfalls mehrere Arten gab. Beide Evolutionsrichtungen kann man als Anpassung an eine trokkenere Umwelt verstehen.

Geschah vor 2,5 Millionen Jahren etwas Bedeutsames, das die beschleunigte Evolutionstätigkeit auslöste? Ich glaube ja, und ich verweise in diesem Zusammenhang auf die Arbeiten von Elizabeth Vrba und die von ihr so genannte »Puls-Fluktuationshypothese«. Vrba, eine südafrikanische Anthropologin, die heute an der Yale University arbeitet, untersuchte viele Jahre lang die Evolution der süd- und ostafrikanischen Antilopen. Sie erkennt vor fünf und 2,5 Millionen Jahren Evolutions»pulse«, Phasen, in denen das Klima sich bekanntermaßen weltweit abkühlte. Der Temperaturrückgang führte zu Umweltveränderungen, so daß die ökologischen Lebensgemeinschaften wandern mußten, und manchmal zerfielen dabei auch zuvor zusammenhängende Lebensräume in kleine Bruchstücke. Die Tierarten versuchen zwar, mit ihrem Lebensraum zu wandern und sich so die Umweltbedingungen zu erhalten, an die sie angepaßt sind, aber manchmal gelingt ihnen das nicht: Sie treffen beispielsweise auf geographische Hindernisse oder werden in Rückzugsgebieten festgehalten, den verbliebenen Resten eines einstmals großen Verbreitungsgebietes.

Für eine Art, die derart in der Falle sitzt, gibt es zweierlei Zukunftsaussichten. Entweder stirbt sie aus, oder sie kann sich wegen der genetischen Isolation so verändern, daß eine neue Art entsteht. Deshalb lösen größere Klimaveränderungen wie die Abkühlung vor fünf und 2,5 Millionen Jahren neben Aussterbewellen auch Wellen der Artbildung aus. Das ist Vrbas Fluktuationspuls, und er spielt sich in allen ökologischen Gemeinschaften ab. Die zweite Abkühlungsphase hatte beispielsweise nicht nur bei Menschen und Antilopen einen Evolutionspuls zur Folge, sondern auch bei Nagetieren und vielen Pflanzenarten. Den Effekt kann man nicht nur in Afrika, sondern auch in Asien und Europa beobachten. Was dabei besonders bemerkenswert ist: Der Motor der Evolution wird demnach von äußeren Umweltveränderungen angetrieben und nicht, wie es der klassischen darwinistischen Theorie entspräche, durch interne Konkurrenz.

Wie ich zuvor erwähnt habe, entstand die Menschenfamilie vor etwa fünf Millionen Jahren; diese Schätzung stützt sich sowohl auf genetische Befunde als auch auf die Untersuchung neuentdeckter Fossilien aus Äthiopien und Kenia. Der Zeitpunkt stimmt mit der Fluktuationshypothese überein, denn damals gab es weltweit einen deutlichen Temperaturrückgang; er käme als Triebkraft der Evolution bei der Entstehung der Menschenfamilie in Frage, aber mit Sicherheit behaupten können wir das nicht.

Ich möchte noch einmal auf das »Was wäre, wenn«-Spiel zurückkommen, um das es hier geht. Hätte es die tektonischen Kräfte nicht gegeben, die das Große Rift-Tal entstehen ließen, läge vielleicht noch heute quer über dem Kontinent ein Waldgürtel, der viele Menschenaffenarten beherbergt, aber keine, die aufrecht geht. Nimmt man jedoch an, daß das Tal sich in der tatsächlichen Form entwickelte, gelangt man auch zu den aufrecht gehenden Menschenaffen mit kleinem Gehirn. Wäre die Temperatur vor 2,5 Millionen Jahren nicht gesunken, hätte kein Evolutionspuls eingesetzt, der zu einer Anpassung an eine trockenere Umwelt führte: keine Arten von *Homo*, keine Menschen.

Solange der Motor der Evolution hauptsächlich von äußeren Kräften – launenhaften Ereignissen in der Umwelt – angetrieben wird, ist nichts in der Evolution unvermeidlich. Jede Art ist eine zufällige historische Tatsache, und die Vorgänge, die zu ihrer Entstehung führten, lassen sich als historische Vorgänge beschreiben. Aber das heißt nicht, daß sie so ablaufen *mußten*, wie sie abgelaufen sind. Es war einfach so, das ist alles.

Kaum ein anderes Thema ist so darauf angelegt, heftige Meinungsverschiedenheiten unter Biologen auszulösen, wie die Frage nach der Komplexität. Genauer gesagt, geht es um die Vorstellung, die Evolution habe zu immer größerer biologischer Komplexität geführt. Auf den ersten Blick scheint die Antwort einfach: Natürlich war es so. Das Leben begann mit einfachen Einzelzellen, entwickelte sich über unauffällige Wirbellose aufwärts zu Fischen, Amphibien und Säugetieren, und fand seinen Höhepunkt schließlich in einer Art, die über ihre eigene Evolution nachdenken kann. Kaum jemand würde bezweifeln, daß auch die primitivsten Säugetiere komplexer sind als die Einzeller. Wenn man die Frage aber auf die Vielzeller beschränkt, wie fällt dann der Vergleich zwischen einem Reptil und einem Säugetier aus? Säugetiere sind in der Regel aktiver, haben eine gleichbleibend hohe Körpertemperatur, zeigen meist mehr Sozialverhalten und besitzen natürlich ein wesentlich größeres Gehirn. Diese Eigenschaften scheinen der Ausdruck einer größeren Komplexität zu sein, und das kann ich ohne größere Schwierigkeiten akzeptieren. Wo also liegt das Problem?

Es gibt drei Probleme: ein wahrnehmungsbedingtes, ein philosophisches und ein praktisches. Da wir große landlebende Wirbeltiere sind, neigen wir dazu, uns auf das von uns bewohnte biologische Umfeld zu konzentrieren und die Eigenschaften, die wir dort finden – zum Beispiel Sozialverhalten und Intelligenz –, besonders hoch zu bewerten. Aber Bäume sind beispielsweise hervorragend an ihre chemische Umwelt angepaßt, und Motten können einen potentiellen Paarungspartner über mehrere Kilometer hinweg wahrnehmen, geleitet nur durch ein paar Lockstoffmoleküle, die der Wind heranträgt. Sind das nicht ebenfalls wertvolle Fähigkeiten?

Das ist das Wahrnehmungsproblem. Die philosophische Frage ist in sich ebenfalls komplex und hat damit zu tun, daß die Zunahme der Komplexität häufig mit einer inneren Neigung zum Evolutionsfortschritt gleichgesetzt wird. Biologen schrecken vor dem Gedanken an solche inneren Triebkräfte zurück, und wie wir bereits gesehen haben, diente die Vorstellung vom Fortschritt in der Evolution als Rechtfertigung dafür, daß man andere Rassen als minderwertig oder unterentwickelt bezeichnete. Die praktische Frage schließlich lautet ganz einfach: Nach welchen Maßstäben soll man die Komplexität beurteilen? Eine naheliegende Methode, sie zu messen, gibt es nicht.

Diese Probleme möchte ich in den Zusammenhang des vorliegenden Kapitels stellen: Sind die Menschen der Höhepunkt der Evolution? Für uns bezieht sich diese Frage meist auf das Gehirn und seine außergewöhnlichen Fähigkeiten. (Daß unser Körper komplexer wäre als der anderer Säugetiere, können wir eigentlich nicht behaupten.) Mit Recht können wir fragen, ob unser Gehirn mit seinen analytischen und kreativen Fähigkeiten sowie mit seiner Selbstwahrnehmung den (bisherigen) Höhepunkt der Evolution darstellt.

Dabei sollten wir von der Theorie der natürlichen Selektion ausgehen. Stephen Jay Gould, heute der fruchtbarste Autor zu Themen der Evolution, meint begeistert: »Die unausgesprochene Leugnung des inneren Fortschritts ist das wichtigste Merkmal, das Darwins Theorie der natürlichen Selektion von anderen Evolutionstheorien des 19. Jahrhunderts unterscheidet.«[10] Ein Grund dafür, daß Darwins Theorie bei seinen viktorianischen Zeitgenossen auf so wenig Gegenliebe stieß, war nach Goulds Vermutung genau diese Leugnung des Fortschritts in der Evolution: »Sie postuliert keine Mechanismen der Vervollkommnung und gibt keine Garantie für allgemeine Verbesserungen; kurz gesagt, bot sie keinen Anlaß zum Beifall in einem politischen Klima, das den Fortschritt in der Natur bevorzugte.«[11]

Es stimmt zwar, daß die natürliche Selektion für den Augenblick wirkt und als Reaktion auf die jeweils herrschenden Umstände unmittelbare Anpassungen hervorbringt. Aber das ist kein globales, sondern ein lokales Phänomen, und nichts daran weist insgesamt in Richtung einer größeren Komplexität. Dennoch zeigt sich Darwin in der *Entstehung der Arten* und anderen Schriften in der Frage des Fortschritts unschlüssig: Einmal leugnet er ihn, ein anderes Mal hält er ihn für gegeben. In einem Brief an den amerikanischen Biologen Alphaeus Hyatt schrieb Darwin zum Beispiel 1872: »Nach langem Nachdenken kann ich mich nicht der Überzeugung erwehren, daß es in der Evolution keine innere Tendenz zum Fortschritt gibt.« Dagegen stellt er in dem Kapitel »über die geologische Reihenfolge der organischen Wesen« seiner *Entstehung der Arten* fest, die früheren Arten müßten in Konkurrenz zu heute lebenden Formen mit Sicherheit »besiegt und vernichtet« werden. Und er fügt hinzu: »Ich habe keinen Zweifel, daß dieser Vorgang der Verbesserung deutlich und sinnvoll die Organisationsform der im Vergleich zu den ältesten, besiegten Formen jüngeren, siegreichen Lebensformen beeinflußt hat; aber ich sehe keinen Weg, wie man diesen Fortschritt überprüfen könnte.«[12]

Manche Zeitgenossen Darwins, so beispielsweise Charles Lyell, lehnten die Vorstellung vom Fortschritt in der Natur zwar ab, weil die Menschen mit ihrem Moralempfinden demnach nur fortgeschrittene Affen gewesen wären, aber die Begriffe »Fortschritt« und »Evolution« bedeuteten dennoch schon bald das gleiche. Der Philosoph Herbert Spencer, der auch den Begriff *survival of the fittest* (»Überleben des Geeignetsten«) erfand, schrieb 1851: »Fortschritt... ist kein Zufall, sondern eine Notwendigkeit.« Und etwas später meinte Henry Fairfield Osborn, der in der ersten Hälfte des 20. Jahrhunderts das American Museum of Natural History leitete: »Darwins Evolutionslehre... war das Mittel des Evolutionsfortschritts und wird es immer sein.« Damit sprach er für die Mehrzahl seiner Kollegen.

Bis vor etwa zehn Jahren hatten die Biologen kein ungutes Gefühl, wenn sie die Zunahme der Komplexität als Ergebnis der Evolution bezeichneten, und der Begriff »Fortschritt« wurde im gleichen Sinne wie »Komplexität« verwendet. In jüngerer Zeit hat sich hier jedoch eine gewisse Nervosität breitgemacht, und heute kann man durchaus über Komplexität sprechen, ohne damit den Fortschritt zu meinen. Fortschritt, so sagt man jetzt, beinhaltet irgendeine geheimnisvolle innere Tendenz zur Verbesserung, und das gilt als zu mystisch. Deshalb war es ein Zeichen der Courage, als Matthew Nittecki vom Field Museum in Chicago 1987 eine Tagung über Evolution und Fortschritt organisierte. Mit einer Ausnahme leugneten alle Redner, daß es den Fortschritt gibt; einzig der Genetiker

Francisco Ayala stellte fest: »Die Fähigkeit, Informationen über die Umwelt aufzunehmen und zu verarbeiten, um dann entsprechend zu reagieren, ist eine wichtige Anpassung, denn sie ermöglicht es den Lebewesen, sich geeignete Umweltbedingungen und Ressourcen zu suchen und ungeeignete zu meiden.« Diese Anpassung, so Ayala, wurde im Laufe der Evolution immer weiter verfeinert. Ich werde auf dieses wichtige Thema später zurückkommen.

Am lautstärksten leugnete Gould den Fortschritt; er versicherte, es handele sich um eine »schädliche, kulturell bedingte, unüberprüfbare und nutzlose Idee, die wir durch eine andere ersetzen müssen, wenn wir die Gesetzmäßigkeiten der historischen Abläufe verstehen wollen.« Schädlich, so erklärte er, sei sie wegen des gesellschaftlichen Zusammenhanges: Der Fortschritt diene als Rechtfertigung für Rassismus und für die Unterdrückung der Armen und sozial Benachteiligten.

Seit der Tagung von Chicago hat man mehrere Versuche unternommen, objektiv festzustellen, ob die Komplexität im Laufe der Evolution tatsächlich zugenommen hat. In einem Ansatz wurde untersucht, ob die Struktur der Wirbelsäule bei bestimmten Tiergruppen – Eichhörnchen, Wiederkäuern und Kamelen – während eines Zeitraumes von 30 Millionen Jahren komplexer wurde. In einer anderen Untersuchung verfolgte man das gleiche Ziel bei den Gehäusen der Ammonoideen, Nautilus-ähnlicher Geschöpfe, die vor 350 Millionen Jahren lebten und zusammen mit den Dinosauriern ausstarben. Beide Studien gelangten zu dem Schluß, es sei keine Zunahme der Komplexität nachzuweisen. Es waren heldenhafte Versuche, etwas zu tun, das sonst kaum jemand wagte. Immerhin hatte schon der große Evolutionsforscher Elliot Grafton Smith einmal gesagt: »Nur ein sehr tapferer Anatom würde zu beweisen versuchen, daß der heutige Mensch komplizierter gebaut ist als ein Schalenhäuter aus dem Devon.«[13]

Ich bin mir nicht sicher, was ich von diesen Untersuchungen halten soll. Vielleicht gab es bei den gemessenen Eigenschaften tatsächlich keine Komplexitätszunahme. Vielleicht haben die Wissenschaftler einfach das Falsche gemessen. Vielleicht hätten sie Merkmale zwischen verschiedenen Gruppen vergleichen sollen und nicht innerhalb der Gruppen. Der letztgenannte Punkt ist meines Erachtens stichhaltig, und ich stimme mit dem überein, was Simpson gesagt hat: »Der Verlauf der Evolution *als Ganzes* ist sicher von einem Gesamttrend [vom Einfachen zum Komplizierten] gekennzeichnet.«[14] Ich möchte mich so weit vorwagen zu behaupten, wir sollten uns die Gehirnentwicklung während des Phanerozoikums ansehen und untersuchen, welche Veränderungen hier *im Ganzen* stattgefunden haben.

Die offenkundigste Veränderung des Gehirns betrifft die Größe, insbesondere wenn man sie relativ betrachtet. Setzt man sie beispielsweise ins Verhältnis zur Körpergröße, ist das Gehirn des Menschen mindestens hundertmal größer als das der ersten Amphibien oder Reptilien, und diese Tatsache halten wir für bedeutsam. In seinem Werk *Die Abstammung des Menschen* schrieb Darwin 1871: »Ich nehme an, niemand hat einen Zweifel daran, daß der große Anteil, den das Gehirn des Menschen im Verhältnis zu seiner Körpergröße einnimmt, wenn man es mit dem entsprechenden Anteil bei Gorilla oder Orang-Utan vergleicht, eng mit seinen geistigen Fähigkeiten verknüpft ist.« Damit hatte Darwin zweifellos recht, aber seine Behauptung enthält zwei unausgesprochene Annahmen, die nicht unbedingt stimmen müssen, obwohl man sie auch heute noch vielfach für richtig hält. Nach der ersten bedeutet größer auch klüger, und die zweite besagt, daß die Evolution des Wirbeltiergehirns zwangsläufig zu etwas so Leistungsfähigem wie dem menschlichen Gehirn führen mußte.

Vor 20 Jahren skizzierte Harry Jerison von der University of California in Los Angeles in seinem Klassiker *Evolution of the Brain and Intelligence* die Evolution des Wirbeltiergehirns, und seither hat er noch viele Einzelheiten ergänzt. Er entwickelte den Cerebralisationsquotienten als Maß für die Größe des Gehirns im Verhältnis zur Körpergröße und verfolgte seine Veränderungen im Laufe der Evolution. Dabei ist insgesamt eine Gesetzmäßigkeit zu erkennen: Bei der Evolution der ersten Reptilien bildete sich eine Verteilung aus. Die Reptilien besaßen vor 300 Millionen Jahren ein kleines Gehirn, und so ist es bis heute geblieben. Trägt man in einem doppelt logarithmischen Diagramm die Gehirngröße gegen die Körpergröße auf, ergibt sich für alle verfügbaren lebenden und ausgestorbenen Reptilienarten eine Gerade, das heißt, die Cerebralisiation (Ausbildung des Gehirns) blieb in der gesamten Entwicklungsgeschichte der Reptilien gleich. Die Dinosaurier, die vielfach erheblich größer waren als die heutigen Reptilien, liegen genau auf der Geraden und strafen demnach den Mythos Lügen, wonach sie aufgrund beschränkter geistiger Fähigkeiten dem Aussterben entgegendämmerten.

Vor etwa 200 Millionen Jahren entstanden die ersten Säugetiere; diese kleinen, nachtaktiven Geschöpfe hatten, was die Cerebralisation anging, einen Sprung nach vorn gemacht: Ihr Gehirn war im Verhältnis zur Körpergröße vier- bis fünfmal so umfangreich wie das eines durchschnittlichen Reptils. Trägt man auch hier wiederum Gehirn- und Körpergröße vieler Arten in ein Diagramm ein, ergibt sich für die urtümlichen Säugetiere ebenfalls eine gerade Linie; sie hat die gleiche Steigung wie bei den Reptilien, ist aber insgesamt nach oben verschoben – ein Zeichen für die stärkere Cerebralisation. Diese Veränderung fällt zufällig auch mit dem Auftauchen der Neuhirnrinde (Neocortex) zusammen, einer dünnen Zellschicht, die den unteren Teil des Vorderhirns bedeckt und letztlich für die höheren kognitiven Funktionen verantwortlich ist. Die Neuhirnrinde gibt es ausschließlich bei den Säugetieren, und sie ist ein entscheidender Grund für ihre stärkere Cerebralisation (die Größe der anderen Gehirnteile nahm allerdings ebenfalls zu). Selbst die Vögel, die kurz nach den Säugetieren entstanden und den gleichen Cerebralisationsgrad erreichten, besitzen keine Neuhirnrinde.

Nachdem das Säugetiergehirn sich bei den ersten Tiergruppen entwickelt hatte, blieb der Cerebralisationsgrad fast 100 Millionen Jahre lang unverändert. Als dann vor 65 Millionen Jahren die ersten modernen Säugetiere auf der Bildfläche erschienen, vor allem aber vor 35 Millionen Jahren, gab es einen weiteren Entwicklungsschub, durch den der Cerebralisationsgrad nochmals um das Vier- bis Fünffache stieg. Getragen wurde dieser Aufschwung vor allem von den Huf- und Raubtieren, und auch die Primaten standen an vorderster Front. Die Halbaffen, urtümliche Primaten, zu denen heute beispielsweise die Galagos (auch Buschbabys genannt) und andere Lemuren gehören, entwickelten sich schon früh bis fast auf den Stand der modernen Säugetiere. Noch größer ist das Gehirn bei den Anthropoiden, zu denen Kleinaffen, Menschenaffen und Menschen gehören: Kleinaffen übertreffen den Durchschnitt der Säugetiere um das Zwei- bis Dreifache, und Menschen erreichen den sechsfachen Wert. Diesen Höchstwert zeigen neben den Menschen auch manche Meeressäuger, beispielsweise die Delphine.

An dem letzten Sprung im Cerebralisationsgrad hatten nicht alle heute lebenden Säugetiere teil. Die Insektenfresser zum Beispiel blieben fast auf dem Stand der urtümlichen Säuger, und das gleiche gilt für Beuteltiere wie das Virginische Nordopossum. Von Vögeln gibt es nur wenige Fossilien, so daß sich die Veränderungen schwer nachvollziehen lassen. Die ersten Vögel standen jedenfalls auf einer ähnlichen Stufe wie die urtümlichen Säuger, und die heutigen Formen erreichen fast den Durchschnittswert der modernen Säugetiere.

In diesem Bild von der Evolution des Wirbeltiergehirns, das ich nur in groben Umrissen skizziert habe, fehlen sicher wichtige Einzelheiten. Aber mehrere Kernpunkte sind deutlich zu erkennen. Der erste ist die Stetigkeit, und der zweite besteht in den offenkundigen gelegentlichen Schüben schneller Veränderung. Wie man dieses große Muster interpretiert, hängt vielleicht von der eigenen Grundeinstellung ab. Wer behauptet, es gebe in der Evolution keinen in eine bestimmte Richtung verlaufenden Fortschritt, wird die Unveränderlichkeit innerhalb der großen Gruppen betonen – ein führender Vertreter dieses Standpunkts ist Gould. Wer dagegen in der Evolution nach grundlegenden Triebkräften sucht, wird mehr Gewicht auf die Wandlungen legen. Dies war die bevorzugte Ansicht des verstorbenen Allan Wilson von der University of California in Berkeley.

Nach Wilsons Ansicht trieben die Gehirne ihre eigene Evolution voran. Eine neue Verhaltensweise, die bei einem Individuum in

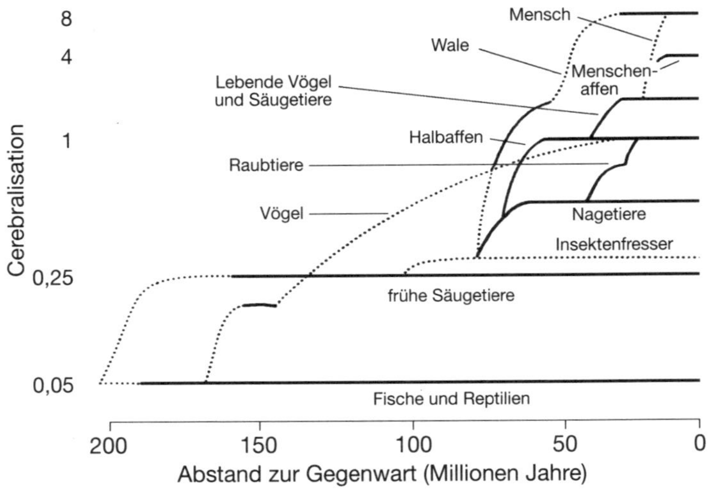

Mit der Evolution neuer Tiergruppen nahm die Gehirngröße zu.

einer Population auftaucht, wird von denjenigen Angehörigen der Population übernommen, die genetisch dazu veranlagt sind. Deshalb wird die genetisch festgelegte Neigung zu Neuerungen und Lernen von der natürlichen Selektion begünstigt, und es bildet sich eine Rückkopplungsschleife, die den Vorgang im Prinzip im Laufe der Zeit immer mehr beschleunigen sollte. Nicht Klimaveränderungen oder andere äußere Kräfte, sondern das Verhalten treibt nach Wilsons Ansicht die Evolution voran: Größere Gehirne bringen größere Gehirne hervor, und so weiter.

Nun sind aber die 100 Millionen Jahre, in denen die Cerebralisation der frühen Säugetiere stagnierte, wohl kaum ein Indiz für eine wirksame Rückkopplungsschleife. Aber, so Wilson, man braucht nur die wichtigsten Veränderungen – von den Reptilien über die urtümlichen Säuger zu den heutigen Säugetierformen – in ein Diagramm einzutragen, und schon erkennt man eine zunehmende Geschwindigkeit des Wandels. »Eine so geformte Kurve läßt auf einen autokatalytischen Vorgang schließen«, sagte Wilson 1991, kurz vor seinem Tod, in einem Vortrag. »Das heißt, das Gehirn hat seine eigene Evolution auf der zum Menschen führenden Abstammungslinie vorangetrieben.«

Wenn Ayala mit seiner bereits erwähnten Behauptung recht hat, »die Fähigkeit, Information aufzunehmen und zu verarbeiten«, sei eine Anpassung, die zu immer weiterem Fortschritt neigt, erscheint die im Laufe der Evolution zunehmende Gehirngröße der wichtigen Tiergruppen höchst sinnvoll. Manche Biologen bejahen die Tatsache der Komplexitätszunahme, halten sie aber nicht für eine *Tendenz*, sondern für einen *Effekt*. Mit »Effekt« meinen sie das Ergebnis einer Konkurrenzsituation, in der beispielsweise ein »Rüstungswettlauf« zwischen Räuber und Beute zu immer schnelleren Raubtierarten und immer beweglicheren Beutetieren führt. Die Verbesserungen sind demnach eine lokale Reaktion auf die Konkurrenzsituation und keine Tendenz, die dem Evolutionsmechanismus selbst innewohnt. Aber wenn die Lebewesen als komplexe Systeme dazu neigen, ihre Fähigkeit zur Informationsaufnahme und -verarbeitung zu verbessern, dann wird es durch die zögernden Schritte des entwicklungsgeschichtlichen Wandels insbesondere in Zeiten wichtiger Neuerungen eine Triebkraft in Richtung größerer Gehirne geben.

Ich weiß, daß diese Schlußfolgerung bei biologischen Puristen nicht sonderlich beliebt ist: Sie werden mir vorwerfen, ich sei »gehirnzentriert«. Sie werden auf viele Dinge in der Welt des Lebendigen hinweisen, die größere Auswirkungen haben als die Funktionsweise der Nervenzellen – wie zum Beispiel Bakterien oder einzellige Pilze. Damit haben sie recht. Gould äußerte über die auf das Gehirn bezogene Voreingenommenheit folgende Vermutung: »Der gar nicht so verborgene Hintergrund ist bei alledem die Sorge um das menschliche Bewußtsein... Wenn man annimmt, daß die Gehirngröße im Laufe der Evolution zwangsläufig zunehmen mußte, wird das Bewußtsein der Menschen von einem launischen Zufall zu etwas Vorhersagbarem.«[15] Dennoch ist es nach meiner Überzeugung töricht, wenn man sich gegenüber der sehr realen biologischen Komplexität aller Gehirne und der nicht zu leugnenden Überlegenheit des menschlichen Gehirns blind stellt. Ich stimme mit Edward Wilson überein, der einmal geschrieben hat: »Wir sollten nicht so tun, als leugneten wir in unserer Philosophie etwas, von dem wir im Herzen wissen, daß es stimmt.«[16]

In diesem Sinn ist der Mensch tatsächlich der Höhepunkt der Evolution, der höchste Ausdruck biologischer Prozesse. Diese Stellung haben wir allerdings durch viele glückliche Zufälle erreicht, das stimmt, und deshalb können wir unsere Spezies nicht als vorherbestimmt betrachten, wie Teilhard de Chardin behauptete. Wir können keinen Trost in dem Glauben suchen, die Evolution des *Homo sapiens* sei etwas Unvermeidliches gewesen. Daß sich eine geistige Kapazität wie die unsere entwickelte und Selbstwahrnehmung in dem uns eigenen Umfang entstand, war an irgendeinem Punkt in der Erdgeschichte tatsächlich unvermeidlich und vorhersehbar. Und zufällig sind wir die Spezies, in der das alles seinen Ausdruck fand.

7 Eine endlose Zahl der schönsten Formen

Der letzte Satz von Darwins *Entstehung der Arten* ist so berühmt wie lyrisch:

»Es liegt etwas Großartiges in dieser Ansicht vom Leben, wonach es mit allen seinen verschiedenen Kräften aus wenig Formen, oder vielleicht nur einer, ursprünglich erschaffen wurde; und daß, während dieser Planet gemäß den bestimmten Gesetzen der Schwerkraft im Kreise sich bewegt, aus einem so schlichten Anfang eine endlose Zahl der schönsten und wundervollsten Formen entwickelt wurden und noch entwickelt werden.«[1]

Als vor etwa fünf Millionen Jahren die erste Menschenspezies entstand, war sie eine jener »schönsten Formen«, und das gleiche gilt heute für uns, den *Homo sapiens.* Als Produkte der Wechselfälle des Lebens, entstanden durch das Wechselspiel der Evolutionsprozesse und der manchmal launischen Hand des Aussterbens, bilden wir und die anderen Arten, mit denen wir die Erde teilen, eine Lebensgemeinschaft von fast beispielloser Vielfalt. Wie wir im vorangegangenen Kapitel gesehen haben, hat der Motor der Evolution in den letzten 100 Millionen Jahren insgesamt für eine Zunahme der Artenvielfalt gesorgt, die in der Geschichte der vielzelligen Lebensformen nicht ihresgleichen hat, abgesehen von ihren explosionsartigen Anfängen. Kurz und auffällig unterbrochen durch das Aussterben am Ende der Kreidezeit, führte diese Zunahme der Vielfalt bis heute zu einer Welt, in der mehr Arten leben als in jeder anderen Phase der Erdgeschichte.

Für den Paläontologen wird die Reichhaltigkeit des Lebendigen in den Fossilfunden auf augenfällige Weise deutlich. Im Mittelpunkt meines Berufslebens stand zwar über viele Jahre hinweg die Geschichte der Menschenfamilie, aber ich war mir immer sehr deutlich des größeren Zusammenhanges bewußt, in dem sie sich entfaltete. Die Lebensräume Ostafrikas, die mir am vertrautesten sind, haben in den letzten 15 Millionen Jahren starke Wandlungen durchgemacht, die in erheblichem Ausmaß auf geologische Veränderungen zurückgingen. Betrachtet man diese 15 Millionen Jahre als großes Schauspiel, dann gab es in wechselnden Szenen komplexer Lebensgemeinschaften eine ständige Veränderung der Rollenbesetzung. Jede dieser Lebensgemeinschaften war für sich gesehen vollständig, aber wie man an den Fossilfunden erkennt, hatte sie auch immer eine Vergangenheit und natürlich eine Zukunft. Jede war ein vorübergehender Ausdruck des Lebensflusses. Wie ich in Kürze erläutern werde, ist die paläontologische Sichtweise für die derzeitige biologische Vielfalt nach meiner Überzeugung von großer Bedeutung; es ist eine Sichtweise, die erst seit kurzem ins Blickfeld der Ökologen rückt.

Als ich die Leitung der Naturschutzbehörde übernahm, wurde ich aus der Vergangenheit sehr plötzlich in die Gegenwart versetzt, von dem vorrangigen Interesse für ausgestorbene Arten zu der Sorge um Arten, die vom Aussterben bedroht waren. Die natürliche Tierwelt Kenias ist äußerst vielfältig und steht dem Artenreichtum in fast allen anderen Gebieten der Welt in nichts nach. Als Direktor hatte ich anfangs die Aufgabe, Notfallmaßnahmen zu ergreifen und der verheerenden Wilderei insbesondere bei Elefanten und Nashörnern ein Ende zu machen. Dabei blieb die umfassendere Artenvielfalt meines Landes zwangsläufig außen vor – jedenfalls eine Zeitlang. Aber in den ruhigen Augenblicken des Nachdenkens, in denen ich den drängenden Erfordernissen des Amtes entkam und beispielsweise in einem kleinen Flugzeug von Nairobi südwärts zum Tsavo-Nationalpark und weiter nach Westen nach Masai Mara an der Küste reiste, oder bei den allzu seltenen Gelegenheiten, wenn ich nach Norden zum Turkanasee flog, wurde ich an den Reichtum des Lebens unter mir erinnert.

In der Ökologie kennt man für die Artenvielfalt oder Biodiversität dreierlei Maßstäbe. Der erste, Alpha-Diversität genannt, ist ein Maß für die Artenzahl in einer ökologischen Lebensgemeinschaft. Die Beta-Diversität ergibt sich aus dem Vergleich der Artenzusammensetzung in benachbarten Lebensgemeinschaften, die sich in bestimmten physikalischen Eigenschaften (beispielsweise der Höhenlage) unterscheiden. Und die Gamma-Diversität, der dritte Maßstab, sagt etwas über die Lebensgemeinschaften eines größeren geographischen Gebietes aus und umfaßt unter Umständen Gegenden mit ähnlichen Lebensräumen, die viele Kilometer voneinander getrennt sind. Der Flug von Nairobi zum Turkanasee bietet Anschauungsunterricht für alle drei Maßstäbe.

Nairobi liegt etwa 1500 Meter hoch auf dem geologischen Dom, der die kontinentale Kruste vor 15 Millionen Jahren von einer Höhe knapp über dem Meeresspiegel bis fast auf 3000 Meter an der höchsten Stelle anhob. Wenn ich von Nairobi aus nach Norden fliege, muß ich die Böschung des Rift-Tals überwinden, die von der Stadt aus etwa 1200 Meter ansteigt. Es ist eine äußerst fruchtbare Gegend: Auf dem nährstoffreichen, roten Vulkanboden breitet sich ein Flickenteppich aus Tee- und Kaffeeplantagen aus, in den kleine Städte eingestreut sind. Die Bewältigung des Talabhanges ist immer ein dramatisches Ereignis: In alle Richtungen erstreckt sich interessantes Gelände, und man hat gigantische Wolkenformationen über und unter sich. Ich bin jedesmal erleichtert, wenn ich die gefährliche Kante hinter mir habe.

Im Westen fallen die Talflanken jäh ab und schaffen so einen Kontrast zwischen der grünen Hochebene und der ausgedörrten Talsohle. Die Aberdare-Berge im Osten der Flugroute werden reichlich mit Feuchtigkeit versorgt und beherbergen eine wunderbar vielfältige Tierwelt mit den eleganten schwarzweißen Stummelaffen und sogar mit Leoparden. Früher lebten hier auch Zehntausende von Elefanten, aber so viele sind es heute nicht mehr, denn ihre Zahl wurde von Wilderern und durch die Ausweitung der Landwirtschaft dezimiert; derzeit leben hier noch etwa fünftausend von ihnen. Im Osten jenseits der Aberdare-Berge liegt der Mount Kenya, dessen schneebedeckter Gipfel sich bis über 5000 Meter erhebt. Ein einziger Ausblick bietet gewaltige Gegensätze: vergletscherte Gipfel, Bergwiesen und dichte, kühlere Wälder am Mount Kenya; üppige Feuchtwälder an den unteren Abhängen der Aberdares; trockene Wüste an der Talsohle; und dazwischen ein kompliziertes, abgestuftes Vegetationsmosaik. Ich wußte, daß es in jedem dieser Lebensräume mit Ausnahme der kalten Gletscher ein höchst vielfältiges Tier- und Pflanzenleben gab, das heißt eine hohe Alpha-Diversität. Und wenn man von den unteren zu den höheren Abhängen des Mount Kenya aufstieg, traf man auf völlig unterschiedliche biologische Welten vom Subtropischen bis zum Alpinen; die Beta-Diversität war also ebenfalls hoch.

Auf dem fast dreistündigen Flug von Nairobi zum Ostufer des Turkanasees zieht unter mir eine atemberaubende ökologische Vielfalt vorüber, die alle gerade beschriebenen Lebensgemeinschaften und noch vieles andere umfaßt. Ich überquere die Kante der Laikipia-Hochebene, und danach, während der letzten eineinhalb Flugstunden, eröffnet sich die Aussicht auf Lavaströme und Krater, ausgetrocknete Seen, die Schatten versiegter Wasserläufe in der trockenen Erde und schließlich die Sandsteinformationen, die das Ostufer des riesigen Sees bilden. Wo wir landen, ist die Alpha-Diversität natürlich geringer, bestimmt durch geringe Niederschlagsmengen und hohe Temperaturen. Dennoch gibt es in dieser Gegend mehr Leben, als die meisten Besucher auf den ersten Blick bemerken; es reicht aus, damit hier Herden von Weißschwanzgnus und Leierantilopen, Löwenrudel und sogar Leoparden leben können. Der Flug vermittelt einen kleinen Eindruck von Kenias Gamma-Diversität, denn man kann die Lebensgemeinschaften in einem recht großen geographischen Bereich vergleichen; sie ist ebenfalls hoch, und man erkennt sofort, wie wichtig die unterschiedliche Geländegestalt für die Entstehung dieser Vielfalt ist. Das reichhaltige Mosaik der verschiedenen Höhenlagen mit seinen unzähligen Lebensräumen, in denen die täglichen Temperaturschwankungen, die Feuchtigkeit und viele Bedingungen des Mikroklimas immer wieder anders sind, läßt ein ebenso reichhaltiges Mosaik ökologischer Gemeinschaften nicht nur gedeihen, sondern bringt sie sogar hervor.

Würde ich von Nairobi aus nicht nach Norden, sondern nach Westen fliegen, über das Rift-Tal nach Uganda und noch weiter, so würde sich vor meinen Augen schon bald ein undurchdringliches Grün ausbreiten, ein Teppich aus tropischem Regenwald von Horizont zu Horizont. Er ist die Heimat der afrikanischen Menschenaffen. Tropische Regenwälder beherbergen eine gewaltige biologische Vielfalt, das stimmt, aber ohne die Geländeunterschiede des Rift-Tales fehlen ihnen die Gegensätze, die ein wichtiges Element der Gamma-Diversität sind; hier gibt es keine Herden von Steppentieren, keine Eidechsen, die an das Leben in trockenen Wüsten angepaßt sind, keine Bergblumen. Das reich gegliederte Gelände im Osten des Rift-Tales mit seinem Mosaik der Lebensräume lieferte neben vielem anderen auch den Impuls für die erste Evolution der Menschenfamilie.

Ich habe über meine Erfahrungen mit der Paläontologie und mit dem Naturschutz in Kenia gesprochen, weil ich damit das Thema dieses Kapitels einführen will: den Begriff der biologischen Vielfalt in der heutigen Welt. Jetzt möchte ich den Blick über Kenia und über Afrika hinaus auf die ganze Welt lenken, und dabei werde ich mich mit zwei Fragen beschäftigen, die beide für die moderne, ökologisch orientierte Evolutionsforschung von zentraler Bedeutung sind. Die erste betrifft die Form der biologischen Vielfalt und die Vorgänge, durch die sie im lokalen und globalen Maßstab entsteht. Wie wir sehen werden, kann man die Form mit einer gewissen Zuverlässigkeit beschreiben, denn sie ist einfach so, wie man es deutlich vor Augen hat, aber die Vorgänge, die ihrer Entstehung zugrunde liegen, sind nicht so offensichtlich. Die zweite Frage lautet: Wie viele Arten bilden weltweit die biologische Vielfalt, zu der auch wir gehören? Sie zu beantworten mag einfach erscheinen, aber das stimmt nicht. Ich werde erklären, warum.

Die Gesamtform der biologischen Vielfalt wird von zahlreichen Faktoren bestimmt, aber ich möchte mich auf die beiden wichtigsten konzentrieren. Der erste ist die weltweite Verteilung der Lebensformen: Wo findet man die größte Zahl von Arten? Der zweite hat mit dem Vergleich der biologischen Vielfalt in den Meeren und an Land zu tun. Beide sind durch die Triebkraft der Evolution und die Dynamik der Ökosysteme innig miteinander verknüpft.

Das auffälligste Merkmal der biologischen Vielfalt auf der Erde ist die ungleichmäßige Verteilung. Vereinfacht gesagt, ist die Artenvielfalt beiderseits des Äquators am größten; mit höherer geographischer Breite, das heißt in Richtung des Nord- und Südpols, wird sie immer geringer. Wer beispielsweise in Nordamerika oder Europa zu Hause ist und dann einmal nach Kenia kommt, bemerkt den Unterschied sofort. Er zeigt sich im ganzen Spektrum der Tierwelt, nicht nur bei dem gewaltigen Anblick der wandernden Tierherden und an den Löwen, Leoparden und Geparden, die den Besucher so stark beeindrucken, sondern auch an dem phantastischen Reichtum der Vogelwelt und natürlich am Gewimmel der Insekten. Ebenso deutlich wird das Prinzip an den Pflanzen, insbesondere in den Regenwäldern mit ihrer reichhaltigen Mischung der Baumarten und der auf ihnen wachsenden Epiphyten, die ihrerseits wieder von Mikroepiphyten besiedelt sind. Auch wenn man sich auf die mikroskopische Ebene begibt, zu den Bakterien und einzelligen Pilzen, trifft man auf den gleichen Überreichtum der kenianischen Lebensformen, der den Artenreichtum in den Heimatländern der meisten Besucher bei weitem übertrifft.

Diese energische Handschrift der Natur, »breitengradabhängiger Gradient der Artenvielfalt« genannt, ist den Biologen schon seit langem bekannt. Mit zahllosen Hypothesen versuchte man ihn zu erklären, und das führte letztlich zur Entstehung der theoretischen Ökologie. Er ist auch für den Artenschutz von beträchtlicher Bedeutung: Wenn man in den Tropen einen Quadratkilometer Lebensraum zerstört, gefährdet man damit mindestens zehnmal so viele Arten wie beim Verlust der gleichen Fläche in gemäßigten Klimazonen. Besonders reichhaltig ist die biologische Vielfalt in den tropischen Regenwäldern: Sie bedecken ein Sechzehntel aller Landflächen der Erde, beherbergen aber über die Hälfte aller Arten. Deshalb ist die erbarmungslose Zerstörung dieser Wälder zutiefst beunruhigend.

Die Konzentration auf die Regenwälder sollte aber, wie eine Studie kürzlich gezeigt hat, nicht auf Kosten anderer Lebensräume gehen. Wie der Biologe Michael Mares von der University of Oklahoma in einer Übersichtsuntersuchung an fast 1000 südamerikanischen Arten feststellte, findet man die größte Vielfalt zumindest bei manchen Artengruppen überraschenderweise in trockenen Gegenden, beispielsweise in den Steppen (Llanos) Venezuelas und Kolumbiens, den Gras- und Buschlandschaften (Cerrados und Caatingas) Brasiliens und den argentinischen Pampas. »Trockengebiete gelten oft als Regionen mit geringer biologischer Vielfalt«, stellt Mares in der Fachzeitschrift *Science* fest, »aber was die Säugetiere angeht, sind sie die artenreichsten Gegenden des Kontinents.«[2] Mares' Entdeckung mindert den Wert der Regenwälder als Regionen großer biologischer Vielfalt nicht, aber sie erweitert unsere Kenntnisse darüber, wo man Vielfalt antreffen kann. In einem Kommentar zu dem Aufsatz von Mares schrieben die Ökologen Stuart Pimm und John Gittleman von der University of Tennessee: »Wir wissen zu wenig darüber, wo die Artenvielfalt ist, warum sie dort ist und was aus ihr werden wird.«[3]

Bevor ich mich mit ein paar mutmaßlichen Gründen für den tropischen Artenreichtum beschäftige, möchte ich einige kurze Beispiele für das Ausmaß der Unterschiede anführen. Ein Ameisenspezialist, der von Alaska nach Brasilien wandern und unterwegs in jeder Region die Arten zählen würde, träfe am Ausgangspunkt der Reise auf drei und am Ziel auf 222 Ameisenarten. Das ist ein Unterschied von fast zwei Zehnerpotenzen. Der beste Ameisenfachmann ist natürlich der Biologe Edward Wilson von der Harvard University; er erklärte 1987 in Washington auf einer wissenschaftlichen Tagung über die Artenvielfalt: »Ich habe an einem einzigen Baum in Peru 43 Ameisenarten identifiziert, ungefähr ebenso viele wie auf den gesamten Britischen Inseln.«

Das gleiche würden Vogel- oder Baumliebhaber erleben. Peter Ashton zum Beispiel, ein weiterer Biologe der Harvard University, zählte in Borneo die Baumarten auf 100 000 Quadratmetern des tropischen Regenwaldes. Er kam auf 700 – ebenso viele wie in ganz

Nordamerika. Dramatisch ist die Zunahme der Artenzahl von Alaska bis zum tropischen Amerika auch bei den Landvögeln: Sie steigt von 20 auf 600. George Stevens, der in beiden Regionen lange gearbeitet hat, faßt den ersten Eindruck von diesen Unterschieden so zusammen: »Wenn man durch Alaska fährt, ist man verblüfft über die biologische Eintönigkeit. Ja, die geologischen Verhältnisse sind faszinierend, aber Fauna und Flora sind immer gleich, wo man sich auch befindet. In Costa Rica dagegen erkennt man schon bei den kleinsten Geländeveränderungen große Unterschiede in den Lebensräumen.«[4]

An Land ist das Prinzip der zunehmenden Artenzahlen immer und immer wieder zu erkennen. Über die Verhältnisse in den Meeren gab es bis vor kurzem nur wenige Anhaltspunkte, denn dieser Lebensraum ist der Forschung natürlich viel weniger zugänglich, insbesondere was das Leben in der Tiefsee angeht. Die Tiefen der Ozeane, die früher als eine Art biologische Wüste galten, beherbergen, wie wir heute wissen, ein gewaltiges Spektrum von Lebensformen. Und seit man in den siebziger Jahren erstmals Lebensformen entdeckte, die ihre Energie aus den durch vulkanisch-tektonische Aktivität entstandenen heißen unterseeischen Quellen beziehen, weiß man auch, daß es dort höchst bizarre Lebewesen gibt.

Das neu entstandene Bild vom Leben in den Fluten ähnelt also verblüffend dem vom Leben an Land; das bestätigte auch eine Gruppe von Wissenschaftlern aus den Vereinigten Staaten, Schottland und Australien Ende 1993 in einer großen Studie. Am größten ist die Artenvielfalt in der Nähe des Äquators, und wenn man die Unterwassergebiete in höheren Breiten betrachtet, nimmt sie immer weiter ab. »Der Rückgang der Artenvielfalt mit dem Breitengrad kam unerwartet«, schrieben die Wissenschaftler, »denn man hatte angenommen, daß die großflächige Verteilung der Umweltbedingungen an der Oberfläche die Lebensgemeinschaften in größeren Tiefen nicht beeinflußt.«[5] Die Tiefsee galt unter ökologischen Gesichtspunkten unabhängig von der geographischen Breite immer als entsetzlich öde, und deshalb hatte man auch angenommen, daß es keine großen Unterschiede in der Artenvielfalt gibt. Zu Recht wiesen die Wissenschaftler darauf hin, daß der Artenschutz ihren Befunden zufolge in den Meeren von ganz ähnlicher Bedeutung ist wie bei der Zerstörung der Lebensräume an Land. So werden sich zum Beispiel die Suche nach Rohstoffen, Ölförderung und Abfallbeseitigung in tropischen Gewässern in ganz anderem Umfang auf die Artenvielfalt auswirken als in polnahen Meeren.

Mit der Aussage, die Unterschiede der Artenzahl in der Tiefsee seien »unerwartet« gewesen, sind wir bei der Frage nach den Ursachen dieses weltweit gültigen Prinzips, und sie legt mindestens eine offenbar vernünftige Annahme nahe: Die Abstufungen im Artenreichtum hängen an Land unmittelbar mit Abstufungen wichtiger physikalischer Faktoren wie Temperatur und Licht zusammen. Wir nehmen intuitiv an, daß die Lebensräume an Land und in der Tiefsee sehr unterschiedlich aussehen müssen, und das stimmt auch. In den Tiefen der Meere herrscht meist undurchdringliches Dunkel, und Temperaturschwankungen werden abgemildert. An Land gilt das nicht. Offenbar ist irgendein grundlegender Mechanismus am Werk, der sich unter sehr unterschiedlichen Umweltbedingungen auswirkt. Herauszufinden, was das für ein Mechanismus ist, gestaltet sich nicht etwa deshalb schwierig, weil es keine Hypothesen gäbe, sondern weil wir zu viele von ihnen haben. Man hat im Laufe der Jahre zahlreiche Erklärungen angeboten, die einander häufig unmittelbar widersprachen – ein heilsames Anzeichen, daß wir von einer verläßlichen Antwort noch weit entfernt sind. Ich möchte einige dieser Hypothesen genauer beschreiben.

Besonders beliebt ist seit langem die sogenannte Zeittheorie. Danach herrschen in den Tropen schon länger die gleichen Bedingungen wie in den gemäßigten Klimazonen, und zwar wegen der immer wieder auftretenden Eiszeiten, die gemäßigte Zonen wesentlich stärker beeinflussen. Deshalb, so die Vermutung, stand in den Tropen mehr Zeit für die Ansammlung biologischer Vielfalt zur Verfügung. Es gibt aber auf der Welt Gegenden, die von den Eiszeiten relativ wenig betroffen waren; unter ihnen sind auch einige weiter nördlich gelegene Geländeabschnitte, aber dort findet man nicht die höhere Artenvielfalt, die man nach dieser Theorie erwarten würde.

Die Zeittheorie ist offensichtlich nicht zu halten. Das gleiche gilt für die »Produktivitätshypothese«, die ebenfalls lange Zeit im Schwange war.

Tatsächlich sieht es so aus, als seien die Tropen von der Natur besonders gesegnet: Hier herrschen angenehme Temperaturen, es gibt reichlich Licht und in vielen Gegenden eine üppige Wasserversorgung. Aus unseren alltäglichen Erfahrungen wissen wir, wie gut Pflanzen unter solchen Bedingungen gedeihen, und da Tiere auf die Pflanzen angewiesen sind, ist eine große Vielfalt von Tieren und Pflanzen möglich. Das stimmt, aber die Annahme, daß hohe Produktivität – das heißt große Biomasse – auch notwendigerweise zu hoher Artenvielfalt führt, stellt einen logischen Bruch dar. Warum sollten sich zahlreiche Arten diese üppige Umwelt teilen und nicht nur wenige, die es sich in ihrem eigenen Überfluß wohlergehen lassen? (Die Nadelwälder des Nordens stellen eine gewaltige Biomasse dar, bieten aber nur wenigen Arten Lebensraum; in Graslandschaften dagegen ist die Biomasse unter Umständen gering, aber es gibt zahlreiche Arten.) Die Schwäche dieser Theorie ist das Fehlen einer erkennbaren Verbindung zwischen hoher Produktivität und der Entstehung vieler Arten.

Interessant ist dabei, daß die Zeithypothese den Tropen im Zusammenhang mit der Evolution keine besonderen Eigenschaften zuschreibt, sondern nur mehr Zeit für die Ansammlung von Arten postuliert. Die Produktivitätshypothese unterstellt dagegen eine solche Besonderheit: Sie geht davon aus, daß die Tropen etwas an sich haben, das häufiger zur Entstehung neuer Arten führt als in gemäßigten Breiten. Wenn man durch Buschsavannen oder dichten, feuchten Regenwald geht, fühlt man sich wie in einem Artenkaleidoskop, umgeben von einer Fülle des Lebens auf allen Ebenen, wie in einem Fraktalmuster, das die Kreativität der Evolution auszudrükken scheint. Die Annahme, daß die Tropen den Strom des Lebens nähren und besonders häufig »eine endlose Zahl der schönsten Formen« hervorbringen, *scheint* zu stimmen. Aber es gibt auch eine andere Erklärung: Vielleicht sind die Tropen eine nachsichtigere Umwelt, die Arten nicht so oft aussterben läßt wie die höheren

Breiten. Rein gefühlsmäßig ist auch das eine reizvolle Annahme; in kühleren Gegenden müssen Tiere und Pflanzen harte Winter überleben, und dabei können viele von ihnen umkommen. Und Populationen, die lokal dezimiert werden, sind in besonders harten Jahren eher vom Aussterben gefährdet. Der Kampf ums Dasein scheint in den höheren Breiten mit ihren starken jahreszeitlichen Schwankungen heftiger zu sein.

Bis vor einiger Zeit konnte man nichts darüber sagen, ob die biologische Vielfalt der Tropen durch besonders häufige entwicklungsgeschichtliche Neuerungen oder durch eine geringere Aussterbehäufigkeit verursacht wird. Vor einigen Jahren ging David Jablonski dieser ökologischen Frage jedoch nach, indem er auf die Fossilfunde zurückgriff. Dabei ging er von folgender Überlegung aus: Wenn sich an den Fossilien ablesen läßt, daß das erste Auftauchen neuer Arten in den Tropen häufiger vorkommt als in gemäßigten Zonen, ist die Frage beantwortet. Er untersuchte die Fossilien wirbelloser Meeresbewohner seit dem Mesozoikum vor etwa 225 Millionen Jahren und erkannte dabei eindeutige Anzeichen, daß Arten in den Tropen in größerer Zahl zum erstenmal auftauchen. Im Juli 1993 schrieb er in *Nature*: »Dies ist ein unmittelbarer Beleg, daß tropische Gebiete eine wichtige Quelle entwicklungsgeschichtlicher Neuerungen waren und nicht nur ein Rückzugsgebiet, in dem sich die Artenvielfalt wegen geringer Aussterbehäufigkeit ansammelte.«[6] Durch diesen wichtigen Befund war die biologische Frage nun klarer umrissen: Was auch Besonderes an den Tropen sein mag, es fördert tatsächlich die Evolution von Neuerungen.

Die Biologen sind sich heute darüber einig, daß einer der wichtigsten Vorgänge, durch den neue Arten entstehen, die sogenannte allopatrische Speziation ist. Das heißt ganz einfach, daß Populationen einer vorhandenen Art aus irgendeinem Grund voneinander getrennt werden, und in relativ kurzer Zeit (einige tausend Jahre) sammeln sich dann so viele genetische Unterschiede und Anpassungen an, daß daraus zwei selbständige Tochterarten werden. (Das war die Kernaussage der im vorigen Kapitel beschriebenen Puls-Fluktuationshypothese von Elisabeth Vrba.) Wie könnten die Umweltbedingungen der Tropen die allopatrische Speziation fördern? Zu dieser Frage wurden zwei Vermutungen geäußert, die ich beide beschreiben möchte.

Zuvor möchte ich aber noch auf etwas anderes hinweisen: Es wäre naiv, sich die Tropen als Gürtel einheitlich-üppiger Lebensräume vorzustellen, die jeweils mit größerer Häufigkeit entwicklungsgeschichtliche Neuerungen ausspucken als die gemäßigten Breiten. Wie die Biologen mittlerweile wissen, können verschiedene Lebensräume die Populationen derselben Art in sehr unterschiedlichem Ausmaß unterstützen, so daß diese Art in einer Gegend vielleicht gut gedeiht, während sie woanders allmählich verschwindet. Da Tiere und (über das Ausstreuen der Samen) auch Pflanzen beweglich sind, wandern aber Individuen aus dem ersten Lebensraum unter Umständen ständig in den zweiten ein, so daß die Population in beiden recht einheitlich ist. Derart unterschiedliche Lebensräume gibt es wahrscheinlich auch bei der Artbildung; ein scheinbar einheitliches Stück Regenwald kann also in Wirklichkeit ein Mosaik aus Lebensräumen sein, die unterschiedlich stark die Bildung neuer Arten unterstützen.

Die Ursache des Artbildungspotentials ist nach Ansicht vieler Biologen die Stabilität der tropischen Lebensräume. »Wenn das Klima stabiler ist, kann man auch mit stabileren Ressourcen rechnen«, erklärt Wallace Arthur, ein Ökologe des Sunderland Polytechnic in England. »Deshalb können die Arten es sich leisten, bei der Ernährung wählerischer zu sein – die Nahrungsnischen sind kleiner, und sie überleben dennoch.«[7] Wegen ihrer engen Nahrungsnischen bleiben solche spezialisierten Arten eher auf kleine geographische Gebiete beschränkt, in denen die erforderlichen Nahrungsquellen zur Verfügung stehen. Das bedeutet nicht nur, daß ein bestimmtes Gebiet von viel mehr Arten besiedelt ist, sondern es begünstigt auch die Neuentstehung von Arten. In dem gleichmäßigen tropischen Klima können nach Arthurs Vermutung auch kleine Populationen überleben, und das sogar am Rand ihres Verbreitungsgebietes; in den unwirtlichen nördlichen Breiten dagegen werden solche Populationen eher verschwinden, und deshalb entstehen dort auch seltener neue Arten. Nach dieser Vorstellung ist Stabilität die Triebfeder der Evolution, und gleichzeitig bietet sie auch eine Umwelt, in der viele Arten nebeneinander existieren können. Ist diese Vorstellung richtig?

Eine in noch jüngerer Zeit entwickelte Hypothese sagt nein. Danach ist *Instabilität* der Motor der Evolution. Während der siebziger und Anfang der achtziger Jahre gab es unter den ökologisch orientierten Evolutionsforschern eine heftige Debatte darüber, welche Kräfte die Struktur von Lebensgemeinschaften beeinflussen. Zu Beginn der Diskussion herrschte die Lehrmeinung, daß die Konkurrenz unter den Arten die Zusammensetzung der Lebensgemeinschaften bestimmt, insbesondere wenn es darum geht, welche Arten mit anderen zusammenleben können. Während der folgenden zehn Jahre wurde die Konkurrenz als Faktor für die Struktur der Gemeinschaften zwar nicht völlig verworfen, aber sie verlor stark an Bedeutung. Großen Einfluß auf diese Verschiebung der Ansichten hatte Joseph Connell, ein Ökologe der University of California in Santa Cruz. Er berichtet, wie er als überzeugter Anhänger des Konkurrenzgedankens nach Australien reiste, um die Lebensgemeinschaften an Korallenriffen zu studieren, und wie ihn dort die Natur eines Besseren belehrte: Ein Hurrikan wirbelte seine Untersuchungsstelle durcheinander und fegte große Teile des Ökosystems hinweg. Für Connell war es ein heilsamer Beweis, daß in der Natur neben der Konkurrenz auch andere Kräfte wichtig sind. Zwar ist ein Hurrikan vielleicht eine besonders dramatische und ungewöhnliche Umweltstörung, aber kleinere Unregelmäßigkeiten sind häufiger. Und sie sind kreativer, wenn auch auf indirekten Wegen.

In Lebensgemeinschaften, die gegenüber Störungen unempfindlich sind, übernehmen unter Umständen irgendwann wenige Arten die Vorherrschaft; bei Belastungen jedoch, beispielsweise wenn Schneisen in ein Waldgebiet geschlagen werden, haben andere Arten die Gelegenheit, zu einem Teil der Gemeinschaft zu werden. Demnach, so kann man schließen, begünstigen wiederholte Belastungen dieser Art die Evolution neuer Arten. Das dürfte der Intuition widersprechen. Eine gutmütige, stabile Umwelt kann man sich eher als Wiege der Evolution vorstellen, die neu entstehende Arten während ihres empfindlichsten Stadiums erhält. In Wirklichkeit sieht es aber immer mehr danach aus, als seien Belastung und Instabilität die Geburtshelfer neuer Arten.

Die artenreichen Regenwälder des Amazonasbeckens waren zum Beispiel gewaltigen Störungen ausgesetzt, insbesondere vor etwa 10 000 Jahren, als die letzte Eiszeit zu Ende ging und die eher gleichförmige Jetztzeit begann. Zuvor, in der kälteren Phase, gab es keinen Waldteppich, der den ganzen Kontinent bedeckte, sondern in begünstigten Gebieten gediehen kleine Waldstücke, weil dort das Mikroklima die an warmes Klima angepaßten Arten schützte. In der Frage, wie eine solche Zerstückelung von Lebensräumen die Artbildung begünstigt, bestehen schon seit langem Meinungsverschiedenheiten, die bis heute nicht ausgeräumt sind. Nach einer Vorstellung waren die Artenpopulationen in den einzelnen Waldstücken (auch Rückzugsgebiete genannt) isoliert, so daß sie sich genetisch auseinanderentwickelten, ganz ähnlich wie Populationen in anderen geographisch getrennten Regionen. Das paßt gut zur Hypothese der allopatrischen Speziation, aber überzeugende Hinweise, daß es solche Rückzugsgebiete gab, sind kaum zu finden. Vielleicht waren schlicht Umweltstörungen der Motor der Evolution, eine kreative Umwelt im Gleichgewicht zwischen völliger Stabilität und völliger Instabilität – oder Chaos. (Im Amazonas-Regenwald trug die Maya-Hochkultur zur Störung bei, weil ihre Angehörigen in manchen Gegenden große Waldflächen abholzten.)

Die Kreativität der Natur im Bereich zwischen Stabilität und Chaos erkennt man auch in den Ozeanen. Hier herrschen seltsame Gesetzmäßigkeiten: Die größte biologische Vielfalt der Meeresbewohner findet man in der Tiefsee. Dagegen sind die Lebensgemeinschaften in der Nähe der Küsten relativ eintönig. Neue Arten tauchen in beiden Bereichen auf, in größerer Zahl aber entstehen sie in tieferen Gewässern. Die größten Neuerungen der Evolution – neue Arten, die nicht nur Variationen vorhandener Themen darstellen, sondern ganz neue Anpassungen besitzen – bilden sich jedoch häufiger in den küstennahen Lebensgemeinschaften. Es scheint sich hier um einen realen Vorgang zu handeln, das heißt um die Folgen größerer Neuerungen und nicht nur um das bevorzugte Überleben entwicklungsgeschichtlicher Kuriositäten. Die Ursachen sind bisher jedoch rätselhaft. Eines kann man allerdings feststellen: Die küstennahen Gemeinschaften sind durch die Wellen stärkeren Störungen ausgesetzt als die in der Tiefsee. Wieder sieht es so aus, als begünstigten Belastungen die Entwicklung von neuem.

Wenn Störungen die Geburtshelfer der Evolution sind, warum gibt es dann einen Unterschied zwischen tropischen und gemäßigten Klimazonen? Einen möglichen Grund nannte George Stevens vor kurzem: Tropische Arten sind häufig Spezialisten, die sich an ein enges Spektrum von Umweltbedingungen angepaßt haben; in gemäßigten Breiten müssen die Arten dagegen allgemeinere Anpassungen besitzen, damit sie die jahreszeitlichen Temperatur- und Lichtschwankungen überstehen können. Deshalb reagieren tropische Arten empfindlicher auf Störungen, und das liefert der Evolution die Gelegenheit zur Artbildung; die Arten der gemäßigten Regionen vertragen mehr und werden deshalb weniger häufig in die entwicklungsgeschichtlich kreativeren Randbereiche gedrängt.

Wie steht es mit der Tiefsee, wo die Artenzahl sich mit den Breitengraden genauso ändert wie an Land? Nach einer verbreiteten Vorstellung sind die Tiefen der Meere ein Bereich des Endlos-Gleichen, in dem es kaum Veränderungen gibt und der von den Wechselfällen der Umweltbedingungen abgeschnitten ist. Wenn das stimmt, kann die Hypothese von den Störungen nicht zutreffen. Die Ökologen John Gage und Robert May meinen jedoch in ihrem Kommentar zur Entdeckung der abgestuften Artenzahl in der Tiefsee: »Vielleicht sind die Böden der Ozeane weltweit doch nicht so einheitlich.«[8] Möglicherweise stimmt das. Immerhin galt die Tiefsee noch vor nicht allzu langer Zeit als biologische Wüste, und heute wissen wir, daß sie in Wirklichkeit eine biologische Vielfalt hervorbringt, die an manchen Stellen den tropischen Regenwäldern nahekommt.

Die Verteilung der biologischen Vielfalt auf der Erde ist also höchst auffällig und offenkundig. Und wie wir gesehen haben, schafft die Evolution »eine endlose Zahl der schönsten Formen« auf Wegen, die sich auch heute noch dem Verständnis der Biologen entziehen.

Die zweitwichtigste Gesetzmäßigkeit in der biologischen Vielfalt auf der Erde ergibt sich aus dem Vergleich der Lebensräume an Land und im Meer. Noch nicht einmal 15 Prozent aller heute bekannten Arten leben in den Ozeanen, und von diesen sind die meisten am Boden der Tiefsee oder kurz darüber zu Hause. Alle anderen leben an Land. Besonders auffällig ist dieses Ungleichgewicht, weil die Ozeane ja fast drei Viertel der Erdoberfläche bedecken. Offensichtlich kann das Land also eine weitaus größere Vielfalt am Leben erhalten als das Meer. Hier tut sich allerdings ein Widerspruch auf; er hat mit der Ebene in der Hierarchie des Lebendigen zu tun, auf der man die beiden Bereiche vergleicht.

Ich habe bisher von den Arten gesprochen, also von der untersten Stufe der biologischen Hierarchie. Vergleicht man die Lebensräume an Land und im Meer auf der Ebene der Stämme, ergibt sich ein ganz anderes Bild als beim Vergleich der Artenzahlen. In 32 der 33 Stämme des Tierreiches gibt es Arten, die im Meer leben; an Land sind dagegen nur zwölf Stämme vertreten. Demnach kommen 64 Prozent der Stämme ausschließlich im Meer vor, aber nur drei Prozent sind ausschließlich an Land zu Hause. (Die übrigen haben Vertreter an Land und in den Meeren.) An diesem Maßstab gemessen, bieten die Meere einer weitaus größeren Vielfalt die notwendigen Lebensgrundlagen als die trockenen Lebensräume. Mit anderen Worten: Im Meer findet man mehr Themen, die jeweils nur wenige Variationen haben, an Land dagegen gibt es mehr Variationen von weniger Themen.

Wie für die mit dem Breitengrad abnehmende Artenzahl, so gibt es auch für die auf Stamm- und Artenebene unterschiedliche Vielfalt an Land und im Meer zahlreiche Erklärungsversuche – ein deutliches Anzeichen der Ungewißheit. Selbst in einem sehr grundlegenden Sinn sind einfache Fragen manchmal schwer zu beantworten, so zum Beispiel die, warum das Leben an Land so stark von den Insekten beherrscht wird, während nur sehr wenige Arten dieser Gruppe im Meer vorkommen.

Der naheliegendste Grund, warum es in den Ozeanen mehr Stämme gibt, ist die Tatsache, daß das vielzellige Leben dort in der kambrischen Explosion seinen Anfang nahm. In dieser Phase oder kurz danach entwickelten sich alle heute vorhandenen Stämme, und erst viel später wagten sich die ersten Lebewesen auf das trockene Land. Alle heutigen Stämme hatten also die Gelegenheit, in den Meeren Nachkommen zu hinterlassen; an Land bestanden ähnliche Möglichkeiten nur für diejenigen, die sich an das Leben auf dem Trockenen anpassen konnten. Das beantwortet aber nicht die Frage, warum es in den Ozeanen weniger Abwandlungen der einzelnen Körperbaupläne gibt – immerhin hatte das Leben dort gegenüber den landlebenden Formen einen Vorsprung von 100 Millionen Jahren. Es muß zwischen den beiden Lebensräumen einen Unterschied geben, der den Motor der Evolution in einem davon schneller laufen läßt.

Bestünde die Tiefsee aus weiten, gleichförmigen Gebieten, wie man bis vor kurzem angenommen hatte, wäre die geringere Artenvielfalt zu erklären. Eine in Geländeform und Klima uneinheitliche Umwelt, die sich in relativ kurzen Zeitabständen verändert, fördert die Evolution neuer Arten. Aber auch wenn die Umwelt der Tiefsee sicher in mehrfacher Hinsicht ganz anders ist als die an Land, dürfte sie doch viel weniger gleichförmig sein, als man früher angenommen hatte.

In den Tropen und bis vor nicht allzu langer Zeit auch in den gemäßigten Zonen bieten die großen Wälder eine räumliche Komplexität, wie man sie im Meer in der Regel nicht antrifft (außer an den Korallenriffen, die ebenfalls die Heimat einer großen Artenvielfalt sind). Robert May, der sich eingehend mit dieser Frage beschäftigt hat, räumt zwar ein, daß solche Faktoren eine Rolle spielen könnten, aber er bleibt skeptisch: »Ich kann mir nur schwer vorstellen, ... daß man damit das Verhältnis der Artenzahlen von 85 zu 15 an Land und im Meer erklären kann.«[9] Er weist auch auf einen seltsamen Unterschied zwischen tropischen Wäldern und Korallenriffen hin, von denen man oft sagt, sie entsprächen einander in ihren jeweiligen Bereichen. »Das Korallenriff strotzt von auffälligen Tieren... im tropischen Regenwald dagegen bekommt man die Wirbeltiere kaum einmal zu Gesicht, und selbst die Wirbellosen sind nicht so leicht zu erkennen.«[10] Den Grund für diesen Unterschied kennt niemand.

Man hat noch mit vielen anderen Hypothesen versucht, den unterschiedlichen Artenreichtum an Land und im Meer zu erklären; die vielleicht vielversprechendste hat mit der Größe und dem Verbreitungsgebiet der Arten zu tun. Meeresbewohner sind im Durchschnitt kleiner als landlebende Arten, aber ihr Verbreitungsgebiet ist größer. Und eine größere geographische Verbreitung bedeutet – jedenfalls in der Regel – eine insgesamt geringere Artenzahl. Vor dem Hintergrund der Evolutionsökologie hört sich diese Erklärung plausibel an, aber sie ist zugegebenermaßen Spekulation.

Von der weltweiten Verteilung der Artenvielfalt möchte ich jetzt zu ihrer Zusammensetzung zurückkehren und die Frage stellen: Wie viele Arten gibt es heute auf der Erde?

Auf diese einfache Frage hat Robert May eine einfache Antwort: »Wir sind uns in der Größenordnung einer Zehnerpotenz unsicher, mit wie vielen Arten wir den Globus teilen.«[11] Die meisten Schätzungen bewegen sich zwischen fünf und 50 Millionen, ja manche gehen sogar bis 100 Millionen. Der Grund für diese gewaltige Unsicherheit? Kaum ein Biologe hat jemals versucht, eine Antwort zu finden, und wer es wagte, war entmutigt von den Schwierigkeiten, die sich dabei ergeben.

Es ist schon bemerkenswert, daß wir in unserer modernen Welt und mit unserer Besessenheit, alles zu messen, nur so ungenaue Vorstellungen über den Stoff der Natur haben, mit dem wir so eng verflochten sind und von dem wir letztlich abhängen. Für die Zahl der Sterne in unserer Galaxis, der Milchstraße, haben wir eine gute Schätzung: Es sind ein paar hundert Milliarden. Wir wissen, wie viele Nukleotide den genetischen Bauplan des Menschen bilden: drei Milliarden. Und wir können auf wenige Stunden genau berechnen, wann ein Komet auf den Jupiter stürzen wird, wie es am 16. Juli 1994 um 22 Uhr Mitteleuropäischer Sommerzeit geschah. Und doch können wir die heutige Artenvielfalt nicht mit einer gesicherten Zahl benennen. Es liegt nicht daran, daß man nicht wüßte, wie man sie ermittelt, sondern es fehlt schlicht der Wille. Die Regierungen haben viele hundert Millionen Dollar in die systematische Untersuchung der Sterne gesteckt, aber nur ein winziger Bruchteil dieser Summe floß in die systematische Untersuchung der Natur hier bei uns auf der Erde.

Die Suche nach Ordnung in der Natur begann eigentlich mit Aristoteles, aber bis die Naturgeschichte zu einer angesehenen Disziplin der abendländischen Wissenschaft wurde, sollten noch fast zwei Jahrtausende vergehen. Zum wichtigsten Anliegen der neuen Wissenschaft wurde die Einteilung der Pflanzen und Tiere, anfangs im Zusammenhang mit der Absicht, die Ergebnisse von Gottes Schöpferkraft vorzuführen. Das heutige Klassifikationssystem begründete Carl von Linné im 18. Jahrhundert mit seinem *Systema naturae*. Er listete etwa 9000 Tier- und Pflanzenarten auf und bediente sich dabei eines Systems, in dem ihre Verwandtschaftsbeziehungen deutlich wurden (natürlich im Sinne der Schöpfung und nicht der geschichtlichen Entwicklung). Dieser bahnbrechende, aber noch bescheidene Versuch einer systematischen Erforschung der Natur kam erst ein volles Jahrhundert, nachdem Isaac Newton die Gravitationsgesetze formuliert hatte, auf die sich die Berechnungen der jüngsten Kollision zwischen Komet und Jupiter gründeten.

Seit Linnés Zeit ist die Zahl der beschriebenen Arten natürlich beträchtlich angewachsen; derzeit liegt sie bei ungefähr 1,4 Millionen. Ich sage »ungefähr«, weil es keine zentrale Sammelstelle für alle Beschreibungen von Arten gibt, so daß die Zahl immer nur eine Schätzung sein kann. Das ist besonders verwunderlich: Für die DNA-Sequenzen, die in den Labors auf der ganzen Welt analysiert werden, gibt es eine zentrale Sammelstelle, aber nicht für die Lebewesen, aus denen man das genetische Material gewinnt.

Etwa 85 Prozent der bekannten Arten leben an Land, und die Mehrzahl von ihnen, insgesamt ungefähr 850 000, sind Gliederfüßer

(Insekten, Spinnen und Krebstiere). Die meisten Gliederfüßerarten sind Insekten, und von diesen sind etwa die Hälfte Käfer, eine Tatsache, die den britischen Biologen J.B.S. Haldane zu einem berühmten Ausspruch angeregt haben soll. Als ihn einige geistliche Herren einmal fragten, was er bei seiner Naturforschung über Gott erfahren habe, soll Haldane geantwortet haben, es deute alles darauf hin, daß Er »eine außerordentliche Vorliebe für Käfer« habe. Die Geschichte ist zwar nicht belegt, aber sehr treffend, und wenn Studien aus jüngerer Zeit recht haben, hat man die Wirklichkeit bisher sogar noch unterschätzt.

Bei den 300000 bekannten Pflanzenarten handelt es sich in der Mehrzahl um Blütenpflanzen. (Daß gerade Insekten und Blütenpflanzen so artenreich sind, ist sicher kein Zufall, denn beide Gruppen haben sich in den letzten paar hundert Millionen Jahren gemeinsam entwickelt.) Außerdem kennt man etwa 69000 Pilzarten und ungefähr ebenso viele Arten einzelliger Lebewesen. Zu der letztgenannten Gruppe gehören nur ungefähr 5000 beschriebene Bakterienarten. Die Kategorie der Wirbeltiere, die unsere Aufmerksamkeit am stärksten erregen, vereinigt etwa 40000 Arten auf sich, darunter 4000 Säugetiere und 9000 Vögel; der Rest verteilt sich auf Reptilien, Amphibien und Fische. Wer nun aber meint, die 4000 Säugetierarten stünden gegenüber der Zahl der verschiedenen Bakterien doch gar nicht so schlecht da, sollte seinen Stolz einen Augenblick lang zügeln. Vor kurzem analysierte eine norwegische Wissenschaftlergruppe die Bakterienwelt in einem Gramm Erde aus einem Buchenwald und in einer ähnlichen Sedimentmenge von der norwegischen Küste. In beiden Fällen fanden die Wissenschaftler ungefähr 5000 Arten, und zwar ohne Überschneidungen zwischen den beiden Bodenproben. Die bisher beschriebenen 5000 Bakterienspezies sind also offenbar nur ein winziger Bruchteil der wirklichen Zahl.

Aber die Liste der bisher bekannten Arten führt nicht nur zu einer gewaltigen Unterschätzung der tatsächlichen Artenzahl, sondern sie ist auch in mehrfacher Hinsicht unausgewogen. Erstens spiegelt sich in ihr das durchaus nicht unnatürliche Interesse der Menschen

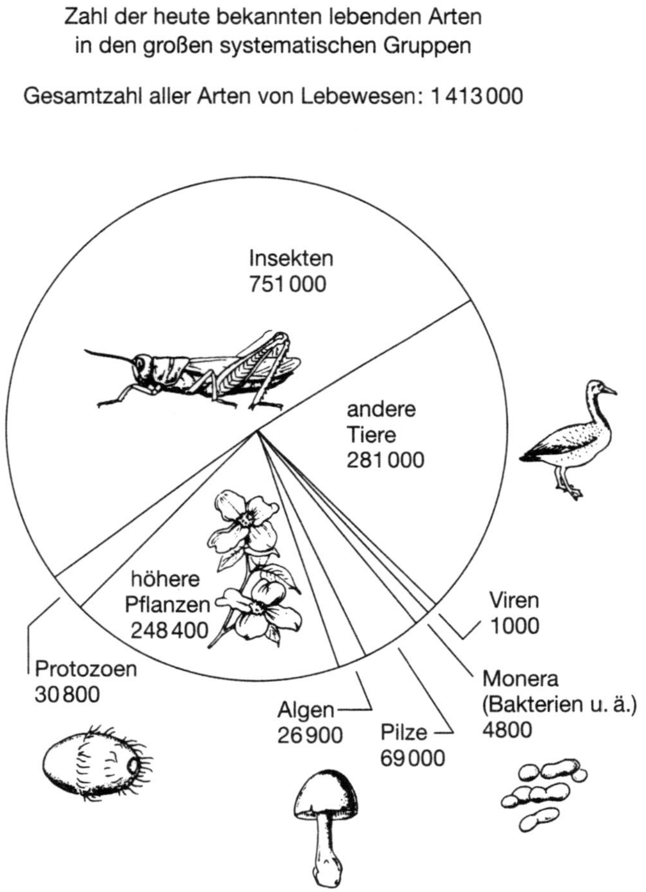

Die beherrschenden Gruppen in der Vielfalt der heute bekannten Lebensformen sind Insekten und Pflanzen, aber bei den Bakterien, Pilzen und anderen kaum untersuchten Gruppen ist eine Riesenzahl von Arten noch nicht entdeckt. Die Gesamtzahl aller Arten liegt irgendwo zwischen zehn und 100 Millionen. (Nachgedruckt mit freundlicher Genehmigung der Verleger von *The Diversity of Life* von Edward O. Wilson; Cambridge, Mass.: The Belknap Press of Harvard University Press, © 1992 by Edward O. Wilson.)

an behaarten und gefiederten Geschöpfen wider. Mit Vögeln und Säugetieren beschäftigen sich weitaus mehr Systematiker als beispielsweise mit Insekten, Fadenwürmern oder Bakterien. Deshalb werden zwar immer noch jedes Jahr neue Vogel- und Säugetierarten entdeckt, aber es sind nur wenige, und die Gesamtzahl dürfte letztlich nicht wesentlich über der heute bekannten liegen. Für die übrige Natur – das heißt für ihren größten Teil – gilt das nicht, wie man an dem Beispiel mit den Bakterien deutlich erkennt. Eine zweite Verzerrung ergibt sich, weil man sich vorwiegend auf die gemäßigten Klimazonen des Nordens konzentrierte, in denen die meisten Systematiker (Spezialisten für die Einteilung der Lebewesen) arbeiten. Die überwiegende Mehrheit aller Arten lebt in den Tropen, und dennoch kommen auf jede Art, die man dort kennt, zwei andere aus höheren nördlichen Breiten.

Einen der ersten Versuche, eine wissenschaftlich begründete Schätzung für die Zahl der Insektenarten abzugeben, unternahm der britische Ökologe Carrington Williams. Er veröffentlichte 1964 ein Buch mit dem Titel *Patterns in the Balance of Nature* (»Muster im Gleichgewicht der Natur«). Darin gelangte er mit einer Kombination aus lokalen Beobachtungen und Hochrechnungen zu einer Zahl von drei Millionen. In den darauffolgenden 20 Jahren sammelten die Freilandbiologen – meist in unabhängigen Untersuchungen – weitere Erkenntnisse über die unterschiedlichsten Lebensräume, darunter auch zuvor völlig unbekannte wie den Boden der Tiefsee. Daraufhin stiegen die Schätzungen für die Gesamtzahl der Arten auf mindestens zehn Millionen.

Dann folgte eines der dramatischsten Ereignisse in der biologischen Systematik: Terry Erwin von der Smithsonian Institution gab 1982 bekannt, es gebe wahrscheinlich allein 30 Millionen Insektenarten, die meisten davon im Kronendach der tropischen Regenwälder. Zu dieser Schätzung gelangte er, nachdem er die Insektenpopulation an einer großen Baumgruppe im Regenwald Panamas untersucht hatte. Er hatte zu diesem Zweck Insektengifte in den Baumkronen versprüht und dann die toten Tiere gezählt, die auf den Boden fielen. Es war ein kühnes Unternehmen, aber obwohl es

Zahl der bekannten lebenden Tierarten
(nach großen Gruppen)

Gesamtzahl der Tierarten: 1 032 000

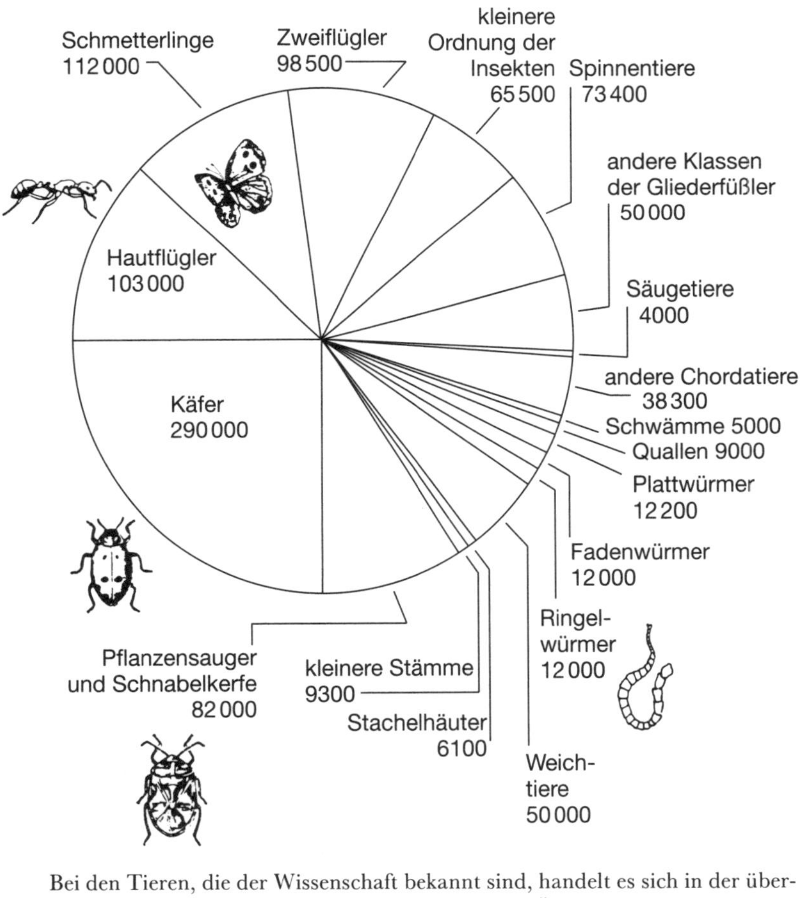

Bei den Tieren, die der Wissenschaft bekannt sind, handelt es sich in der überwältigenden Mehrheit um Insekten. Wegen dieses Übergewichts sind die meisten Tierarten Landbewohner; die meisten Stämme dagegen (Stachelhäuter usw.), welche die höchsten Klassifikationseinheiten darstellen, leben im Meer. (Nachgedruckt mit freundlicher Genehmigung der Verleger von *The Diversity of Life* von Edward O. Wilson; Cambridge, Mass.: The Belknap Press of Harvard University Press, © 1992 by Edward O. Wilson.)

wissenschaftlich von großer Bedeutung war, blieb es weitgehend unbemerkt. Edward Wilson meinte dazu einige Jahre später: »Wenn die Astronomen jenseits des Pluto einen neuen Planeten entdecken würden, stünde die Nachricht auf der ganzen Welt in den Schlagzeilen. Bei der Entdeckung, daß die Welt des Lebendigen reichhaltiger ist als vermutet, ist das nicht der Fall, obwohl sie für die Menschheit viel wichtiger ist.«[12]

Seit Erwin seine Entdeckung bekanntgab, wächst das Interesse an der nicht beantwortbaren Frage. Auch diesmal war es kein koordiniertes Unternehmen, sondern es kam von Biologen, die unabhängig voneinander auf ihren eigenen Forschungsgebieten arbeiteten. So behauptet beispielsweise David Hawksworth vom International Mycological Institute im englischen Kew, die derzeitige Schätzung von 69000 Pilzarten liege um mindestens das Zwanzigfache zu niedrig. Wie er zeigen konnte, kommen in den Lebensräumen Europas auf jede Art von Gefäßpflanzen etwa sechs Pilzarten; und da man ungefähr 300000 solche Pflanzenspezies kennt, gibt es demnach vermutlich 1,8 Millionen Pilzarten. Und wenn noch mehr Pflanzenarten entdeckt werden, dürfte auch diese ohnehin hohe Zahl weiter steigen. Ähnliches gilt für die Nematoden, so Peter Hammond vom Museum of Natural History in London. Heute kennt man etwa 15000 Arten der winzigen Fadenwürmer. Die Gesamtzahl der Arten dieser allgegenwärtigen Parasiten, die auf Tieren und Pflanzen sowie selbständig in Salz- und Süßwasser leben, dürfte sich nach Hammonds Berechnungen auf ungefähr 300000 belaufen.

Solchen und anderen Schätzungen zufolge liegt die Gesamtzahl der Arten bei fast 50 Millionen, und selbst diese Zahl ist vielleicht noch zu niedrig. Robert May kommt in einer Berechnung, die er »kühn, aber nicht unbegründet« nennt, sogar auf 100 Millionen Arten. Er stützt sich dabei auf die Vorstellung, daß »auf jede Spezies von den beiden artenreichsten Organismengruppen, den Gliedertieren und den Gefäßpflanzen, zumindest ein Fadenwurm, ein Protozoon, ein Bakterium und ein Virus kommen, die allein bei ihr schmarotzen«.[13] In jedem Fall dürfte heute klar sein, daß die meisten Arten, seien es nun insgesamt 30, 50 oder 100 Millionen, in den

Ein Nest des Bleßhuhns *Fulica chloropus* (Linnaeus). Aus dem Museum Rouen.

Ameisen kehren vom Kampf heim.

Die Vogelspinne *Mygale avicularia* tötet einen Kolibri.
(Maria Sibylla Merian)

Der Laufkäfer *Calosoma inquisitor* verfolgt einen Bombardierkäfer (*Brachinus crepitans*), der sich beim Rückzug verteidigt.

Tropen leben und sehr unauffällig sind. Die Welt der großen Wirbeltiere und Pflanzen, die wir täglich erleben, stellt nur einen Bruchteil der Vielfalt des Lebendigen dar. Wir erkennen die *Gestalt* der Vielfalt mit relativ wenigen großen und vielen kleinen Organismen, und wir wissen, daß dies unter anderem mit dem Energiefluß in den ökologischen Gemeinschaften zu tun hat. Aber das *Ausmaß* der Vielfalt können wir aus solchen Grundregeln nicht ableiten; es gibt in Ökologie und Evolutionsbiologie keine theoretische Grundlage für die Behauptung, die Erde könne bei der derzeitigen Verteilung der Kontinente eine, zehn, 30, 50 oder 100 Millionen Arten am Leben erhalten.

Alle diese Angaben über die Artenzahl sind mit großen Unsicherheiten behaftet, denn sie gründen sich immer auf eine Art Hochrechnung aufgrund von Freilandmessungen. Manche Berechnungen werden sich zwangsläufig als falsch erweisen, wenn sich herausstellt, daß die Verhältnisse zwischen den Artenzahlen (beispielsweise zwischen Pilzen und Pflanzen) in verschiedenen Gegenden der Erde unterschiedlich sind. Dennoch ist es der vernünftigste Weg, um zu Angaben über Artenzahlen zu gelangen. Die Biologen haben ungefähr 230 Jahre gebraucht, um drei Viertel von einer Million Insektenarten zu identifizieren und zu beschreiben; wenn es tatsächlich, wie Erwin schätzt, 30 Millionen gibt, hätten die Insektenspezialisten bei Beibehaltung der bisherigen Arbeitsweise noch Beschäftigung für etwa 10000 Jahre. Die vollständige Erfassung aller Pflanzen Nord- und Südamerikas würde die Systematiker – ebenfalls bei der bisherigen Arbeitsgeschwindigkeit – etwa 400 Jahre lang mit Beschlag belegen, so eine Schätzung des Leiters der botanischen Gärten in Kew, Ghilean Prance.

Die Insekten- und Pflanzenspezialisten zählten nicht einfach nur Arten, sondern sie beschrieben sie auch. Hinter jedem Katalogeintrag verbirgt sich eine einzigartige Lebensform, ein Erbe aus Hunderten von Jahrmillionen der Evolution, in der wir nur ein kleiner Teil sind. Aber die Zahl der Einträge ist jämmerlich klein, und sie zu steigern, ist eine gewaltige Ausgabe, gemessen an den Mitteln, welche die abendländische Wissenschaft ihr bisher gewidmet hat. Es wirft schon ein betrübliches Licht auf den Wert, den wir der gewaltigen Vielfalt hier auf Erden beimessen, wenn May sagen muß: »Wir sind uns in der Größenordnung einer Zehnerpotenz unsicher, mit wie vielen Arten wir den Globus teilen.«

Sollen wir, wie Edward Wilson fordert, »nichts Geringeres anstreben als eine vollständige Zählung, einen kompletten Katalog des Lebens auf der Erde«?[14] Ein solches Unternehmen wäre kostspielig, sicher, aber der Aufwand wäre geringer als der für die Sequenzierung des menschlichen Genoms, die 150 Millionen Dollar im Jahr verschlingt, oder für den Bau einer Weltraumstation, die insgesamt auf etwa 30 Milliarden Dollar kommt. Als Direktor der kenianischen Naturschutzbehörde, die ein knappes Jahr nach meiner Amtsübernahme in »Naturschutzdienst« umgetauft wurde, erlebte ich Tag für Tag, was es kostet, auch nur die auffälligsten Arten zu schützen. Und ich kann deutlich erkennen, daß eine Summe von beispielsweise 100 Millionen Dollar vielen Ländern helfen würde, die sich angesichts einer wachsenden Bevölkerung mit dem Schutz der na-

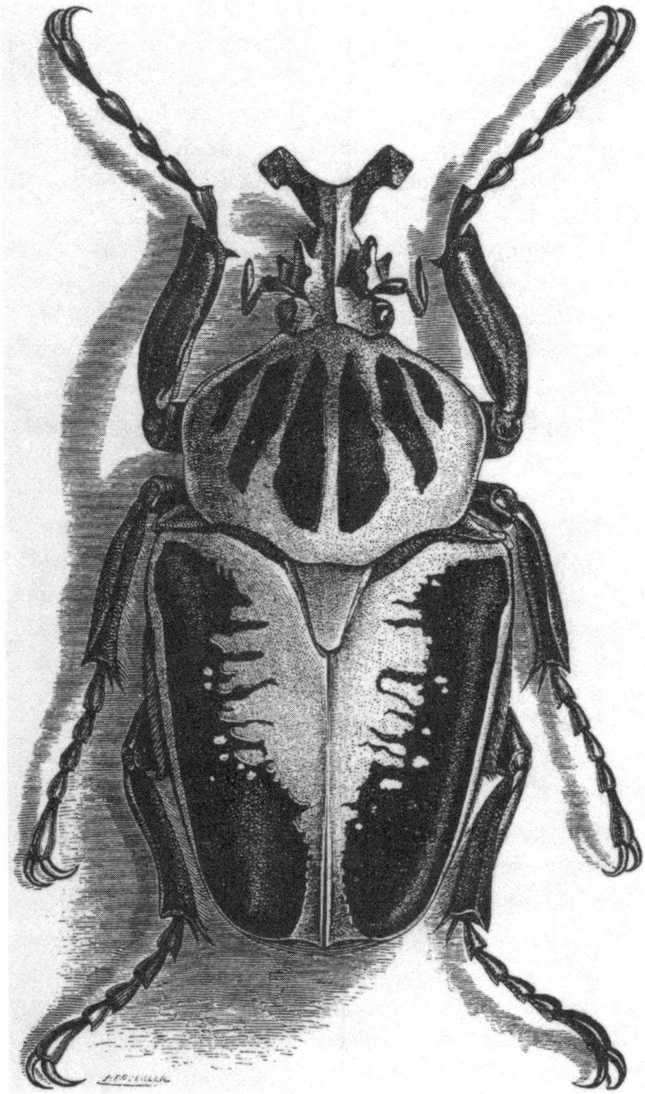

Der Goliathkäfer *Golianthus giganteus*.

türlichen Tierwelt herumschlagen. Aber Wilsons ehrgeiziges Ziel ist lohnend: lohnend für die Wissenschaft und lohnend für die Menschheit. Als krönender Abschluß der Evolution, als vernunftbegabte Spezies haben wir die moralische Verpflichtung, soviel wie möglich über die »endlose Zahl der schönsten Formen« zu wissen, mit denen wir unsere Erde teilen.

8 Vom Wert der Vielfalt

Wenn Ökologen heutzutage über die biologische Vielfalt reden, fühlen sie sich dauernd verpflichtet, ihren Wert zu rechtfertigen. Vor einem Vierteljahrhundert empfand man diese Verpflichtung noch nicht: Damals machte sich kaum jemand die Mühe, überhaupt über das Thema zu sprechen, und deshalb tauchte die Frage nach dem Wert erst gar nicht auf. Noch früher, ungefähr um die Jahrhundertwende, war der Wert der Vielfalt ebenfalls kein Thema, aber aus anderen Gründen. Das Kaleidoskop der Arten, die in ihrer Gesamtheit die Vielfalt ausmachen, galt als integraler Bestandteil des Lebens. Die Naturforscher staunten darüber, welche Kreativität sich darin offenbarte, ob sie es nun als Erzeugnis der Hand Gottes oder als Produkt der Evolution ansahen. Heute aber ist die Diskussion um die biologische Vielfalt »zu einer kleinen Industrie geworden«, um eine Formulierung des Biologen David Ehrenfeld von der Rutgers University zu gebrauchen. Er meint: »Dutzende sitzen zu Hause vor ihren Computern und wälzen wirtschaftliche, philosophische und wissenschaftliche Argumente für und gegen die Erhaltung der biologischen Vielfalt.«[1]

Für diese veränderte Einstellung gibt es mehrere Gründe. Wichtig sind insbesondere die größeren Kenntnisse über Komplexität der Natur, die ungefähr im Laufe der letzten zehn Jahre aus dem Heranreifen der ökologisch orientierten Evolutionsforschung erwachsen sind. Die Ökologie, die ihre Wurzeln in den scharfsichtigen Beobachtungen vieler Naturforschergenerationen hat, setzte sich erst ungefähr in den letzten 50 Jahren als eigenes Wissenschaftsgebiet durch, vorangetrieben von Pionieren wie Charles Elton, G. Evelyn Hutchinson und Robert MacArthur. Noch jünger ist die Verbindung zwischen Evolutionsbiologie und Ökologie, die uns als eine ihrer wichtigsten Folgen die Fähigkeit verschafft hat, unsere Umwelt vor dem Hintergrund des ständigen Wandels zu betrachten. In dem einzelnen Lebewesen sehen wir heute kein isoliertes Naturphänomen mehr, das unsere Wertschätzung verdient, sondern einen Bestandteil der Ökosysteme, die sich gemeinsam weiterentwickeln. Die biologische Vielfalt ist demnach der Ausdruck dieses allgemeinen Wandels; die Mechanismen, die ihrer Entstehung zugrunde liegen, bergen immer noch viele Rätsel, aber wir verstehen die Abläufe heute bereits viel besser als früher. Staunend stehen wir vor ihrer Raffiniertheit und ihren Verflechtungen. In einem gewissen Sinn haben wir durch unser eher mechanistisches Verständnis für die Artenvielfalt die im 19. Jahrhundert verbreitete Ehrfurcht der Forscher vor der Natur wiedergewonnen, und wir messen dem, was wir sehen, einen Wert bei, aber diesmal im Zusammenhang der Wissenschaft.

Daß die Ökologen heute so viel über den Wert der biologischen Vielfalt reden, hat aber auch einen ganz aktuellen Grund: Seit einiger Zeit wissen wir, daß sie zunehmend von der Vernichtung bedroht ist. Man will nicht nur wissen, welche Folgen dieser Verlust hat – das ist die Umkehrung der Frage nach dem Wert –, sondern man will auch Argumente dafür finden, der Zerstörung Einhalt zu gebieten. Das Gespenst des Artensterbens, verursacht vor allem durch die Zerstörung der Lebensräume im Interesse des industriellen und landwirtschaftlichen Wachstums, die beide aus der fortgesetzten Bevölkerungszunahme erwachsen, wird immer stärker hervortreten, wenn wir uns den letzten Abschnitten des vorliegenden Buches nähern. In diesem Kapitel möchte ich mich mit der Frage beschäftigen, wie man den Wert der biologischen Vielfalt in seinen verschiedenen Formen ermessen kann, nachdem man ihre Gefährdung immer stärker erkannt hat. Wie wir gesehen haben, gibt es auf der Erde heute etwa 50 Millionen Arten. Was macht es schon, wenn wir einige davon verlieren?

Darauf hätten die Naturforscher des 19. Jahrhunderts geantwortet: Es macht etwas aus, weil jede Art ein Teil des Ganzen ist und weil wir sie wegen ihres Beitrages zum Ganzen hochschätzen sollten. Auch heute empfinden viele Ökologen ähnlich, aber die Diskussion um den Wert wird in einem ganz anderen Ton geführt. Da die Bedrohung der Vielfalt aus der Welt der materiellen Mittel erwächst, haben auch die Ökologen ihre Antworten zunehmend in materielle Begriffe gefaßt.

Holz- und Bergbaufirmen wissen, wie viele Dollars sie zusammenraffen können, wenn sie unter Zerstörung der natürlichen Lebensräume Bäume abholzen oder Mineralien aus dem Boden holen. Das gleiche gilt für Viehzüchter, die Wälder für kurze Zeit in Weideland verwandeln. Die von David Ehrenfeld erwähnte »kleine Industrie« richtet ihre Aufmerksamkeit zum größten Teil auf den Geldwert der Lebensräume, die verschwinden würden, wenn man sie kommerziell ausbeutete. Wenn sich zeigen läßt, daß der Schutz von Arten und Ökosystemen mehr Gewinn verspricht als ihre Zerstörung, besteht ein starker Anreiz, sich entsprechend zu verhalten – so wird zumindest behauptet. »Die Leute fürchten, ausgelacht zu werden, wenn sie ihre Ängste und Bedenken nicht in dieser Sprache vortragen«, meint Ehrenfeld dazu.[2] Deshalb haben die Ökologen es zugelassen, daß der Rahmen für die Diskussion über den Wert der biologischen Vielfalt im wesentlichen von der Wirtschaft gesetzt wird. Nachdem sie auf diese Weise die Einladung in die Höhle des Löwen angenommen haben, besteht nun die Gefahr, daß sie zur Beute des Löwen werden.

Das Problem, der biologischen Vielfalt einen Wert beizumessen, ist höchst kompliziert, und wie ich als Direktor des kenianischen Naturschutzdienstes tagtäglich erfahren mußte, spielen wirtschaftliche Erwägungen dabei tatsächlich eine Rolle. Der örtlichen Bevölkerung geht es zum Beispiel in allererster Linie ums Überleben. Diese Menschen müssen also sehen und erleben, daß ihnen die Erhaltung der Parks mit der einheimischen Tierwelt wirtschaftlichen Nutzen bringt; wie könnte man sonst erwarten, daß sie das Land nicht als Weiden oder zum Nutzpflanzenanbau verwenden? Solche sehr realen Sorgen kann man auf unterschiedliche Arten handhaben, und es gibt viele Meinungsverschiedenheiten darüber, wie man am besten damit umgeht. Aber wirtschaftliche Gesichtspunkte können und dürfen nicht allein den Rahmen der Diskussion bilden. Ich möchte diesen Rahmen untersuchen. Das Gelände, auf dem ich mich dabei bewege, ist denen, die in den letzten Jahren die Aufmerksamkeit auf die biologische Vielfalt gelenkt haben, teilweise vertraut. Andere Überlegungen sind jedoch neu, und manche davon haben eine Menge mit meiner eigenen Leidenschaft der letzten drei Jahrzehnte zu tun: mit der Frage nach der Stellung des *Homo sapiens* in der Natur. Wir sind ein Produkt der Evolution, und als solches sind wir nur eine unter den vielen Arten, die das komplexe globale Gebilde der Biosphäre ausmachen.

Ich unterscheide grundsätzlich zwischen drei Wegen, der biologischen Vielfalt einen Wert beizumessen. Der erste gehört voll und ganz in das Gebiet der Wirtschaft, auf das ich bereits angespielt habe. Er beinhaltet den greifbaren Nutzen, den wir aus unserer Umwelt beziehen können, beispielsweise Nahrung, Rohstoffe und Medikamente. Der zweite Profit ist im herkömmlichen Sinn weniger handfest, aber ebenso wichtig: Er besteht in der Aufrechterhaltung der physikalischen Umweltbedingungen mit den Kreisläufen von Gasen, chemischen Verbindungen und Feuchtigkeit. Das hat mit der Gesunderhaltung der globalen Umwelt zu tun, auf die wir und alle anderen Arten angewiesen sind, um zu überleben. Noch weniger greifbar ist der dritte Aspekt des Wertes: die ästhetische Befriedigung, die jeder einzelne Mensch tagtäglich daraus bezieht, daß er die Vielfalt des Lebens um sich herum erlebt. Wie andere vor mir bin ich überzeugt, daß es hier nicht nur um abstrakte Erfahrungen geht, sondern um etwas, das zutiefst mit dem Menschsein zu tun hat. Die Wertschätzung für die biologische Vielfalt und die seelische Abhängigkeit von ihr gehören zur biologisch vorgegebenen Psyche des *Homo sapiens* und sind Produkte einer langen Evolution. Wenn die biologische Vielfalt durch künstliche oder natürliche Einflüsse verkümmert, verkümmert auch ein grundlegender Bestandteil der menschlichen Existenz.

Der Zusammenhang zwischen biologischer Vielfalt und Wirtschaft war in den letzten Jahren der bestuntersuchte Aspekt der Bewertung; ich möchte ihn deshalb hier recht kurz abhandeln. Wie bereits erwähnt, haben sich Wirtschaftswissenschaftler mit Elan in diese Debatte gestürzt und Argumente zusammengetragen, die man als zwingend bezeichnen kann. Wo man Dollarbeträge nennen konnte, sehen sie oftmals überzeugend aus, und Argumente, die sich auf Zahlen gründen, sind im abendländischen Denken und Reden bekanntermaßen von entscheidender Bedeutung. Man erkennt sofort, daß sie stichhaltig sind, und wenn die Zahlen stimmen, überzeugen sie. Aber wer die biologische Vielfalt auf dieser Diskussionsebene verteidigt, kann in mehrere Fallen laufen.

Unter den drei direkt greifbaren Produkten, die wir der Vielfalt des Lebens um uns herum verdanken – Nahrung, Rohstoffe und Arzneimittel –, ist die Nahrung am offenkundigsten, und sie hat natürlich auch die längste Geschichte. Bis vor etwa 10000 Jahren lebten die Menschen überall auf der Welt in kleinen Horden; sie ernährten sich unter den verschiedenartigsten Umweltbedingungen als Jäger und Sammler, wie es ihre Vorfahren schon seit mindestens 100000 Jahren getan hatten. (Die Wurzeln dieser Art der Existenzsicherung reichen in der Evolution mindestens zwei Millionen Jahre weit zurück.) Von der eisigen Tundra bis zum tropischen Regenwald, von den Wiesen gemäßigter Breiten bis zur ausgedörrten Savanne, von den Meeresküsten bis zu Hochebenen bedienten sich die Menschen unzähliger natürlicher Nahrungsquellen. Die Ernährung war meist recht vielseitig und spiegelte die kenntnisreiche Ausnutzung all dessen wider, was die Natur in ihrer üppigen Vielfalt bot. Vor 10000 Jahren begannen die Menschen mit der Entwicklung der Nahrungsmittelproduktion, das heißt mit der Landwirtschaft; die Grundlage bildeten dabei ihre Erfahrungen, was man anbauen oder einsperren konnte. Durch künstliche Kreuzung – anfangs zufällig, später gezielt – stieg der Nährwert mancher Pflanzen und Tiere. Das hatte zur Folge, daß immer weniger Arten einen immer größeren Anteil an der Ernährung der Menschen hatten. Heute liefern etwa 20 Pflanzenarten 90 Prozent der (pflanzlichen) Lebensmittel in den Mägen der Weltbevölkerung. Und nur drei, nämlich Mais, Reis und Weizen, stellen mehr als die Hälfte aller geernteten Nutzpflanzen.

Diese erstaunliche Produktionsleistung einer derart kleinen Gruppe von Pflanzenarten kann man als Triumph der modernen Landwirtschaft ansehen, und tatsächlich wurde sie oft als solcher gepriesen. Aber diese Vorstellung steht auf tönernen Füßen, denn die Konzentration der Pflanzenproduktion auf wenige Arten und damit eigentlich auf die Monokultur macht die Landwirtschaft anfällig für Krankheiten, die riesige Schäden anrichten können. Wenn ein Krankheitserreger eine Mutation durchmacht, gegen die sich die heutigen Kulturformen nicht schützen können, richtet er Verheerungen an, wie sie in einer vielseitigen Landwirtschaft nicht möglich sind. Dieses einfache, logische Argument können sogar Wirtschaftsfachleute verstehen, und allmählich tun sie das auch. In den letzten Jahren gab es immer mehr Bemühungen zur Einbeziehung von Nutzpflanzensorten, die früher unbeliebt waren.

Ein Reservoir für solche Versuche bilden die etwa 7000 Arten, die man seit Beginn der geschichtlichen Aufzeichnungen als Nutzpflanzen gezüchtet hat, aber mindestens 35000 weitere, vielleicht sogar doppelt so viele, sind eßbar und stehen für die Nutzung zur Verfügung. Eine solche Fülle zu mißachten ist töricht, denn manche dieser Pflanzen können möglicherweise auch unter widrigen Umweltbedingungen gedeihen und widerstehen Krankheitserregern, die für die herkömmlichen Nutzpflanzen tödlich sind. So haben zum Beispiel wilde Mais- und Tomatensorten, die mit Kulturformen gekreuzt wurden, in den letzten Jahren zu Umwälzungen in der Lebensmittelindustrie geführt. Die Geschichte der Entdeckung dieser Arten ist heute bei Biologen und Landwirtschaftsfachleuten bereits zu einer Legende geworden. In beiden Fällen kamen die Wildformen nur in kleinen Populationen vor, die rein zufällig oder durch Wirtschaftsentwicklung und Lebensraumzerstörung hätten aussterben können; vielleicht wären sie auch einfach aus Unwissen unbemerkt geblieben. Die Fachliteratur ist voll von ähnlichen, wenn auch etwas weniger spektakulären Beispielen. Einfach gesagt, sollte man die biologische Vielfalt in ihrem derzeitigen Ausmaß als Res-

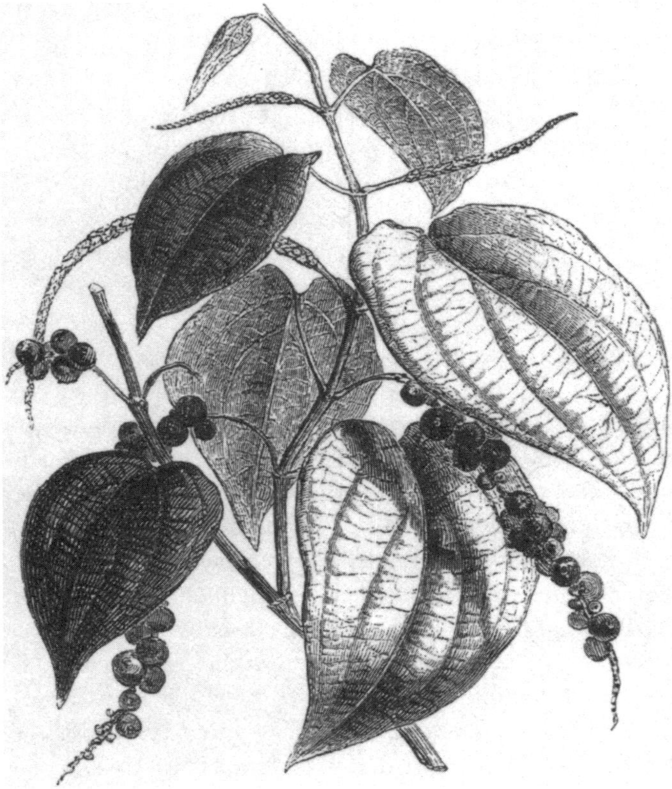

Der schwarze Pfeffer *Piper nigrum* (Linnaeus).

source bewerten, aus der man in Zukunft schöpfen und eine vielfältigere, nachhaltige Landwirtschaft gestalten kann.

Mir geht es hier um die Nutzung der Wildformen als eigenständige Nutzpflanzen, für die es gewaltige Möglichkeiten gibt, und um ihren Nutzen als Kreuzungspartner, mit dessen Hilfe man vorhandenen Sorten nützliche Eigenschaften wie Krankheitsresistenz verleihen kann. Die in jüngster Zeit stark verfeinerten Hilfsmittel der Molekularbiologie haben die Möglichkeiten zur landwirtschaftlichen Nutzung der genetischen Ressourcen wilder Pflanzen stark erweitert. Vor etwa zehn Jahren verdeutlichte der Botaniker Thomas Eisner von der Cornell University diese neuen Aussichten mit einem graphischen Vergleich. Eine Art, so sagte er, ist wie ein Buch. Seine Seiten sind die Gene, jedes ein Reservoir genetischer Information, die das Produkt vieler Millionen Jahre der Evolution darstellt. Es ist aber kein gebundenes Buch, dessen Seiten einen festen Stapel bilden, sondern eher ein Loseblattwerk, »dessen einzelne Seiten, die Gene, für die gezielte Übertragung und die Abwandlung anderer Arten zur Verfügung stehen«. Die Landwirtschaftsfachleute müssen sich heute nicht mehr darauf beschränken, die nützlichen Wirkungen der Gene nur zwischen eng verwandten Arten zu übertragen. Durch die Gentechnik stehen die unzähligen genetischen Bibliotheken, die sich seit der kambrischen Explosion nebeneinander entwickelt haben, im Prinzip für den unbegrenzten Informationsaustausch zwischen nicht miteinander verwandten Arten offen. Jedesmal wenn eine Art ausstirbt, wird dieses Potential geringer, und unsere Kindeskinder können es nie wieder erweitern.

Welcher Anteil der heutigen landwirtschaftlichen Produktion mit früher unbeliebten Arten erzielt wird, läßt sich unmöglich mit handfesten Zahlen angeben, aber er liegt mit Sicherheit bei über einer halben Milliarde Dollar im Jahr. Und wer kann schon voraussagen, wie es sich auf die Standard-Lebensmittelproduktion auswirkt, wenn man beispielsweise die Buritipalme nutzt, oder die Baumtomate, die Goabohne, die grüne Iguana, die Vicuña und viele, viele andere wilde Pflanzen- und Tierarten, die jeweils eigenständige Nahrungsquellen und außerdem ein reichhaltiges Reservoir der verschiedensten Gene darstellen? Manche dieser Arten könnte man in großer Zahl züchten, wie es in der Standard-Landwirtschaft üblich ist, aber viele entnimmt man ihren natürlichen Lebensräumen am besten in kleinen Stückzahlen. Die Idee, exotische Arten in ihren natürlichen Lebensräumen in begrenztem Umfang zu nutzen, ist unter Ökologen heftig umstritten. Die Vertreter der einen Seite meinen, man könne Ökosysteme am besten erhalten, wenn die Menschen sich durch begrenzte Nutzung ihrer Ressourcen den Lebens-

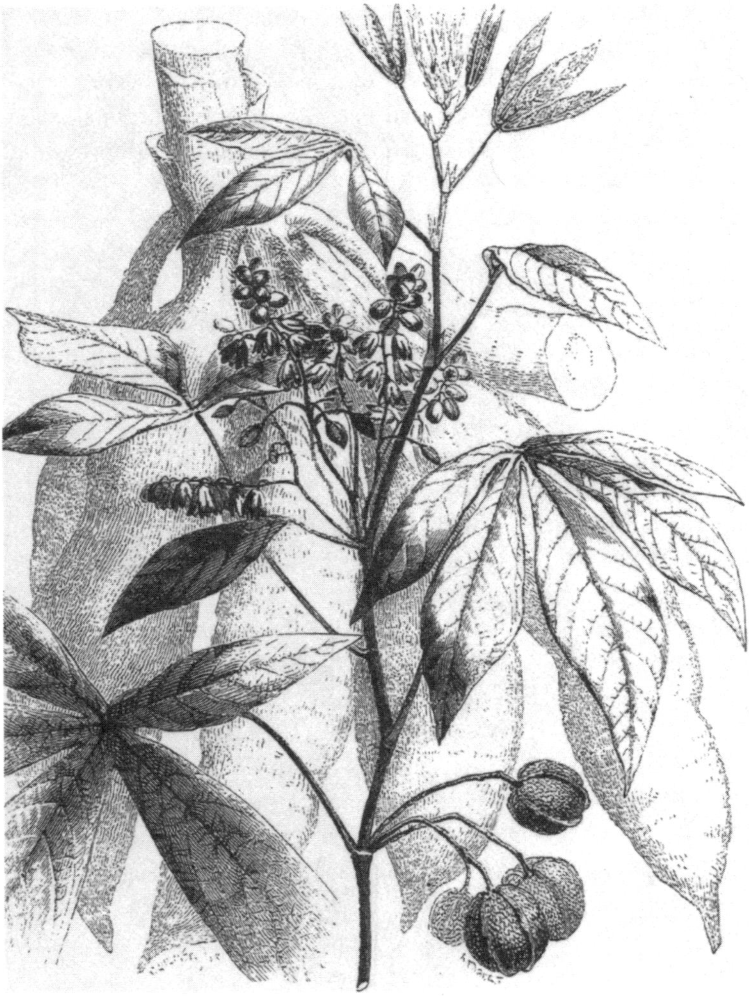

Die Maniokpflanze *Manihot utilissima* (Pohl). Naturvölker nutzen eine Riesenzahl von Pflanzen zur Ernährung oder als Arznei. In den Industrieländern nutzt man heute nur eine Handvoll Arten, aber die Natur bietet noch eine gewaltige Fülle von Möglichkeiten; sie alle sind bedroht, wenn die großen Wälder abgeholzt werden.

Louis Leakey mit einem Schädel des *Homo habilis* aus der Olduvaischlucht in der Hand. Im Vordergrund erkennt man einen Kiefer von Zinjanthropus; rechts steht ein Gorillaschädel.

Die Familie Leakey in den fünfziger Jahren. Von links nach rechts: Richard, Mary, Philip, Louis und Jonathan mit ihren ständigen Begleitern, den Dalmatinern. (Copyright L. S. B. Leakey Foundation.)

Wiwaxia corrugata, eines der rätselhaften Geschöpfe aus dem Burgess-Schiefer. Das Tier ist etwa zweieinhalb Zentimeter groß. Walcott hielt es für einen Vorfahren der Borstenwürmer. (Simon Conway Morris, University of Cambridge.)

Pikaia gracilens, das älteste bekannte Wirbeltier und der Vorfahre aller Wirbeltiere einschließlich des Menschen, war schmal und etwa fünf Zentimeter lang. Walcott benannte es nach dem Berg Pika in der Nähe der Burgess-Fundstelle und hielt es für einen Borstenwurm. (Simon Conway Morris, University of Cambridge.)

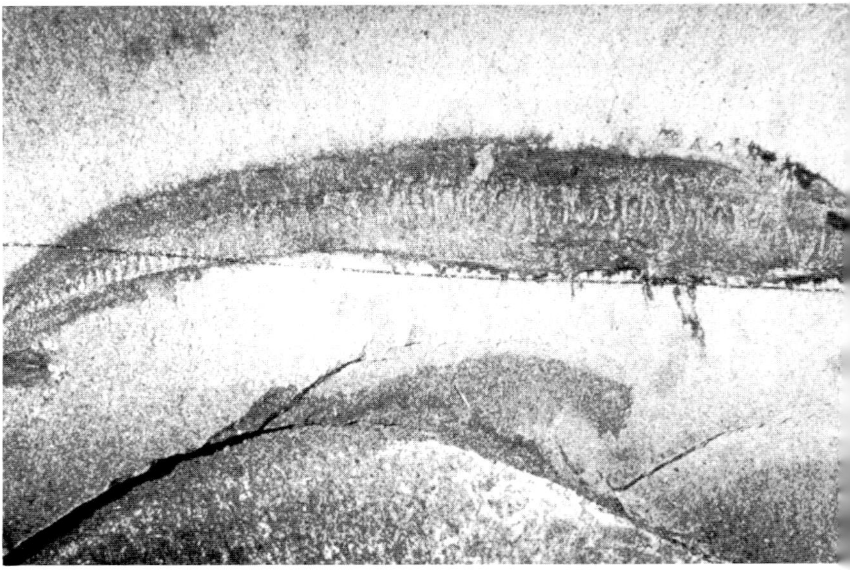

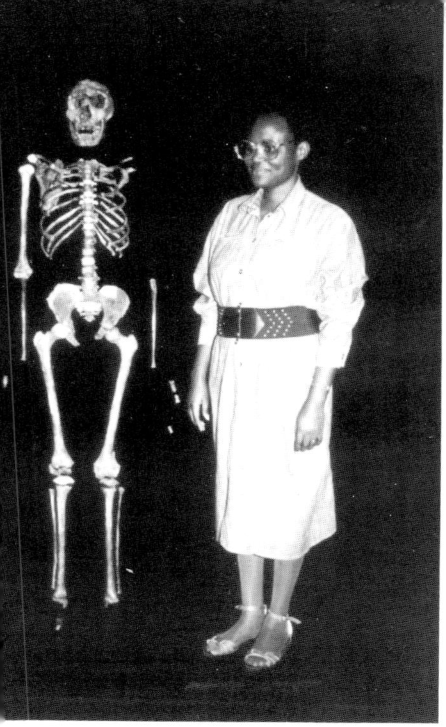

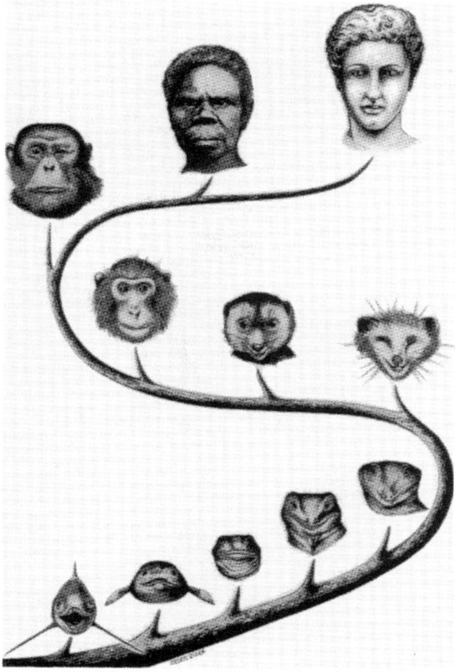

oben links: Emma Mbua, die Kuratorin für Hominidenfossilien am Museum von Nairobi, neben dem 1,6 Millionen Jahre alten Skelett des Jungen von Turkana; der Vertreter der Spezies *Homo erectus* starb mit neun Jahren. Emma ist 1,60 m groß. (Mit freundlicher Genehmigung von Alan Walker.)

oben rechts: Viele frühe Evolutionsdiagramme zeigen einen stetigen Aufstieg zu immer höher entwickelten Formen mit dem Menschen an der Spitze. Diese Abbildung stammt aus dem Buch *Our Face from Fish to Man* von William K. Gregory, das 1929 erschien. (Copyright 1929, G. P. Putnam & Sons.)

links: Säugetiere sind zwar ein besonders reizvoller Teil der heutigen Vielfalt des Lebens, aber es gibt nur 4000 Arten von ihnen.

Der Moa-nalos oder *Ptaiochen pau*, ein großer, flugunfähiger, gänseähnlicher Vogel, gehört zu den vielen ausgestorbenen Vogelarten auf Hawaii. Seine Knochen kann man in Lavahöhlen auf der Insel Maui finden. (Mit freundlicher Genehmigung von Julian Hume / Smithsonian Institution.)

Die Galapagos-Riesenschildkröten waren vom Aussterben bedroht, zunächst weil die Walfänger sie im vorigen Jahrhundert verspeisten, und später durch die räuberischen eingeschleppten Ratten, welche die Eier fraßen. (Mit freundlicher Genehmigung von Roger Lewin.)

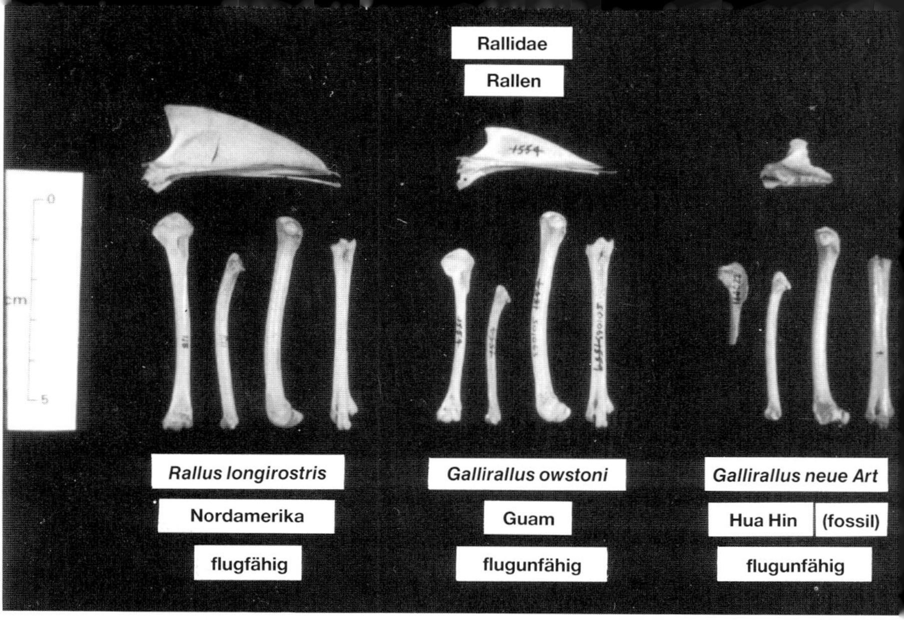

Nachdem man auf den pazifischen Inseln Zehntausende von Vogelknochen entdeckt hatte, erkannte man, daß ein erheblicher Anteil der dort lebenden Arten nach der Erstbesiedelung durch die Polynesier ausgerottet wurde. Zuvor hatte man geglaubt, die Lebenswelt der Inseln sei bis zum ersten Kontakt mit Europäern in einem ursprünglichen Zustand gewesen.

Die hohe Dichte der Elefanten im Amboseli-Nationalpark führte dort zeitweilig zu erheblichen ökologischen Schäden. Aber viele Faktoren sorgen auch für die Stabilität der Lebensräume; Amboseli ist in dieser Hinsicht keine Ausnahme. (Mit freundlicher Genehmigung von Roger Lewin.)

Dieser entsetzliche Anblick bot sich früher in Kenia häufig: Wilderer haben einen Elefanten getötet und die Stoßzähne abgehackt. Das Verbot des internationalen Elfenbeinhandels war ein wichtiger Faktor, um dem Morden Einhalt zu gebieten. (Mit freundlicher Genehmigung von Joyce Poole.)

Am frühen Nachmittag des 18. Juli 1989 hielt Daniel arap Moi, das Staatsoberhaupt Kenias, eine brennende Fackel an 2500 benzingetränkte Elefantenstoßzähne und vernichtete so Elfenbein im Wert von drei Millionen Dollar. Etwa 850 Millionen Menschen auf der ganzen Welt wurden Zeugen der kostspieligen Verbrennung, entweder unmittelbar am Fernsehschirm oder in den folgenden Tagen durch Zeitungs- und Zeitschriftenberichte. Während der Scheiterhaufen noch rauchte, gab Leakey dem amerikanischen Fernsehsender ABC ein Interview für die Morgensendung »Good Morning America«. Seine Botschaft war einfach: Kauft kein Elfenbein, sonst sind die Elefanten bald ausgestorben. (Mit freundlicher Genehmigung von Joyce Poole.)

Der Lebensraum im Amboseli-Park macht dramatische Zyklen des Wandels durch: Manchmal ist es dort sehr feucht, dann wieder staubtrocken. (Mit freundlicher Genehmigung von Joyce Poole.)

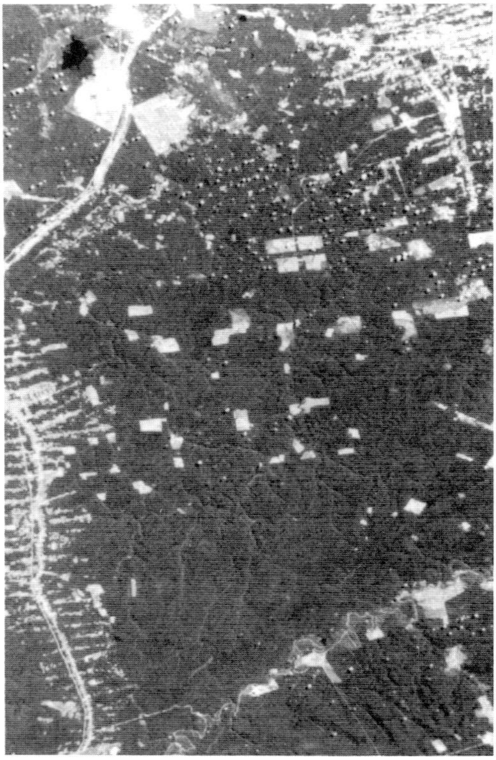

In dieser Satellitenaufnahme des brasilianischen Regenwaldes erkennt man, wie die Lebensräume durch Rodung zerstückelt wurden. Durch diese Teilentwaldung sterben unverhältnismäßig viele Arten aus. (Mit freundlicher Genehmigung von David Skole.)

Durch die Zerstörung der tropischen Regenwälder, die man meist kurzfristig als Acker- oder Weideland nutzen will, sterben pro Tag bis zu 100 Arten aus. (Mit freundlicher Genehmigung von Thomas Lovejoy / Smithsonian Institution.)

unterhalt sichern können. Das ist die Vorstellung von der Bewahrung durch Benutzung, die auch ich nachdrücklich befürworte. Andere behaupten, jeder menschliche Einfluß schädige die Ökosysteme, und man könne sie nur erhalten, wenn man den ursprünglichen Zustand (was das auch heißen mag) aufrechterhält, indem man alle Berührungen und jede Nutzung vermeidet.

Charles Peters, Alwyn Gentry und Robert Mendelsohn, drei Vertreter der erstgenannten Denkschule, untersuchten vor kurzem das wirtschaftliche Potential eines Hektars tropischen Regenwaldes in Peru. Gewöhnlich mißt man den Wert eines solchen Lebensraumes in der Holzmenge, die man daraus ein einziges Mal gewinnen kann. Aber Holz ist nicht der einzige wertvolle Rohstoff im Regenwald. Neben vielen Nährstoffreserven gibt es dort Öle, Latex und Fasern (und, nicht unmittelbar zugänglich, Arzneistoffe). Auf dem einen Hektar in Peru, den Peters und seine Kollegen untersuchten, wuchsen 842 Bäume, die zu 275 Arten gehörten. (Auf einer vergleichbaren Fläche in gemäßigten Klimazonen ist höchstens ein halbes Dutzend Baumarten zu Hause.) Aus dieser Artenvielfalt erwachsen umfangreiche, vielseitige Nutzungsmöglichkeiten:

Peters und seine Kollegen berechneten den Wert der verschiedenen Nahrungsmittel, Öle und anderer marktfähiger Materialien aus dem Wald mit 400 Dollar im Jahr. Aber das ist eine nachhaltige Ausbeute, die sich jedes Jahr wiederholen läßt, und damit berechnet sich der derzeitige Nettowert (nach den Maßstäben der Wirtschaftswissenschaft) auf über 6000 Dollar. Nimmt man noch das Abholzen einzelner, ausgewählter Bäume hinzu, kommt man auf einen Wert von 6820 Dollar. Zum Vergleich: Bei völligem Abholzen der gesamten Fläche (der üblichen Praxis) erlöst man etwa 1000 Dollar für das Holz, und 3000 Dollar ergeben sich im Laufe vieler Jahre durch die Nutzung als Weide für Rinder. »Die nachhaltige Nutzung der nicht auf Holz gegründeten Ressourcen ist ohne Zweifel die unmittelbarste und gewinnbringendste Methode, um Nutzung und Erhaltung des Amazonas-Regenwaldes zu vereinbaren«, schrieben Peters und seine Kollegen 1989 in einem Bericht über ihre Arbeiten in der Zeitschrift *Nature*.[3] Was dabei allerdings nicht ohne Bedeutung ist:

Wenn man einen Hektar Wald abholzt und das Holz an Papierfabriken und Sägewerke schickt, ist der Erlös von 1000 Dollar sofort da. Bei nachhaltiger Nutzung ergibt sich der gleiche Erlös erst im Laufe von zweieinhalb Jahren. Dieser Unterschied mag gering erscheinen, aber oft ist nicht der langfristige Gewinn, sondern kurzfristiger Profit der entscheidende Maßstab.

Die Berechnungen für den Wert einer nachhaltigen Nutzung des Waldes wurden einmal als zu hoch, ein anderes Mal als zu niedrig kritisiert, und das könnte bedeuten, daß sie ungefähr stimmen. Wie dem auch sei: Wie das Beispiel zeigt, ist die Berechnung des Wertes von Regenwäldern in der alleinigen Währung des Holzes im besten Fall kurzsichtig und im schlimmsten kriminell und zerstörerisch. Entscheidend ist auch hier, daß sich der Wert des richtig genutzten Waldes aus der Artenvielfalt dieser ökologischen Lebensgemeinschaft ergibt. Die Argumente von Wirtschaftswissenschaftlern wie Julian Simon von der University of Maryland, wonach das Land wertvoller wird, wenn man es abholzt und statt dessen beispielsweise Plantagen der dort nicht heimischen Eukalyptusbäume anpflanzt, sind nachweislich falsch.

Unter allen Formen des potentiellen wirtschaftlichen Nutzens, der sich in der bestehenden biologischen Vielfalt und insbesondere im Artenreichtum der Regenwälder verbirgt, haben die Arzneistoffe in jüngerer Zeit die meiste Aufmerksamkeit auf sich gezogen, und das mit gutem Grund. Die Anthropologen wissen schon seit langem, daß die einheimische Bevölkerung einen großen Teil der sie umgebenden Pflanzenwelt nutzt, und zwar nicht nur zur Ernährung, sondern auch zur Heilung von Krankheiten. Ich habe das selbst in meinem Heimatland und insbesondere bei den Massai beobachtet, und gelegentlich habe ich auch selbst die bakterientötende, entzündungshemmende Wirkung des Saftes genutzt, den man aus Sansevierien pressen kann, dickblättrigen Pflanzen, die in den Trockengebieten Kenias gedeihen. Die traditionelle Heilkunde, die seit jeher pflanzliche Arzneien verwendet und lange als seltsam und mystisch galt, ist in jüngerer Zeit in der abendländischen Medizin zu einem Leitfaden für die Entwicklung wirksamer neuer Medikamente geworden. An den derzeit in den Industrieländern gebräuchlichen pharmazeutischen Präparaten haben solche mit pflanzlicher Herkunft einen beträchtlichen Anteil (etwa 25 Prozent). Nicht das unwichtigste derartige Erzeugnis ist das Aspirin: Diese bescheidene Verbindung, ursprünglich das Produkt einer Weidenart, ist der meistverwendete pharmazeutische Wirkstoff der Welt. Weitere 13 Prozent der Medikamente in den Industrieländern werden aus den Produkten von Mikroorganismen hergestellt, und drei Prozent gehen auf Tiere zurück; damit steigt der Anteil der von Lebewesen stammenden Medikamente in der modernen High-Tech-Medizin auf fast 50 Prozent.

Viele dieser Arzneien, beispielsweise das Penicillin, gibt es schon seit Jahrzehnten, und wir betrachten sie als selbstverständlich, als reine historische Zufälligkeit. Andere, so die Alkaloide Vincristin und Vinblastin aus dem Madagaskar-Immergrün, sind neuere Errungenschaften. Die beiden Wirkstoffe, die rein zufällig entdeckt wurden, heilen Patienten mit lymphozytärer Leukämie und Hodgkin-Lymphom, zwei ansonsten tödlichen Krebserkrankungen. Die Geschichte der Immergrünpflanze und ihres Nutzens für die abendländische Medizin ist ein Beispiel für die gute und schlechte Seite bei der Nutzung natürlicher Ressourcen als Quelle für wirksame Medikamente.

Pflanzen sind vielseitige chemische Fabriken; sie produzieren ein riesiges Spektrum von Molekülen, die sie auf vielerlei Arten nutzen: Manche gehören zum alltäglichen Stoffwechsel der Pflanze, andere dienen der Abwehr natürlicher Feinde. Die Pflanzenalkaloide sind beispielsweise ein wirksames Mittel zur Abschreckung gefräßiger Pflanzenfresser. Die heute auf der Erde lebenden Pflanzen, insgesamt etwa 250000 Arten, die in Hunderten von Jahrmillionen der Evolution unter den vielfältigsten Umweltbedingungen entstanden sind, beherbergen ein praktisch unendlich großes Arsenal von Alkaloiden und anderen nützlichen Verbindungen. Vincristin und Vinblastin sind nur zwei von etwa 60 Alkaloiden, die von der unauffälligen Immergrünpflanze gebildet werden, und sie allein retten schon Tausenden von Menschen das Leben und bringen im Jahr einen

Nettoumsatz von fast 200 Millionen Dollar. Die geretteten Menschen zeigen, welchen Wert es hat, wenn man die Angebote der Natur nutzt. Das ist die gute Seite der Geschichte vom Immergrün. Die schlechte: Madagaskar, das Land, in dem die Pflanze zu Hause ist, hat keinen Pfennig von den Gewinnen erhalten, welche die Pharmafirmen mit der Ausbeutung seines genetischen Erbes erzielen.

Madagaskar, eine exotische Insel im Indischen Ozean, kann sich einer außerordentlich reichen Tier- und Pflanzenwelt rühmen, die es zu einem großen Teil ausschließlich hier gibt. Die Bevölkerung wäre sicher eher bereit, die umfangreiche Zerstörung der Regenwälder zu vermindern oder ganz einzustellen, wenn sie einen Gewinn darin sähe, die Natur zu erhalten – beispielsweise als mögliche Quelle von Einnahmen für die dort entdeckten Arzneistoffe. Das genetische Erbe eines Landes ist ebenso eine nationale Ressource wie seine Bodenschätze, und Firmen aus den Industrieländern, die diese Ressource zur Gewinnerzielung ausnutzen, müssen angemessen dafür bezahlen. Wie ich zu meiner Freude beobachten konnte, entwickeln sich mittlerweile, während die Pharmaunternehmen der Industrieländer ihre Anstrengungen zur Entdeckung medizinischer Wirkstoffe in der tropischen Pflanzenvielfalt verstärken, immer mehr gleichberechtigte Partnerschaften. Als der Pharmariese Merck 1992 zusagte, an Costa Rica im Laufe von zwei Jahren eine Million Dollar für das Recht zur Suche nach möglichen Wirkstoffen in den vielfältigen Wäldern des Landes zu zahlen, war das ein erster Schritt in die richtige Richtung. Andere folgen inzwischen diesem Beispiel.

Vor zehn Jahren gab die Pharmaindustrie der USA jährlich mehr als vier Milliarden Dollar für die Erforschung und Entwicklung synthetischer Arzneistoffe aus. Zur gleichen Zeit lag der Umsatz mit verschreibungspflichtigen Medikamenten, die unmittelbar auf Pflanzenprodukte zurückgingen, bei dem doppelten Betrag, also bei ungefähr acht Milliarden. Dennoch gab es damals bei keiner einzigen Firma ein Forschungsprogramm zur Suche nach neuen Wirkstoffen in höheren Pflanzen. Das hat sich mittlerweile geändert, nachdem die abendländische Wissenschaft erkannt hat, daß Pflanzen raffinierte chemische Erzeuger sind und daß die traditionelle Medizin nicht nur wunderlich ist. Heute beteiligen sich viele Großfirmen und mehrere staatliche Forschungsinstitutionen an der Suche, und man kann damit rechnen, daß die Liste der neuen natürlichen Arzneistoffe länger werden wird. Von dem Nachweis, daß eine Substanz pharmakologisch wirksam ist, bis zu ihrem Einsatz als Medikament vergehen natürlich viele Jahre, aber auf längere Sicht stellen solche Arzneien einen gewaltigen Geldwert dar. Und diesen Geldwert kann man den ökologischen Lebensgemeinschaften auf der ganzen Welt zumessen, die in ihrer Gesamtheit die biologische Vielfalt der Erde ausmachen.

Als Quellen neuer oder verbesserter Nutzpflanzen, Rohstoffe und Arzneimittel haben die Lebensräume der ganzen Welt zweifellos einen gewaltigen Wert, den man in Dollarbeträgen ausdrücken und in Diskussionen mit Wirtschaftsfachleuten als Argument anführen kann. Manche Ökologen haben sich aber dem derzeitigen Trend widersetzt, den natürlichen Lebensräumen einen Geldwert beizumessen und auf diese Weise die Herausforderungen von Julian Simon und anderen Wirtschaftswissenschaftlern anzunehmen. Der Botaniker Hugh Iltis von der University of Wisconsin, der Entdekker einer Tomatenart, die in den letzten zehn Jahren einen Reingewinn von 80 Millionen Dollar brachte, vertrat diese Haltung auf einer großen Tagung über biologische Vielfalt sehr nachdrücklich: »Ich habe keine Nachsicht mehr mit Entwicklungspolitikern, Wirtschaftsleuten und ›Menschenfreunden‹, die von uns Biologen verlangen, wir sollten hier und heute schlüssig ›beweisen‹, welchen ›Wert‹ die Artenvielfalt hat und wie ›schädlich‹ die Abholzung des Regenwaldes ist«, sagte er. »Statt dessen sollten sie, die Geldgeber der rücksichtslosen Zerstörung, der Welt erst beweisen müssen, daß eine Pflanzen- oder Tierart oder ein exotisches Ökosystem *nicht* nützlich und *nicht* ökologisch bedeutsam sind, bevor die Gesellschaft es billigt, die Art auszurotten oder das Ökosystem zu zerstören.«[4] Privat sind viele Ökologen der gleichen Meinung wie Iltis, aber da sie sich verpflichtet fühlen, den Wirtschaftsleuten mit deren eigenen Begriffen gegenüberzutreten, messen sie die Bedeutung von Ökosystemen in der Öffentlichkeit lieber in Dollar, um so den Wert der Artenvielfalt zu verteidigen. Es ist eine angstbesetzte Taktik.

Die Dollarzahlen mögen überzeugend wirken, aber sie können nie völlig gesichert sein und reichen allein nicht aus, um den Wert der biologischen Vielfalt zu begründen. Wer könnte ernsthaft behaupten, die Zukunft der gerade beschriebenen materiellen Vorteile hänge davon ab, daß alle 250000 Pflanzenarten auf Dauer erhalten bleiben? Natürlich wissen wir nicht, in welchen dieser Arten sich die Heilung für Aids oder die Gene für wichtige neue Nutzpflanzen verbergen, aber auch die halbe Anzahl wäre immer noch eine riesige genetische Bibliothek, aus der wir jeden gewünschten Nutzen ziehen könnten, wenn wir uns nur genügend anstrengen. Und wie sieht es mit den Arten aus, die keine Aussicht auf materiellen Nutzen bieten? Haben sie keinen Wert? Im wirtschaftlichen Bereich nicht. David Ehrenfeld formulierte es so: »Wenn ich zu den vielen gehören würde, die Artenvielfalt ausnutzen und zerstören, dann könnte ich mir für meine Gegner, die Naturschützer, nichts Besseres wünschen als ein Festbeißen an der Frage der Bewertung.«[5]

Der Wert im herkömmlichen Sinn ändert sich mit dem Verhältnissen auf der Welt. Federkiele hatten früher einen erheblichen wirtschaftlichen Wert, weil sie allgegenwärtige Schreibgeräte waren. Heute ist das nicht mehr der Fall. Der Wert der Pflanzen als Quelle neuer Arzneistoffe könnte von heute auf morgen auf Null sinken, wenn neue Wege der Medikamentenentwicklung erfunden werden. Seit es die realistischen Computersimulationen der theoretischen Chemie gibt und Chemikalien unter kontrollierten Bedingungen eine »Evolution« durchmachen können, steht die pharmazeutische Industrie möglicherweise schon heute auf der Schwelle einer Revolution, welche die tropischen Regenwälder in diesem Sinn als wertlos erscheinen lassen könnte. Damit hätten die Ökologen auf einmal ein stichhaltiges Argument für die Wichtigkeit der Wälder weniger, so daß die Wirtschaft siegt. Ehrenfeld meint dazu: »Legitimieren wir nicht vielleicht sogar die Auslöschung der Artenvielfalt, indem wir ihr einen Wert beimessen – einen Vorgang, in dem das erste Gesetz lautet: Das Kriterium bei wichtigen Entscheidungen ist das meßbare Kosten-Nutzen-Verhältnis in Dollar oder Mark. Auch dieser Gedanke kommt uns nicht... Wenn wir darauf beharren, überall einen Wert festzulegen, wo man nach einem Wert fragen sollte, dann bleibt schließlich, wenn sich der Wirbel gelegt hat, nur noch unsere Gier übrig.«[6]

Ich stimme diesen Überlegungen und Gefühlen zu, aber ich möchte nicht behaupten, der wirtschaftliche Aspekt spiele keine Rolle. Wer tagtäglich in der realen Welt für den Naturschutz verantwortlich ist, wie ich es war, kann sich wirtschaftlichen Gesichtspunkten nicht entziehen. Ein Ökosystem – Nationalpark oder Naturschutzgebiet – hat beispielsweise einen Wert für den Tourismus, und es muß den Menschen, die darin oder in seiner Nähe leben, materiellen Nutzen bringen, denn sonst haben sie keine Motivation, es zu erhalten. Aber der Versuch, Ökosystemen im herkömmlichen wirtschaftswissenschaftlichen Rahmen einen Wert in Dollar oder Mark beizumessen, ist töricht und zum Scheitern verurteilt.

Angenommen, Julian Simon und seine Gesinnungsgenossen hätten recht mit ihrer Vermutung, wonach der wirtschaftliche Wert des Landes steigt, wenn man aus den Regenwäldern Baumplantagen oder Weideland macht. Angenommen, die pharmazeutische Industrie hat in Kürze keine Verwendung mehr für die chemischen Produkte von Hunderten von Millionen Jahren der Evolution. Bliebe den Ökologen dann überhaupt kein Argument, mit dem sie die Artenvielfalt verteidigen könnten? Doch. Unsere Abhängigkeit von Naturprodukten als Nahrung und Rohstoffe ist zwar offenkundig, aber wir ziehen aus der uns umgebenden Natur auch einen weniger direkten, deshalb aber keineswegs weniger wichtigen Nutzen. Die Biologen Anne und Paul Ehrlich von der Stanford University sprechen von den »Hilfsdiensten des Ökosystems«. Unsere Abhängigkeit von den Pflanzen-Lebensgemeinschaften der Welt, die eine lebenserhaltende Umwelt überhaupt erst ausmachen, ist so grundlegender Natur, daß es fast peinlich ist, sie als Argument für den Wert der Artenvielfalt anzuführen. Aber Julian Simon vermutet, die Vernichtung der tropischen Wälder werde keinen Schaden anrichten; meint er damit wirklich, die Auslöschung von über der Hälfte aller Arten auf der Erde – nicht nur der Pflanzen, sondern auch der Tiere – werde keine Auswirkungen auf die Funktionsfähigkeit der globalen Lebensgemeinschaften haben? Es scheint so.

Seit fast einer Milliarde Jahren enthält die Erdatmosphäre große Mengen an Sauerstoff und Kohlendioxid; sie entstanden anfangs ausschließlich durch die Photosynthesetätigkeit der Meeresbewohner, später auch durch ähnlich funktionierende Lebewesen an Land. Vom Land stammt auch die Triebkraft für den weltweiten Wasserkreislauf; so pumpt beispielsweise ein einziger Baum des Regenwaldes während seines Lebens fast zwölf Millionen Liter Wasser aus dem Boden in die Luft. Von diesem ständig ablaufenden Vorgang in den unzähligen Bäumen entlang des Äquators hängt die Verteilung der Regenmenge auf der ganzen übrigen Erde ab. Die Wälder sind die Lunge unseres Planeten. Aber Bäume leben in den Tropen wie in gemäßigten Breiten nicht isoliert. Dänische Wissenschaftler zählten vor kurzem in ihrem Heimatland unter nur einem Quadratmeter Waldboden etwa 46000 kleine Regenwürmer und ihre Verwandten, zwölf Millionen Fadenwürmer und 46000 Insekten. Ein Gramm des gleichen Bodens enthielt über eine Millionen Bakterien eines Typs, 100000 Hefezellen und 50000 Bruchstücke von Pilzen.

Solche Zahlen entziehen sich dem unmittelbaren Begriffsvermögen, aber die Zahlen selbst sind nicht das Wichtige. Wir sehen darin nicht nur eine Überfülle von Lebensformen, sondern ein reichhaltiges Geflecht von Wechselwirkungen, ein lebendes Netzwerk, und dieses Netzwerk *ist* das Ökosystem. Gegen Ende seines Werkes *Die Entstehung der Arten* zeichnet Darwin ein anschauliches Bild davon, wie dieses Wechselspiel in der Evolution entstanden ist: »Es ist interessant beim Anblick eines Fleckchens Boden, das mit vielen verschiedenartigen Pflanzen bedeckt ist, wo Vögel in den Büschen singen, zahlreiche Insekten durch die Luft schwirren und Würmer auf dem feuchten Boden kriechen – es ist interessant dabei zu bedenken, daß alle diese so merkwürdig gebildeten Formen, welche so verschieden voneinander und doch in so komplizierter Weise voneinander abhängig sind, durch Gesetze hervorgebracht wurden, die noch rund um uns wirksam sind.«[7]

Vor nicht allzu langer Zeit kam ein überraschendes Beispiel für diese Wechselwirkungen ans Licht: Die Biologen erkannten, daß die allgegenwärtigen Bodenbakterien für das tägliche Überleben der höheren Pflanzen unentbehrlich sind. In enger Symbiose mit den Pflanzenwurzeln leben zahllose Pilzfäden; sie machen lebenswichtige Mineralstoffe zugänglich, ohne welche die Pflanze absterben würde. In jedem lokalen Ökosystem auf der Erde leben Mikroorganismen, höhere Pflanzen, Wirbellose und Wirbeltiere in einem labyrinthartigen Geflecht gegenseitiger Abhängigkeiten; in enger Partnerschaft schaffen und erhalten sie die physikalische Umwelt mit den Gasen der Atmosphäre, der Zusammensetzung des Bodens und chemischen Verbindungen. Jedes Ökosystem ist ein zusammenhängendes Ganzes, keine Ansammlung von Arten, die isoliert nebeneinander existieren. Und ein Baustein in diesem System gegenseitiger Abhängigkeit ist der *Homo sapiens*.

Vor etwa 20 Jahren trieb der britische Chemiker und Erfinder James Lovelock die Vorstellung von der gegenseitigen Abhängigkeit der Ökosysteme noch einen Schritt weiter, indem er sie auf die globale Ebene übertrug. Nach seiner Idee, Gaia-Hypothese genannt, sind letztlich alle Ökosysteme der Erde voneinander abhängig: Sie wirken als Ganzes und sind untrennbar mit der physikalischen Umwelt verflochten. Und eine Folge dieser gegenseitigen Abhängigkeit war die Entstehung und Aufrechterhaltung der physikalischen Bedingungen, die für das Leben notwendig sind. Manche Anhänger der Gaia-Hypothese denken die Theorie weiter bis zu der Annahme, alles Leben auf der Erde sei ein einziger großer Organismus, der das Ziel hat, sich selbst zu erhalten. Diese Vorstellung war der Grund, warum die Theorie von den Biologen nicht ernstgenommen wurde – sie erschien allzu mystisch. In jüngerer Zeit haben einige Ökologen jedoch das mystische Drumherum durchdrungen und eingeräumt, daß Lovelock recht hatte: So wie die Ökosysteme durch die Wechselwirkungen ihrer einzelnen Arten lebensfähig bleiben, ergibt sich auch die Gesundheit der globalen Umwelt aus den Wechselwirkungen aller ihrer Ökosysteme.

Wenn wir die biologische Vielfalt richtig einschätzen wollen, ist

Wie man erst vor kurzem entdeckte, sind Pflanzenwurzeln von einem dichten Geflecht aus Pilzfäden umgeben, die ihnen Nährstoffe liefern. Dies ist ein Beispiel für die Wechselbeziehungen zwischen den Lebewesen, die einen zentralen Gesichtspunkt der früheren und heutigen biologischen Vielfalt darstellen.

die Gaia-Theorie von tiefgreifender Bedeutung. Ihr Urheber sagte bei einer wichtigen Tagung zu dem Thema: »Wir müssen die Existenz der tropischen Regenwälder nicht länger mit dem dürftigen Argument verteidigen, daß in ihnen vielleicht Pflanzen leben, deren Inhaltsstoffe Krankheiten des Menschen heilen könnten. Die Gaia-Theorie zwingt uns zu erkennen, daß die Regenwälder weit mehr bieten: Mit ihrer Fähigkeit, große Mengen Wasser zu verdunsten, verhelfen sie unserem Planeten zu einem Sonnendach aus weißen, reflektierenden Wolken, das ihn kühl hält. Diese Wälder durch Kulturland zu ersetzen, könnte eine Katastrophe weltweiten Ausmaßes heraufbeschwören.«[8] Von den Prophezeiungen globaler Katastrophen einmal abgesehen, wurde der Kern der Gaia-Theorie mittlerweile vielfach überprüft und bestätigt. Nicht nur der Wasserkreislauf, sondern das Gleichgewicht vieler chemischer Zyklen ergibt sich nachgewiesenermaßen unmittelbar aus dem Funktionieren der Ökosysteme. Obwohl über die Theorie immer noch vielfach in mystischen Begriffen geredet wird, ist Gaia in den Bereich der ernsthaften Wissenschaft gerückt, und wir sind gezwungen, ihre Folgerungen zur Kenntnis zu nehmen.

Die Aufrechterhaltung der physikalischen Bedingungen, die Leben in der uns bekannten Form möglich machen, ist also davon abhängig, daß die Lebensgemeinschaften der Erde als zusammenhängendes Ganzes funktionieren. Was können wir über diese Erkenntnis hinaus noch über die Artenvielfalt sagen? Um eine Frage, die ich bereits aufgeworfen habe, in einem anderen Zusammenhang noch einmal zu wiederholen: Brauchen wir alle 50 Millionen lebenden Arten, damit Gaia weiterhin funktioniert? Würden 100000 Pflanzenarten anstelle der heute bekannten Viertelmillion für diese Aufgabe nicht ausreichen? Und sind die 600000 Käferarten wirklich notwendig?

Die Ökosysteme der Erde werden als Ganzes funktionieren, solange jedes davon erhalten bleibt, insbesondere angesichts gelegentlicher Störungen in Form von Stürmen oder Bränden. Wenn diese Beständigkeit – oder Stabilität – sich auf ein Fundament eines breiten Artenspektrums gründen muß, kann man der biologischen Vielfalt, wie wir sie heute erleben, einen hohen Wert beimessen. Erfordert die Stabilität aber keinen derartigen Artenreichtum, ist eine solche Bewertung unmöglich. (Natürlich könnte die biologische Vielfalt nicht nur wegen der Stabilität der Ökosysteme, sondern auch aus anderen Gründen unentbehrlich sein.) Die Gleichsetzung von Vielfalt und Stabilität wird in der Ökologie seit Jahren diskutiert, ohne daß es – insbesondere zwischen Freilandforschern und Theoretikern – zu einer Einigung gekommen wäre. Möglicherweise steht die Lösung aber kurz bevor.

Die Freilandbiologen vertreten seit jeher die Ansicht, die komplexen Wechselwirkungen zwischen den Arten in den Ökosystemen seien für deren Stabilität wichtig. Diese Überzeugung gründete sich mehr auf Intuition denn auf bewiesene Tatsachen, und zwar aus zwei Gründen: Erstens sind ökologische Experimente in freier Natur von berüchtigter Schwierigkeit; solche Unternehmen haben, was den Kraft- und Zeitaufwand angeht, meist einen entmutigenden Umfang. Wie kann man ein Ökosystem nach den eigenen Wünschen umgestalten, die richtigen Kontrollen einrichten und dann ein halbes Jahrhundert auf Ergebnisse warten? Es gab also nur wenige echte Beobachtungen, auf die man sich mit der Beurteilung stützen konnte. Und zweitens kommt in jedem Freilandbiologen, der sich intensiv mit einem Ökosystem beschäftigt, ein sehr reales Gespür dafür auf, daß jede Einzelheit eine Bedeutung für das Ganze hat. Dieses Gefühl »aus dem Bauch« beeinflußte lange Zeit das Denken der Biologen, aber Anfang der siebziger Jahre schienen dann theoretische Modelle die Annahme nahezulegen, daß Ökosysteme um so stabiler sind, je weniger Arten sie umfassen. Die Kernaussage dieser Modelle, die insbesondere von Robert May in Oxford entwickelt wurden, lautete: Je mehr Bestandteile ein System hat, desto mehr kann schiefgehen. Und wenn die Bestandteile eng verflochten sind, kann ein Fehler in einem Teil des Systems das Ganze zusammenbrechen lassen. Auf der einen Seite die Intuition, auf der anderen stichhaltige mathematische Modelle. Das Patt blieb viele Jahre lang bestehen.

Im weiteren Verlauf der Diskussion fragten sich die Biologen immer wieder: Wenn die Ökosysteme keine derart breite Artenvielfalt brauchen, warum gibt es dann so viele Arten? Es kristallisierten sich zwei Ansichten heraus: die »Nieten-« und die »Überfluß-Hypothese«. Die erste wurde von den Ehrlichs entwickelt und besagt, daß jede Art zum Funktionieren des Ökosystems einen kleinen, aber wichtigen Beitrag leistet, wie eine der vielen Nieten, die ein Flugzeug zusammenhalten. Durch den Verlust einiger Arten wird das Ganze – wie beim Bruch von ein paar Nieten – zwar geschwächt, aber das muß nicht unbedingt gefährlich sein. Setzt sich der Verlust jedoch fort, droht die Katastrophe, insbesondere wenn das System starke Belastungen aushalten muß – wenn also das Ökosystem störenden Umwelteinflüssen ausgesetzt ist oder wenn das Flugzeug in Turbulenzen gerät. Die Überfluß-Hypothese formulierte der australische Ökologe Brian Walker: Danach sind die meisten Arten überflüssig – sie entsprechen eher den Passagieren des Flugzeugs und nicht den Nieten, die es zusammenhalten. Nur einige entscheidende Arten, so die Theorie, sind für ein gesundes Ökosystem wirklich notwendig, und diese Schlüsselrolle könnten mehrere der vielen Arten in dem Ökosystem spielen. Welches Modell ist richtig?

James Lovelock griff mit eigenen theoretischen Überlegungen in die Diskussion ein; in einer Computersimulation konstruierte er Daisyworld (die »Gänseblümchenwelt«), ein Miniatur-Ökosystem. Nach den Befunden, die er mit Daisyworld erzielte, ist ein Ökosystem um so stabiler, je mehr Arten es umfaßt. Das schien für einen unmittelbaren Zusammenhang zwischen biologischer Vielfalt und Stabilität zu sprechen, also für die Nieten-Hypothese. Die Theoretiker waren nicht ohne weiteres bereit, Lovelocks Schlußfolgerungen anzuerkennen, aber als 1993 und 1994 die Ergebnisse neuer ökologischer Experimente bekannt wurden, konnten sie sich diesen Befunden nicht verschließen. Unabhängig voneinander untersuchten Wissenschaftler in England und in den Vereinigten Staaten, wie sich die Artenvielfalt auf Produktivität und Stabilität der Ökosysteme auswirkt.

Die Produktivität ist einfach die Menge an lebender Substanz, die ein Ökosystem in einem bestimmten Zeitraum hervorbringen kann. Sie ist für die Landwirtschaft ebenso wichtig wie für natürliche Ökosysteme. Michael Swift, ein Biologe, der im Rahmen des bodenbiologischen Forschungsprogramms der Vereinten Nationen in Kenia arbeitete, konnte überzeugend nachweisen, wie nützlich die Artenvielfalt in landwirtschaftlichen Systemen ist. Die Produktivität eines Maisfeldes steigert man am besten, indem man zusätzlich Melonen, Bäume und stickstoffixierende Bohnen anpflanzt, und nicht indem man immer mehr Mais herausholt. John Lawton und seine Kollegen stellten mit ihren Experimenten an der Außenstation des Imperial College in England ebenfalls fest, daß die Produktivität sich durch Artenvielfalt steigern läßt. Ihr Befund erscheint schon auf den ersten Blick sinnvoll. Die Individuen einer einzigen Art konkurrieren um die gleichen Ressourcen, insbesondere um Platz. Angehörige verschiedener Arten dagegen, manche kleiner, andere mittelgroß, wieder andere sehr groß, haben den Vorteil, daß sie den Raum unter sich aufteilen können. So wird ein größerer Teil des verfügbaren Platzes genutzt, es können mehr Individuen leben, und die Produktivität ist größer.

Ist das die Erklärung für die große Artenvielfalt in den meisten natürlichen Ökosystemen? Nur bis zu einem gewissen Punkt, denn darüber hinaus steigt die Produktivität kaum noch. So ist beispielsweise die Vielfalt der Baumarten in ostasiatischen Wäldern sechsmal größer als in Nordamerika und achtmal größer als in Europa, aber die Produktivität ist in allen drei Regionen ähnlich. Die Produktion ist also nur ein Teil der Antwort. Der andere dürfte mit der Stabilität zu tun haben.

Eine der sicherlich wichtigsten Entdeckungen seit langem machten David Tilman von der University of Minnesota und John Downing von der University of Montreal: Sie fanden eine unmittelbare Verbindung zwischen der Artenvielfalt und der Gesundheit eines natürlichen Ökosystems. In einer Studie, die sich über elf Jahre erstreckte, untersuchten sie die Ökosysteme der natürlichen Graslandschaften in Minnesota, und wie das Schicksal es wollte, erlebte das Gebiet ausgerechnet in dieser Zeit die schlimmste Dürre seit 50 Jahren. Was für die Experimente zunächst nach einer Katastrophe aussah, erwies sich als Glücksfall, denn auf diese Weise wurde der Unterschied zwischen artenreichen Ökosystemen und solchen mit geringer Artenvielfalt deutlich. Wo es viele Arten gab, gingen durch die Trockenheit viel weniger von ihnen verloren, der Produktivitätsrückgang war geringer, und die Systeme erholten sich anschließend schneller. »Unsere Befunde… stützen die Hypothese der Stabilität durch Vielfalt und zeigen, daß die Funktionsfähigkeit der Ökosysteme sich mit der Artenvielfalt ändert,« stellten sie im Januar 1994 in der Fachzeitschrift *Nature* fest. »Unsere Befunde sprechen nicht für die Hypothese von den überflüssigen Arten, denn wir fanden immer deutliche Auswirkungen der biologischen Vielfalt auf die Widerstandsfähigkeit gegen die Trockenheit und auf die Erholung.«[9]

Offenbar gleichen die Arten tatsächlich eher den Nieten in der

Struktur des Flugzeugs und nicht den Passagieren auf ihren Sitzen. Aber wie viele Nieten verlorengehen können, bevor das Ganze in Gefahr gerät, ist auch hier nicht bekannt, und niemand weiß, wie man es herausfinden könnte. Dennoch unterstützen die Biologen in jüngerer Zeit eindeutig die Vorstellung von der Stabilität durch Vielfalt, und damit sprechen sie sich für eine hohe Artenvielfalt aus. Das wissenschaftliche Komitee für Umweltfragen, das zum Umweltprogramm der Vereinten Nationen gehört, trug Anfang 1994 bei einer Sitzung in Kalifornien viele Befunde und Meinungen zu dieser Frage zusammen. Das Gremium hatte den Mut zuzugeben, daß niemand die vollständige Antwort kennt, aber es gelangte zu dem Schluß, daß eine große Artenvielfalt tatsächlich nützlich ist. Einen gewissen Überfluß mag es in manchen Ökosystemen dennoch geben; aber wer will behaupten, das Unwissen sei so weit getilgt, daß wir es wagen könnten, damit herumzuspielen?

Ich hatte immer eine Leidenschaft für die Wildnis und für abgelegene Orte, und ich habe mich immer sehr für Tiere interessiert und sie geliebt. Als Junge wollte ich unbedingt Wildhüter werden, damit ich draußen leben, wilde Tiere einfangen und ein Abenteurerleben führen konnte. Als ich die Leitung des Naturschutzdienstes übernahm, beschäftigte ich mich nicht nur mit den praktischen Fragen des Artenschutzes angesichts der wirtschaftlichen Entwicklung und mit dem täglichen Schrecken, wenn ich die von den Elefantenwilderern angerichteten Schäden sah. Tief in mir wuchs auch eine immer stärkere Leidenschaft für die Natur.

Da ich meine Eltern auf ihrer Suche nach Überresten der Frühmenschen begleitete, erwarb ich schon als Kind ein umfassendes Wissen über Tiere und ihre natürliche Umwelt. Und ich lernte auch, wie man sich in der Wildnis durchschlägt, wie man in einer scheinbar öden Wüste Wasser und Nahrung findet und wie man wilde Tiere aufspürt und einfängt. Unbewußt lernte ich, zu einem Teil der Natur zu werden und sie nicht zu fürchten, sondern zu achten. Es war mir zu jener Zeit nicht klar, aber ich hatte mit meinen Kindheitserlebnissen gewaltiges Glück, denn sie ermöglichten mir die Verbindung mit einem grundlegenden Aspekt der menschlichen Psyche. Der Mehrzahl der Menschen ist diese Verbindung verwehrt, obwohl die meisten von ihnen sich unbewußt danach sehnen.

Etwa 150000 Jahre lang lebten unsere Vorfahren der Spezies *Homo sapiens* unter vielfältigen Umweltbedingungen als Jäger und Sammler. Diese höchst erfolgreiche Art der Existenzsicherung hat ihren Ursprung vor über zwei Millionen Jahren in der Evolution der Gattung *Homo*. Die seit dieser Zeit eingetretene Vergrößerung des Gehirns und die damit einhergehende Entwicklung der menschlichen Psyche spielten sich im Zusammenhang mit dem Leben als Jäger und Sammler ab. Es war ein Leben der engsten Verbundenheit mit der Natur und der größten Abhängigkeit von ihr, das ein empfindliches Gespür für alle Gesichtspunkte der Tier- und Pflanzenwelt erforderte. Unsere Vorfahren sahen in den anderen Arten ihrer Umwelt zweifellos eine Quelle für vielerlei Nahrungsmittel. Sie müssen in dieser Welt viel Staunenswertes erlebt haben – den Abglanz davon sehen wir heute in den Höhlen- und Felsmalereien Europas und Afrikas; und sie wußten auch, daß sie selbst ein untrennbarer Bestandteil dieser vielfältigen Welt waren. Ich habe oft geschrieben, daß wir trotz unserer modernen, technisch orientierten Umwelt nach wie vor den Geist der Sammler und Jäger haben. Instinktiv und ohne bewußt darüber nachzudenken, wußte ich das schon als Junge, wenn ich fasziniert den Erzählungen meines Vaters lauschte und wenn ich furchtlos durch das wilde Gelände der Olduvaischlucht wanderte. Vor 15 Jahren gab Edward Wilson diesem Instinkt einen Namen: Biophilie.

In jüngerer Zeit definierte Wilson die Biophilie als »angeborene emotionale Verbundenheit des Menschen mit anderen Lebewesen«.[10] Damit spricht er von einem tief verwurzelten Zug der menschlichen Psyche, der in den Jahrmillionen der Evolution zu einem Teil unseres gesamten Wesens geworden ist. Er spricht von emotionalen Reaktionen, die das Wesen des Menschseins berühren, das Wesen unserer Entstehungsgeschichte. Manche dieser emotionalen Reaktionen auf die Natur sind auch negativ, so zum Beispiel die Abneigung vieler Menschen gegen Schlangen und sogar gegen die abstrakte *Vorstellung* von Schlangen. Aber meist sind sie positiv. Warum suchen die Menschen so oft in freier Natur Erholung von den Belastungen des Stadtlebens? Warum ist die Besucherzahl in den Zoos der USA und Kanadas höher als bei allen größeren Sportveranstaltungen zusammen? Und warum ziehen die Menschen in ein Haus im Grünen, wenn sie es sich leisten können? Wie der Psychologe Roger Ulrich zeigen konnte, bevorzugen Menschen, denen man die Wahl zwischen dem Anblick einer Stadt und einer ländlichen Szene bietet, in ihrer überwältigenden Mehrheit den letzteren.

Die Vorliebe dürfte aber noch tiefer verwurzelt sein und geht vielleicht bis in unsere frühe Vergangenheit zurück. Läßt man Menschen zwischen verschiedenen Ansichten ländlicher Gebiete wählen, bevorzugen sie in ihrer großen Mehrheit Bilder von Hügellandschaften mit vereinzelten Bäumen, insbesondere wenn die Bäume eine flache Krone haben. Der Ökologe Gordon Orians von der University of Washington sieht darin eine tiefe innere Verbindung zu unseren ostafrikanischen Ursprüngen, denn die bevorzugte Landschaft erinnert an eine baumbestandene Savanne. Manche anderen halten diese Vermutung für an den Haaren herbeigezogen, aber wie die spontane Zuneigung der Menschen zu manchen Tieren und ihre Angst vor anderen schlägt es eine Saite an, die man nicht überhören kann. Unsere Reaktion – negativ oder positiv – auf die natürliche Wildnis ist nach der Biophilie-Hypothese ein unausrottbarer Wesenszug der Menschen. Es ist das Erbe der riesigen Zeiträume, die unsere Vorfahren als Jäger und Sammler durchlebten.

Das Abendland mit seiner hochtechnisierten Zivilisation mißachtet heute die unentbehrliche Verbindung zwischen der Seele des Menschen und der Welt der Natur, und statt dessen liegt das Schwergewicht auf dem Versprechen von Welten jenseits unseres Planeten oder unseres Sonnensystems. Die Verbindung gibt es nach wie vor, aber man ignoriert sie. Andere Kulturen tun das nicht. Vor 50 Jahren schrieb der amerikanische Ureinwohner Luther Standing Bear: »Wir sind der Boden und der Boden ist von uns. Wir lieben Vögel und Tiere, die mit uns auf diesem Boden gewachsen sind. Sie haben dasselbe Wasser getrunken und dieselbe Luft geatmet. In der Natur sind wir alle eins. Da wir daran glaubten, war in unseren Herzen ein großer Frieden und eine bereitwillige Freundlichkeit gegenüber allen lebenden, wachsenden Dingen.«[11] Für die abendländische Kultur ist der *Homo sapiens* nicht nur etwas Besonderes in der Welt (was wir zweifellos in vielerlei Hinsicht sind), sondern er ist auch abgetrennt von dieser Welt. Es ist, als seien wir auf die Erde gestellt worden, fertig und in unserer heutigen Form, damit wir über ihre Geschöpfe herrschen. Das stimmt natürlich nicht, aber es ist nur allzu einfach, den *Homo sapiens* unter dem Gesichtspunkt der Evolution als Endprodukt eines langen Prozesses anzusehen und uns dennoch für etwas Besonderes, Abgetrenntes zu halten. Immerhin gibt es ja in der Schöpfung sonst nichts, was wie wir wäre. Immerhin besteht ja eine gewaltige Kluft zwischen dem Geist des *Homo sapiens* und dem unserer nächsten Verwandten, der afrikanischen Menschenaffen.

Wenn man aber sein ganzes Leben lang versucht, den Entwicklungsweg unserer entfernten Vorfahren von den Menschenaffen bis zum Menschen nachzuzeichnen, verschwindet die Kluft. Es ist nicht nur möglich, die Arten, die uns mit unseren entwicklungsgeschichtlichen Wurzeln verbinden – den *Homo erectus* und den *Homo habilis* –, *körperlich* zu finden und zu identifizieren, sondern wir können uns auch ein Bild von ihrem *Verhalten* machen. Was dabei am wichtigsten ist: Wir können erkennen, in welchem Zusammenhang unsere Evolution sich abgespielt hat, welchen ständigen Wandel es in den Ökosystemen gab, zu denen unsere Vorfahren untrennbar gehörten. Diese enge Verbindung hinterließ ihre Spuren in der menschlichen Psyche, und auf sie spielte Luther Standing Bear instinktiv an. Auch heute erlebt jeder von uns die Verbundenheit, wenn auch vielleicht auf andere, gedämpfte Art. Und mit dem Verbundenheitsgefühl können wir einen anderen Wert in der biologischen Vielfalt sehen, zu der wir heute gehören, einen Wert, der nichts mit dem direkten wirtschaftlichen Nutzen durch Nahrung, Rohstoffe und Arzneimittel zu tun hat, und auch nichts mit den Funktionen der Ökosysteme, von denen unser physisches Überleben abhängt. Der Wert der Arten um uns herum reicht bis in den menschlichen Geist – keine einfache Aussage in einem wissenschaftlichen Zusammenhang, aber dennoch richtig.

Wir können der biologischen Vielfalt einen Wert beimessen, weil sie die menschliche Psyche nährt, den menschlichen Geist, die menschliche Seele.

Gleichgewicht der Natur?

Ökologische Lebensgemeinschaften sind nichts Freundlich-Harmonisches. Sie werden von vielerlei Kräften geformt, manche davon dem Chaos, andere dem Zufall entsprungen. Vor allem sind sie in ständigem, dynamischem Wandel begriffen.

Die Menschen hatten in der historisch belegten Vergangenheit großen Einfluß auf solche Lebensgemeinschaften; daran wird deutlich, wie leicht Ökosysteme durch neu hinzukommende Arten gestört werden.

Die heutige Misere der Elefanten zeigt nicht nur, welche Auswirkungen wir auf die Natur haben können, sondern sie offenbart auch, welche Herausforderung es bedeutet, komplexe ökologische Systeme zu schützen.

9 Stabilität und Chaos in der Ökologie

Auf einer Reise quer über den Globus vom Pol zum Äquator würde man das erkennen, was zusammenfassend als »die unendliche Vielfalt der Natur« bezeichnet wurde. Von der eisigen Tundra zu den Almwiesen der Gebirge, von Wäldern und Feldern der gemäßigten Breiten zu den tropischen Regenwäldern und Savannen würde man ein riesiges Spektrum der verschiedensten ökologischen Gemeinschaften erleben. Diese Unterschiede sind für Nordamerikaner und Europäer ein wichtiger Beweggrund, jedes Jahr in großer Zahl zu uns nach Kenia zu kommen. Der Kontrast zwischen den Lebensgemeinschaften von Pflanzen, Insekten, Vögeln und anderen Tieren in der Heimat und in den bereisten Gebieten ist gewaltig. Das liegt nicht nur daran, daß die Zahl der Arten von den hohen zu den niederen Breiten zunimmt; auch das Wesen der Arten in den Lebensgemeinschaften ändert sich. (In tropischen Ökosystemen findet man keine Eisbären, und große Primaten – vom Menschen einmal abgesehen – gelten nicht als natürlicher Bestandteil der Tierwelt in gemäßigten und polaren Gebieten.) Diese großräumige Verteilung ergibt sich natürlich zum Teil aus der Anpassung der Arten an die örtlichen Umweltbedingungen, insbesondere an Temperatur und Luftfeuchtigkeit. Eine lokale ökologische Lebensgemeinschaft ist also eine Ansammlung von Arten, denen bei allen individuellen Unterschieden eine Anpassung gemeinsam ist: die Anpassung an die Gegebenheiten der örtlichen Umwelt.

Um eine – zwar nicht unendliche, aber doch großartige – Vielfalt zu erleben, muß man aber kein Globetrotter sein. Wo man sich auch auf der Erde befindet, immer ist man von ökologischen Gemeinschaften umgeben, die sich voneinander unterscheiden, und zwar manchmal sehr grundlegend. Ich habe bereits die dramatischen Gegensätze zwischen den Ökosystemen des Rift-Tals in Kenia beschrieben. Auch dort erkennt man ohne weiteres die Ursachen der Vielfalt: Von der Sohle des Tals bis zu den höchsten Punkten seiner Flanken herrschen unzählige Mikroklimata, die den verschiedensten Arten höchst gegensätzliche Lebensbedingungen bieten. Evolution und Anpassung wirken in allen Größenordnungen und schaffen Verteilungsmuster aller Größenordnungen.

Die Ökologie hat unter anderem das Ziel, »die *Muster* der natürlichen Ökosysteme aufzuspüren und die Kausal*prozesse* zu erklären, die ihnen zugrunde liegen«, so eine Formulierung des Ökologen John Wiens von der University of New Mexico. Der wichtigste Prozeß bei dem, was ich bisher beschrieben habe, ist die Anpassung an örtliche Gegebenheiten – das jedenfalls habe ich nahegelegt. Aber wer schon einmal aufmerksam durch einen Wald oder über eine Wiese gestreift ist, der weiß, daß Natur nichts Gleichförmiges, sondern ein Flickenteppich ist. Eine Zeitlang sieht man auf dem Spaziergang immer wieder eine Baumart, die später völlig fehlt; eine Blumenart kommt am südlichen Ende der Wiese nur selten vor, im Norden ist sie häufig. Dieser Flickenteppich der Natur ist ein Flikkenteppich ähnlicher, aber doch unterschiedlicher ökologischer Gemeinschaften. Welche Vorgänge haben *diese* Verteilung geprägt? In den Umweltbedingungen an den beiden Enden der Wiese gibt es keine erkennbaren Unterschiede, warum also sind die Ökosysteme nicht gleich? Vielleicht übersieht auch der aufmerksamste Beobachter, daß es doch entscheidende Unterschiede gibt, beispielsweise in der chemischen Zusammensetzung des Bodens oder im Grundwasserspiegel. Solche Erklärungen sind bei manchen Ökologen sehr beliebt; so schrieb Seth Rice, Biologe an der University of North Carolina, in einem wichtigen Übersichtsartikel: »Alle Umweltbedingungen in allen Ökosystemen sind räumlich und zeitlich wandelbar. Das mosaikartige Bild der Umwelt ist die Folge allgegenwärtiger physikalischer und chemischer Abstufungen.«[1] Mit anderen Worten: Die biologischen Verteilungsmuster werden auf dem Wege der lokalen Anpassung von den Verteilungsmustern der physikalischen Umwelt bestimmt und spiegeln diese wider.

Stimmt das wirklich? Intuitiv erscheint es plausibel und sogar offenkundig, daß Ökosysteme auf diese Weise geformt werden, aber in den letzten Jahren hat sich gezeigt, daß hier auch andere Kräfte mitwirken, Kräfte, die weniger leicht zu erkennen sind und auf den ersten Blick sogar unplausibel erscheinen.

Das Gebiet, auf dem wir uns hier bewegen – die Ökologie der Lebensgemeinschaften –, stellt vermutlich einige der wichtigsten und am wenigsten lösbaren wissenschaftlichen Probleme. Im Kern geht es um eine einzige einfache Frage: Wie wird eine ökologische Gemeinschaft zu dem, was sie ist? Eine Antwort, die sich lange Zeit großer Beliebtheit erfreute, lautet: Die Gemeinschaft ist so, weil sie so sein muß, weil die örtlichen Gegebenheiten es so vorschreiben. Und, was noch wichtiger ist: Die Mitglieder der Gemeinschaft sind dieser Annahme zufolge gemeinsam so eng an die Gegebenheiten angepaßt – und damit auch so abhängig voneinander –, daß eine Gemeinschaft mit anderer Artenzusammensetzung nicht überleben könnte. In dieser Form ist die Aussage vielleicht ein wenig streng formuliert, aber sie gibt das Wesentliche eines großen Teils der derzeitigen ökologischen Denkweise wieder. Im Zusammenhang mit dieser Ansicht über den grundlegenden Aufbau ökologischer Gemeinschaften steht auch die Vorstellung vom »Gleichgewicht der Natur«.

Auch dieser Begriff und seine Folgerungen erscheinen intuitiv vernünftig und sogar beruhigend. Wenn die Ökosysteme so sind, wie sie sein müssen, dann folgt daraus, daß die Natur sie schnell wiederherstellt, wenn sie aus irgendeinem Grund gestört werden. Vor einigen Jahren faßte Fairfield Osborn, der Sohn von Henry Fairfield Osborn, diese Einstellung in seinem Buch *Our Plundered Planet* so zusammen: »Natur mag etwas Schönes sein und ist sogar eine Symphonie, aber über und unter und in ihrem unwandelbaren Wesen, ihren Abständen, ihrer scheinbaren Ruhe und Unveränderlichkeit arbeitet eine aktive, zielgerichtete, koordinierte Maschine.« Die Maschine hält die Gemeinschaften in ihrem Gleichgewichtszustand. Der Ausdruck »Gleichgewicht der Natur« wurde in Ökologen- und Laienkreisen zu einer eindringlichen Metapher für die beobachtete grundlegende natürliche Harmonie, die das Gefühl erweckt, die Welt, die wir erleben, sei richtig. Die Folge war, daß der Ökologie eine Zeitlang der Geruch des Mystischen anhaftete. Aber selbst als die Mystik vor ein paar Jahrzehnten verschwand, blieb der Ausdruck erhalten. Nachdem man ihn aller Vorstellungen von Absicht entkleidet hatte, bezeichnete er die Fähigkeit einer ökologischen Gemeinschaft, sich einer Störung zu widersetzen oder sich von ihr zu erholen, eine Eigenschaft, die man nun auch in den objektiveren Begriff *Stabilität* faßte. Aber ob man nun »natürliches Gleichgewicht« oder »Stabilität« sagt: Wie Stuart Pimm anmerkt, »haben beide Begriffe unverkennbar etwas Verwaschenes«.[2]

Wie sich eine ökologische Gemeinschaft zusammenfindet, ist ebenso eine immer noch unbeantwortete Frage wie die nach dem Verhalten und den Eigenschaften der bestehenden Gemeinschaften. Das sind unglaublich komplizierte Themen, denn sie enthalten viele Variablen (das heißt einzelne Arten), die auf vielerlei Weise in Wechselwirkung treten können – und das Ganze spielt sich unter häufig recht turbulenten physikalischen Umweltbedingungen ab. Deshalb gibt es ein riesiges, eigentlich sogar unendliches Spektrum möglicher Verteilungsmuster, und herauszufinden, warum manche davon sich ausbilden und andere nicht, ist eine entmutigende Aufgabe.

Das alles mag sehr theoretisch klingen, und einerseits besteht auch der starke Drang zu verstehen, wie die Natur funktioniert und woher die biologische Vielfalt stammt, zu der auch wir gehören. Aber diese Kenntnisse sind auch unentbehrlich für unsere Bestrebungen, die biologische Vielfalt zu schützen und den unendlichen Reichtum der Natur zu erhalten. So sollten wir zum Beispiel nicht nur in der Lage sein, die Artenzusammensetzung der Lebensgemeinschaften zu erklären, sondern wir müssen auch verstehen, warum die Populationsgröße der einzelnen Arten innerhalb der Gemeinschaften schwankt. Wir müssen in Erfahrung bringen, warum manche Gemeinschaften für Störungen – besonders für solche, die vom Menschen verursacht werden – anfällig sind, während andere ihnen widerstehen. Wir müssen wissen, warum manche Gemeinschaften sich schnell von Zerstörungen erholen, während das bei anderen sehr lange dauert. Wir müssen herausfinden, warum fremde Arten in manche Gemeinschaften leicht einwandern können, in andere dagegen nicht, und wir müssen die Folgen solcher Verschiebungen einschätzen. Wir müssen verstehen, welche Arten vom Aussterben bedroht sind und welche in ihren jeweiligen Lebensgemeinschaften eine so große Bedeutung haben, daß ihr Verschwinden zu einer Lawine weiterer Aussterbeereignisse führt. Alle diese Fragen nehmen in den Lehrbüchern der Ökologen und den Handbüchern der Naturschützer einen gleichermaßen wichtigen Platz ein.

Am Anfang des vorliegenden Kapitels steht eine genauere Untersuchung einer in jüngster Zeit gewonnenen Erkenntnis, die der Intuition zu widersprechen scheint. Sie betrifft die Gründe, warum die Populationen der Arten in der Weise schwanken, wie man es beobachtet: manchmal regelmäßig, manchmal heftig und unberechenbar. Das führt uns unmittelbar zu der Einsicht, daß die Natur meist keineswegs im Gleichgewicht ist, sondern sich chaotisch verhält. Der eine oder andere mag ein derart beunruhigendes Bild von der Natur vielleicht nicht akzeptieren, denn es scheint aller grundlegenden Harmonie zu entbehren. Anschließend werde ich erörtern, wie man in der Ökologie einige Vorgänge, durch die sich Lebensgemeinschaften bilden, kennengelernt hat; zu diesem Zweck waren die Wissenschaftler meist gezwungen, umfangreiche Computermodelle zu entwickeln. Wir werden sehen, daß ökologische Gemeinschaften einen eigenen Geist zu haben *scheinen*, denn sie verbessern sich im Laufe der Zeit und werden gegenüber dem Eindringen fremder Arten immer widerstandsfähiger. Ich werde auf die Dynamik dieses Eindringens zu sprechen kommen – auf die Frage, was einen erfolgreichen Eindringling ausmacht und wovon die Auswirkungen solcher Ereignisse abhängen. Das ist ein wichtiges Thema für den Naturschutz. Und schließlich werde ich einen warnenden Vorschlag machen, wie man als Naturschützer für die Stabilität der Ökosysteme sorgen sollte – nämlich indem man ihnen gestattet, sich zu wandeln. Auch das widerspricht wie so vieles, das man über die

Ökologie der Lebensgemeinschaften erfahren hat, der Intuition. Die Natur ist nicht immer so, wie sie zu sein scheint.

Im National Museum of Natural History der Smithsonian Institution in Washington gibt es eine Vitrine, die jedem Besucher einen kalten Schauer über den Rücken laufen läßt: Sie zeigt eine verschmutzte Küche, die über und über mit Küchenschaben bedeckt ist – es sind Hunderttausende, vielleicht Millionen. Wer es schafft, den unmittelbaren Ekel zu überwinden und die daneben angebrachte Beschriftung zu lesen, der erfährt, daß dieses Insektenheer ausschließlich aus den Nachkommen besteht, die ein einziges Weibchen während seines Lebens hervorbringen kann – zumindest theoretisch. Glücklicherweise wird diese potentielle Fruchtbarkeit nur selten in vollem Umfang Wirklichkeit. Wie Darwin schon in der *Entstehung der Arten* feststellt, könnten die meisten Lebewesen so viele Nachkommen hinterlassen, daß nicht alle tatsächlich überleben können. Irgend etwas wirkt diesem Potential entgegen. (Wer keine Küchenschaben mag, wird dafür dankbar sein.) Zu diesem Etwas gehören begrenztes Nährstoffangebot, Konkurrenten, natürliche Feinde, widrige Klimabedingungen, Krankheiten und andere Einflüsse. Aber auch wenn die durchschnittliche Individuenzahl über längere Zeit hinweg relativ stabil bleibt, pendelt sie kurzfristig um den Mittelwert. Manchmal handelt es sich dabei um geringe, manchmal aber auch um dramatische Schwankungen: Die Population explodiert und bricht dann zusammen.

Wenn man die Dynamik ökologischer Gemeinschaften in kurzen Zeiträumen – das heißt über einige Jahrzehnte hinweg – verstehen will, ist es entscheidend, daß man genau herausfindet, welche Kräfte für die Populationsschwankungen der einzelnen Arten sorgen. Robert May betont: »Solche Kenntnisse sind nicht nur von grundsätzlicher Bedeutung, sondern sie lassen sich auch praktisch anwenden: Man kann versuchen, die Auswirkungen natürlicher oder vom Menschen verursachter Veränderungen vorauszusagen, wie sie zum Beispiel eintreten, wenn man eine Population dezimiert oder wenn sich die Klimabedingungen ändern.«[3]

Unter der Überschrift »Gleichgewicht der Natur« sind die Populationsschwankungen einfach zu erklären – zwar nicht im Detail, aber zumindest im Prinzip. Man nimmt an, daß die Populationen der einzelnen Arten und die Gemeinschaften, zu denen sie gehören, sich im Gleichgewicht oder in seiner Nähe befinden. Ohne Störungen durch äußere Einflüsse erreichen die Wechselwirkungen zwischen Pflanzen, Pflanzen- und Fleischfressern ein Fließgleichgewicht, in dem die Populationen genau ausbalanciert sind. Das ist Fairfield Osborns gleichmäßig brummende »koordinierte Maschine«. Das begrenzte Nahrungsangebot, die wechselseitige Konkurrenz, die Beute der Räuber und sogar Krankheiten – all das gehört dazu, damit die Maschine funktioniert. Hat eine Artengemeinschaft das Gleichgewicht erreicht, ist das Klima der wichtigste störende Einfluß, entweder in Form langfristiger Verschiebungen oder aber als plötzliche, heftige Episoden wie Stürme oder Temperaturschwankungen. Klimaveränderungen begünstigen manche Arten und sind für andere verheerend. Dezimiert beispielsweise ein Sturm die Population einer bestimmten Pflanzenart, leiden auch die Pflanzenfresser, die von ihr abhängig sind, und das wiederum vermindert das Nahrungsangebot für die Raubtiere, die sich von den Pflanzenfressern ernähren, so daß die Population zusammenbricht. Gleichzeitig haben andere Arten, die den Räubern ebenfalls als Beute dienen, bessere Überlebenschancen, so daß deren Population wächst. Ein einziger Sturm kann also dazu führen, daß die Populationen einiger Arten explodieren, während andere zusammenbrechen.

Bei solchen Populationsschwankungen geht das Gleichgewicht für einige Zeit verloren. Die Individuenzahlen pendeln eine Zeitlang um den Mittelwert, aber schließlich stellt sich die Balance wieder ein – bis zur nächsten Störung. Da ökologische Gemeinschaften nur selten mit längeren Phasen ohne äußere Erschütterungen gesegnet sind, schwanken Populationen die meiste Zeit. Das klassische Beispiel in der ökologischen Fachliteratur ist die Geschichte des kanadischen Luchses. Über 200 Jahre lang, von 1735 bis 1940, fing man die Luchse wegen ihres Fells, und die Zahlen der von den Handelsfirmen aufgekauften Pelze waren für die Ökologen ein beispiellos gutes Datenmaterial, um die Populationsentwicklung bei dieser Art nachzuvollziehen. In den Befunden erkennt man eine deutliche Gesetzmäßigkeit: Die Luchspopulation erlebte dramatische Phasen der Zu- und Abnahme. Sie zeigte zum Beispiel zwischen 1830 und 1910 alle neun oder zehn Jahre einen Höhepunkt, um dann schnell zusammenzubrechen. Das Muster wiederholte sich ziemlich regelmäßig, aber die Zahl der Tiere an den Höhepunkten schwankte beträchtlich, nämlich etwa zwischen 10000 und 60000. Als die Ökologen zum erstenmal diese Entwicklung analysierten, nahmen sie an, das Muster sei die Folge der Räuber-Beute-Beziehung zwischen Luchsen und Schneeschuhhasen, ihren wichtigsten Beutetieren. Wenn ein Räuber die Population seiner Beutetiere stark dezimiert hat, nimmt sein Nahrungsangebot drastisch ab, und dann wird auch die Population der Räuber kleiner. Wenn auf diese Weise der Druck durch die Räuber nachläßt, kann sich die Population der Beuteart erholen, und daraufhin vermehren sich auch die Räuber wieder. Nach einer solchen einfachen Oszillation sah es auch bei kanadischen Luchsen und Schneeschuhhasen aus.

Aber wie sich herausstellte, war die Sache nicht so einfach. Die Hasenpopulation ging wegen Unterschieden in *ihrer* Nahrungsversorgung auf und ab, und die Luchspopulation machte offenbar die Schwankungen mit. Diese Vorstellung erscheint durchaus logisch und verlängerte die Kette der Wechselwirkungen. Aber der Verlauf war nicht vollkommen regelmäßig und sah an manchen Stellen sogar völlig ungeordnet aus. Eine solche Kombination aus einer gewissen Regelmäßigkeit und etwas scheinbar Zufälligem ist für die Populationsschwankungen vieler Arten sogar geradezu typisch. Insektenplagen folgen dieser Gesetzmäßigkeit ebenso wie die Populationsexplosionen bei den Seeigeln im Nordatlantik und bei den Pazifischen Taschenkrebsen im Nordwestpazifik. Wohin man in den ökologischen Gemeinschaften auch blickt, erkennt man nicht nur Populationsschwankungen, sondern es sieht auch so aus, als erfolgten die Veränderungen zufällig. Vom Meeresplankton bis zu den Elefanten und von den Motten zu den Mäusen bietet sich das

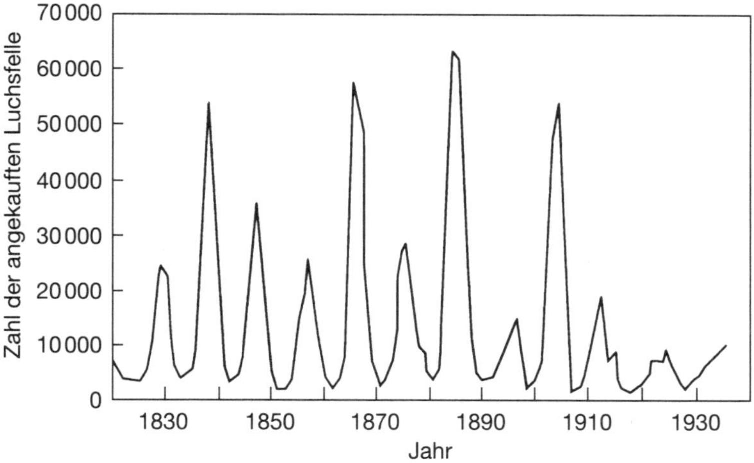

Das klassische Beispiel für eine Art mit regelmäßig schwankender Individuenzahl ist der Luchs. Früher glaubte man, die Ursache sei die ungleichmäßige Wechselbeziehung zu den Schneeschuhhasen, den wichtigsten Beutetieren der Luchse. Wie man jedoch in jüngster Zeit erkannt hat, ist die Ursache in Wirklichkeit die Beziehung zwischen den Hasen und ihren Nahrungspflanzen; die Population der Luchse ist mehr oder weniger passiv vom Bestand an Hasen abhängig.

gleiche Bild. Wie läßt sich das unter dem Gesichtspunkt des natürlichen Gleichgewichts und der Populationsbalance erklären? Die Antwort ist einfach: Alles, was man in der Populationsentwicklung beobachtet – sei es nun Regelmäßigkeit, scheinbare Zufälligkeit oder eine Kombination aus beidem –, gilt als unmittelbare Folge *äußerer* Kräfte wie zum Beispiel Klimaveränderungen. Die Tatsache, daß die Populationsentwicklung manchmal unberechenbar ist, zeigt nur, wie komplex diese Störungen sind. So dachte man zumindest.

Seit etwa 20 Jahren wird diese Argumentation in Frage gestellt. Vielleicht, so die Spekulation einiger Ökologen, läßt auch irgend etwas in der *inneren* Dynamik der Lebensgemeinschaften die Entwicklungsmuster entstehen. Vielleicht war die scheinbare Zufälligkeit kein Zufall, sondern ein Aspekt des Phänomens, das man als Chaos bezeichnet. Wenn man hört, ein System sei chaotisch, nimmt man meist an, es sei vom Zufall bestimmt und sein wirres Verhalten habe keine einfache, analysierbare Grundlage. Aber wie jeder weiß, der das Buch *Chaos* von James Gleick gelesen hat, kennt man in der Mathematik seit einiger Zeit Systeme, die zwar wirr und nicht vorhersagbar, aber nicht zufällig sind. Das Verhalten solcher Systeme läßt sich mit mathematischen Gleichungen oft recht einfach beschreiben. Was dabei das Paradoxe ist: Obwohl das System mathematischen Regeln unterliegt, kann sein Verhalten höchst komplex und praktisch nicht vorhersagbar sein. Damit ist grob und einfach gesagt, was die Mathematiker unter deterministischem Chaos verstehen.

Chaotische Systeme kennt man heute in vielen Bereichen der Physik, so bei der Entstehung des Wetters und bei Turbulenzen in Flüssigkeitsströmungen. Kaum jemandem ist aber klar, daß Populationsschwankungen in ökologischen Gemeinschaften zu den ersten Phänomenen gehörten, die man als möglichen Ausdruck chaotischen Verhaltens untersuchte. Genau das tat Robert May vor 20 Jahren, und dann beschrieb er seine Arbeiten in der Fachzeitschrift *Nature* in einem Aufsatz, der zum Klassiker wurde. Die Biologen wagten sich nur langsam auf den Weg, den May aufgezeigt hatte, vor allem weil sie an der Vorstellung vom Gleichgewicht der Natur und den ausbalancierten Populationen hingen, zum Teil aber auch weil derartige biologische Fragestellungen weitaus komplexer und schwieriger zu analysieren sind als jedes physikalische System. May schrieb einmal: »Für manche Ökologen hat das [Chaos] ein Flair von schwarzer Magie.«[4] Besessen von der Vorstellung vom Gleichgewicht, suchten die Ökologen weiterhin nach Argumenten, die dafür sprachen, und ignorierten mit schöner Regelmäßigkeit das unberechenbare Verhalten, das darauf hinwies, daß sich in Wirklichkeit etwas anderes abspielte.

In den letzten ein oder zwei Jahren hat man aber in Freilandexperimenten und theoretischen Modellen die lange gesuchten Indizien für echtes chaotisches Verhalten in ökologischen Gemeinschaften

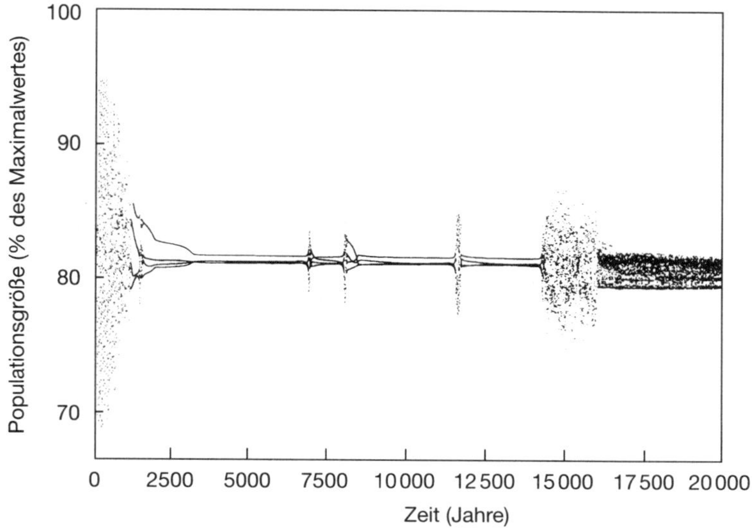

Computersimulation für die Entwicklung einer Population Pazifischer Taschenkrebse. Gelegentlich schwankt der Bestand stark, auch wenn es keinen äußeren Auslöser gibt. Hier wird deutlich, welche unerwarteten und unberechenbaren Auswirkungen das Chaos in lebenden Systemen haben kann. (Mit freundllicher Genehmigung von Alan Hastings und Kevin Higgins.)

entdeckt. Heute sind wir gezwungen, die Natur und die formenden Kräfte für das, was wir sehen und erleben, unter einem anderen Blickwinkel zu betrachten. Das widerspricht zutiefst unserem Gefühl und ist deshalb nur schwer zu akzeptieren.

Mitte der achtziger Jahre stellte David Tilman, ein Ökologe der University of Minnesota, die Frage: Wie beeinflussen unterschiedliche Stickstoffkonzentrationen im Boden das Wachstum einer amerikanischen Wildgrasart? Als er das Experiment plante, ging es ihm nicht um chaotische Vorgänge, aber er war so aufgeschlossen, daß er sie erkannte, als er sie sah. Bei geringem Stickstoffgehalt im Boden war das Wachstum über fünf Jahre hinweg konstant, unabhängig davon, ob er die Samen reichlich oder sparsam ausstreute. Bei hoher Stickstoffkonzentration ergab sich jedoch ein ganz anderes Bild, zu dem auch das klassische Anzeichen für chaotisches Verhalten gehörte: wildes, unberechenbares Auf und Ab. Einmal schrumpfte die Graspopulation auf ein Sechstausendstel ihrer anfänglichen Größe, das heißt fast bis auf Null. Die Beschreibung der Vorgänge, die sich auf dem Feld tatsächlich abspielten, hört sich banal an: Der viele Stickstoff im Boden sorgte für schnelles, üppiges Wachstum; im Winter starben die Pflanzen ab und bedeckten den Boden mit einer dicken Abfallschicht, die im folgenden Frühjahr das Wachstum verhinderte; so kam es zu einem Auf und Ab von wechselnder Stärke. Mäßiges Wachstum, angetrieben von mäßigem Stickstoffgehalt, führte zu einer stetigeren Populationsentwicklung. Als Tilman seine Befunde Ende 1991 veröffentlichte, war die Reaktion eine Mischung aus Verblüffung und Begeisterung.

Dieser Bereich der Ökologie ist stark von theoretischen Arbeiten geprägt, nicht zuletzt weil Experimente, wie Tilman sie durchführte, in Planung und Ausführung nicht einfach sind. Wie ich bereits erwähnt habe, ist die experimentelle Handhabung von Ökosystemen von berüchtigter Schwierigkeit. Im gleichen Jahr, als Tilman seine Befunde bekanntgab, veröffentlichten Robert May und zwei seiner Kollegen die Ergebnisse eines mathematischen Modells mit einem parasitenartigen Organismus und seinem Wirt, die sich ganz ähnlich verhielten wie Tilmans System. Die Berechnungen zeigten unberechenbare Veränderungen der Population im Verlaufe vieler »Generationen«, hervorgerufen ohne äußere Störungen allein durch die Wechselwirkungen zwischen den »Arten«. Das Modell beschrieb die Arten und ihre Beziehungen in mathematischen Gleichungen. Die komplexe Dynamik des Systems hatte ihren Ursprung im System selbst und wurde ihm nicht von außen aufgezwungen. Ebenso wichtig ist in diesem Fall, daß das scheinbar zufällige, unberechenbare Verhalten sich aus einfachen mathematischen Beziehungen ergab – ein Anzeichen für echtes Chaos. Etwas Ähnliches beobachteten Alan Hastings und Kevin Higgins von der University of California in Davis später auch an ihrem Modell der Population von Pazifischen Taschenkrebsen. Sie beschrieben – wiederum mit einfachen mathematischen Gleichungen – die Spezies und ihr Verhalten entlang eines theoretischen Küstenabschnitts. Wieder zeigte sich ein zufälliges, unberechenbares Verhalten mit Phasen der Stabilität und Zeiten heftiger Populationsschwankungen. »Bevölkerungsexplosionen ohne jede Veränderung der biologischen oder physikalischen Bedingungen dürften eine grundlegende Eigenschaft dieser Dynamik sein«, schrieben sie Anfang 1994 in ihrer Veröffentlichung in der Fachzeitschrift *Science*.[5]

Der Nachweis, daß Populationsgrößen durch Wechselwirkungen innerhalb des Systems und ohne äußere Veränderungen drastisch und unvorhersehbar schwanken können, war ein wichtiger Schritt zur Aufklärung der Gesetzmäßigkeiten, die wir in der Natur beobachten. »Die Vorstellung vom Chaos ist amüsant und gleichzeitig ein wenig bedrohlich«, meinen William Schaffer und Mark Kot, zwei Ökologen der University of Arizona, die viel dazu beigetragen haben, die Kenntnisse über das Chaos in Ökosystemen zu erweitern. »Einerseits bietet sie eine deterministische Alternative zu der Idee, Populationsschwankungen seien ausschließlich die Folge äußerer Störungen. Gleichzeitig könnte die Chaostheorie aber auch das Begriffsgebäude der heutigen Ökologie ins Wanken bringen.«[6] Die ökologischen Vorstellungen werden durch solche Erkenntnisse mit Sicherheit erschüttert, aber unter dem Gesichtspunkt der biologischen Vielfalt ist Chaos eine positive Kraft. Wie ich bereits erklärt habe, können in stabilen Populationen wenige Arten oder auch nur eine einzige die Oberhand gewinnen. Durch Populationsschwankungen hingegen können die Lebensgemeinschaften zu einem größeren Artenreichtum gelangen. Wie man daran erkennt, trägt das scheinbar zufällige Verhalten, das sich aus der inneren Dynamik der ökologischen Gemeinschaften ergibt, zur Verstärkung der Vielfalt bei.

Das war eine unerwartete Entdeckung, aber offenbar hält die Chaostheorie für die Ökologen noch mehr Überraschungen bereit. Zu Beginn dieses Kapitels habe ich die mosaikartige Struktur vieler Lebensräume beschrieben, wobei die Mosaiksteine ähnliche, aber unterschiedliche ökologische Gemeinschaften darstellen. Nach der herkömmlichen Vorstellung spiegeln sich in diesen Unterschieden kleine, aber wichtige Abweichungen der physikalischen Umweltbedingungen wider. Die Chaostheorie bietet eine andere Erklärung. Wie Robert May und seine Kollegen mit ihrem Modell von Parasiten und Wirt entdeckten, schwankt im Laufe der Zeit nicht nur die Größe der Population, sondern sie kann auch im Raum ungleichmäßig – mosaikartig – verteilt sein. Sie arbeiteten mit Modellen, in denen drei oder mehr Arten in einer theoretischen Landschaft verteilt waren, und stellten dabei fest, daß die Arten durch die Dynamik der Wechselwirkungen oft getrennt bleiben. »Im Extremfall führte das... zur Entstehung kleiner, relativ unbeweglicher ›Inseln‹ innerhalb des Lebensraumes, die wie isolierte, begünstigte Bereiche aussahen«, schrieben sie in ihrem Fachartikel, der im Sommer 1994 in *Nature* erschien.[7]

Schwankungen in der Verteilung der Arten innerhalb der Lebensräume (beispielsweise der Bäume im Wald oder der Blumen auf den Wiesen) kommen häufig vor und wurden mit Unterschieden in Konkurrenz- und Ausbreitungsfähigkeit erklärt, das heißt als Teil der Reaktion auf die Verteilung der physikalischen Bedingungen in dem Lebensraum. Aus der Sicht der Chaostheorie, die der Intuition widerspricht, reicht diese Erklärung nicht aus. Die mosaikartige Zusammensetzung, die man in der Natur beobachtet, kann sich aus der inneren Dynamik des Ökosystems auch dann ergeben, wenn das Umfeld der verschiedenen Gemeinschaften genau gleich ist.

Wir sehen also, daß die Natur sich keineswegs im Gleichgewicht befindet; sie ist keine »koordinierte Maschine«, die stets nach Ausgleich strebt. Das Ganze ist wesentlich interessanter. Zwar ist nicht zu leugnen, daß die Anpassung an örtliche physikalische Gegebenheiten und an äußere Kräfte wie das Klima dazu beitragen, der Welt ihre Gestalt zu geben. Aber ebenso offenkundig ist auch, daß die beobachteten räumlichen und zeitlichen Verteilungsmuster zu einem großen Teil aus der Natur selbst erwachsen. Das ist eine aufregende Erkenntnis, aber sie bedeutet auch, daß die Arbeit der Naturschützer noch schwieriger wird. Früher glaubte man, die Populationsgröße lasse sich steuern, indem man die äußeren Bedingungen beeinflußte (soweit das möglich war). Heute müssen wir erkennen, daß diese Möglichkeit nicht so plausibel ist, wie es früher schien. Die Natur in ihrer unendlichen Vielfalt und mit ihren unendlich komplizierten Abläufen zu verstehen und dann zu akzeptieren und einzugestehen, daß alle Versuche, sie zu lenken, so gut wie nutzlos sind, ist viel besser, als sich aus Unkenntnis vorzustellen, ein solcher Einfluß sei möglich.

Im Jahr 1789 brachte Gilbert White, ein Geistlicher in Südengland, ein wunderhübsches kleines Buch mit dem Titel *The Natural History of Selborne* (Die Naturgeschichte von Selborne) heraus. Der bescheidene Band, der auf der Liste der am häufigsten nachgedruckten englischsprachigen Bücher an vierter Stelle steht, enthält eine Sammlung scharfsichtiger Naturbeobachtungen aus dem Dorf, in dem White als Seelsorger lebte, und seiner Umgebung. Natürlich bediente er sich nicht der Sprache der heutigen Ökologie; er sprach nicht von Lebensgemeinschaften, Nahrungsnetzen und trophischen Ebenen. Aber er erkannte die Wechselwirkungen zwischen den Arten und die unterschiedlichen Ebenen ihrer gegenseitigen Abhängigkeit, und damit war er bei einer entscheidenden Frage, die auch heute die Ökologen beschäftigt wie keine andere: Was bestimmt darüber, daß eine Lebensgemeinschaft so wird, wie sie ist? Genauer läßt sie sich in eine grobe Alternative fassen: Geschieht es durch Planung oder durch Zufall? Gezielter kann man fragen: Haben die Arten in einer bestimmten Lebensgemeinschaft etwas Besonderes, so daß diese und nur diese Artenzusammensetzung für den Lebensraum optimal ist? Mit anderen Worten: Was für eine Ordnung liegt Darwins »Fleckchen Boden« zugrunde?

Durch Betrachten der wirklichen Welt läßt sich diese Frage nicht ohne weiteres beantworten, denn der zeitliche und räumliche Umfang der Ökosysteme entzieht sich jeder einfachen Analyse. Deshalb spielen sich die bahnbrechenden Arbeiten der Ökologie derzeit zu einem großen Teil in Computern ab, in denen die Wissenschaftler experimentelle Ökosysteme simulieren. Im Vergleich zur Natur sind solche Systeme sehr einfach, aber in den letzten Jahren haben sie neue Erkenntnisse geliefert, die wie der Folgerungen der Chaostheorie entschieden der Intuition widersprechen.

Vor etwa zehn Jahren bauten beispielsweise Stuart Pimm und Mac Post an der University of Tennessee ein solches Ökosystem zusammen, zu dem sie jeweils eine Art nach der anderen – Pflanzen, Pflanzenfresser und Fleischfresser – hinzufügten. Jede Art wurde mathematisch mit einer Sammlung von Verhaltensweisen beschrieben, zu denen Typ und Größe sowie Platz- und Nahrungsbedarf gehörten. Damit vollzogen Pimm und Post im Computer nach, was in der Natur bei der Besiedelung jungfräulicher Gebiete geschieht, beispielsweise nach einem Waldbrand oder auf einer neuentstandenen Vulkaninsel. Eine ökologische Gemeinschaft findet sich langsam zusammen; den Vorgang nennt man Sukzession: Er beginnt mit den einfachsten Lebewesen, die in einem verödeten Lebensraum gedeihen können, und allmählich kommen immer mehr Arten hinzu, die auf die bereits vorhandenen angewiesen sind. Pflanzenfresser können zum Beispiel nicht dazugehören, solange sich keine Pflanzen angesiedelt haben, und Raubtiere sind erst möglich, wenn die Beutetiere vorhanden sind.

In dem Computermodell kamen neue Arten nach dem Zufallsprinzip zu der Lebensgemeinschaft hinzu. Es gab keine Versuche, dem System eine bestimmte Zusammensetzung zu verleihen, sondern es sollte sich von selbst entwickeln. Und wie in der Natur mußten die Pflanzen vor den Pflanzenfressern und diese vor den Fleischfressern vorhanden sein. Die Lebensgemeinschaft baute sich nach einer verblüffenden Dynamik auf. Anfangs konnte man leicht neue Arten hinzufügen (vorausgesetzt, sie waren ökologisch plausibel). Aber je mehr die Gemeinschaft wuchs (das heißt je mehr Arten sie umfaßte), desto schwieriger wurde es für neue Arten, sich einzufügen. Als das Ökosystem aus etwa zwölf Arten bestand, wurde die Einwanderung recht schwierig, und wenn sie gelang, führte sie oft zum Verlust einer oder mehrerer der zuvor vorhandenen Arten. Das erinnerte an Darwins Vergleich mit den Keilen, wonach die Arten dicht gedrängt sind, so daß jedesmal, wenn man einen neuen Keil hineintreibt, ein anderer herausgedrückt wird. Ökologisch ausgedrückt, beobachteten Pimm und Post den Erfolg fremder Arten, die in eine Gemeinschaft einwanderten, und ihre Auswirkungen auf diese Gemeinschaft. In artenarmen Gemeinschaften gelang die Einwanderung leicht, bei hoher Artenzahl war sie jedoch schwierig. Der britische Ökologe Charles Elton hatte schon vor über 30 Jahren die Vermutung geäußert, daß es sich in der Natur genauso verhält. Aber warum?

Nach der herkömmlichen Erklärung werden mit zunehmender Artenzahl in einer Gemeinschaft immer mehr ökologische Nischen besetzt. Ein potentieller Einwanderer, der eine bereits besetzte Nische vorfindet, hat es schwerer, sich durchzusetzen, als wenn die Nische noch frei ist. Im ersten Fall muß der Eindringling die vorhandene Art im Konkurrenzkampf verdrängen, um zu einem Teil der Gemeinschaft zu werden; im zweiten ist das nicht notwendig. Das erscheint ökologisch plausibel, ist aber offensichtlich falsch. Der potentielle Einwanderer muß sich nicht mit der Art auseinandersetzen, die seine bevorzugte Nische besetzt hält, sondern mit der Gemeinschaft als Ganzem. Sehr deutlich wurde das in Computermodellen, die Ted Case von der University of California in San Diego konstruierte. Er simulierte mehrere unterschiedliche Lebensgemeinschaften und änderte jeweils den Umfang der Wechselbeziehungen zwischen den beteiligten Arten: Die Interaktionen waren einmal stark, ein anderes Mal schwach.

»Gemeinschaften mit vielen, stark in Wechselbeziehung stehenden Arten schränken die Einwanderungsmöglichkeiten für die meisten Arten ein«, schrieb Case über seine Befunde. »Solche Gemeinschaften richten selbst für einen überlegenen, neu hinzukommenden Konkurrenten eine Art ›Aktivierungsschranke‹ auf, die Eindringlinge abhält, wenn sie in geringer Individuenzahl auftauchen.«[8] Wenn die Nischenhypothese stimmt, sollte man erwarten, daß ein potentieller Eindringling Erfolg hat, wenn er der vorhandenen Art im Konkurrenzkampf überlegen ist. Aber das ist nicht der Fall. Gemeinschaften, deren einzelne Arten in enger Wechselbeziehung stehen, sind für das Eindringen neuer Arten selbst dann weniger anfällig, wenn es sich dabei um überlegene Konkurrenten handelt.

»Diese Modelle weisen darauf hin, daß der unterschiedliche Erfolg der Eindringlinge weniger von ihren Eigenschaften als von den Eigenschaften der Gemeinschaft abhängt«, schließt Case.[9] Wenn dieser Befund stimmt, ist er von größter Bedeutung nicht nur für tiefgreifendere Kenntnisse über die Ökosysteme, sondern auch für den Naturschutz. Häufig versucht man, in einem Ökosystem eine Art zu schützen, die einer einwandernden, exotischen Art unterlegen ist. Wie Cases Modelle zeigen, hat ein solcher unterlegener Konkurrent die besten Überlebenschancen, wenn er zu einer artenreichen, intakten und ungestörten Lebensgemeinschaft gehört. Wenn man eine Gemeinschaft als Ganzes vor Störungen schützt, bietet man also ihren schwächsten Mitgliedern Sicherheit, weil man ein schützendes Netzwerk schafft.

Der Ausdruck »schützendes Netzwerk« hat etwas unverkennbar Mystisches, und deshalb müssen wir verstehen, was damit gemeint ist. Er bezeichnet die Nahrungsnetze, nach einer Erklärung »die Straßenkarten für Darwins Stückchen Erde... die zeigen, wie eine Gemeinschaft sich zusammenfindet und wie sie funktioniert«.[10] Die Karten zeigen die Wechselwirkungen zwischen den Arten in einer Gemeinschaft und geben beispielsweise Auskunft darüber, wer wen frißt. Die Nahrungsnetze sehen oft verwirrend kompliziert aus, und anfangs glaubte man, jede Gemeinschaft habe ihr eigenes, einzigartiges Nahrungsnetz. Als die Biologen aber die vordergründige Komplexität durchdrungen hatten, erkannten sie, daß alle Nahrungsnetze sich unabhängig von der Art der Lebensgemeinschaft sehr ähnlich sind und einige gemeinsame Eigenschaften haben. Dazu gehören zum Beispiel die Länge der Nahrungsketten, die etwas darüber aussagen, wer wen frißt, und das Zahlenverhältnis von Räubern und Beutetieren. Wohin man in der Natur auch blickt, erkennt man ähnliche Gesetzmäßigkeiten. Die Tatsache, daß man solche Gemeinsamkeiten sieht, obwohl eine unbegrenzte Vielfalt möglich wäre, sagt etwas Grundlegendes über die der Natur zugrundeliegende Ordnung aus. Diese Ordnung erwächst offensichtlich aus der inneren Dynamik des Systems selbst und wird ihm nicht durch äußere Umstände aufgezwungen.

Die Wechselwirkungen, die Ted Case in seinem Computer manipulierte, stellten die Nahrungsnetze der wirklichen Welt dar. Das schützende Netzwerk, das er in den Gemeinschaften mit engen Wechselbeziehungen erkannte, läßt sich also als Eigenschaft der zugrundeliegenden Nahrungsnetze erklären. Obwohl seine Beobachtung der Intuition widerspricht, braucht man keine mystische Kraft heranzuziehen, um sie zu erklären.

Die Ökosysteme, die sich in den Computermodellen von Stuart Pimm und Mac Post zusammenfanden, zeigten ein Geflecht von Wechselwirkungen zwischen den Arten, das stark den Nahrungsnetzen der wirklichen Ökosysteme ähnelte. Das ließ die Überzeugung wachsen, daß diese Modelle trotz ihrer Einfachheit realistisch waren. Wie bereits erwähnt, lautete das erste Ergebnis: In artenarme Gemeinschaften können neue Arten leicht einwandern, bei Systemen mit vielen Arten ist das erheblich schwieriger. Schwieriger, aber nicht unmöglich. Eine artenreiche Gemeinschaft, die man heranreifen läßt, bleibt nicht unverändert, sondern es kommt zu einer langsamen Artenfluktuation. Mit anderen Worten: Manche neu hinzukommenden Arten setzen sich durch, in der Regel indem sie andere verdrängen; die Zusammensetzung der Gemeinschaft ist nicht statisch, sondern dynamisch. Eine erfolgreiche Art kann später ebenfalls als Opfer eines neuen Eindringlings verdrängt werden, aber dann hinterläßt sie in der Gemeinschaft ihre Spuren wie einen Fußabdruck im Sand. So gelangten Pimm und Post zu ihrem zweiten Ergebnis: Bei *reifen*, artenreichen Gemeinschaften ist das Eindringen viel schwieriger als bei neu entstandenen. Offenbar stärkt irgendein Element des Reifungsprozesses das schützende Netzwerk innerhalb der Gemeinschaft. Die Gemeinschaft scheint sich weiterzuentwickeln – sie wird scheinbar fast zielgerichtet besser, und zwar auf eine Art, die nur schwer einzugrenzen ist.

Das Ergebnis ist keineswegs die Laune eines weltfremden Computermodells; in der Natur geschieht genau das gleiche. Ein Beispiel ist Hawaii. Dort gibt es zwei Arten von Ökosystemen: erstens die Bergwälder, die nicht durch menschliche Eingriffe gestört wurden und eine ausgereifte, artenreiche Lebensgemeinschaft bilden; und zweitens die Wälder der Niederungen, die einschließlich ihrer Umgebung durch die Tätigkeit der Menschen verändert wurden. Wenn sie sich von solchen Störungen erholen, befinden sie sich, obwohl sie artenreich sind, in einem unreifen Aufbaustadium. Seit vor 1500 Jahren die ersten polynesischen Siedler eintrafen, wurden die Inseln viele Male kolonisiert, und mit den Neuankömmlingen kamen auch viele neue Arten, die entweder absichtlich mitgebracht oder zufällig eingeschleppt wurden. So wurden auf Hawaii beispielsweise mehr neue Vogel- und Pflanzenarten eingeführt als irgendwo sonst auf der Welt. 28 Prozent der Insekten- und 65 Prozent der Pflanzenarten des Archipels sind ursprünglich nicht hier zu Hause. Auch sämtliche Säugetiere kamen erst in jüngerer Zeit hierher. Vor 30 Jahren schrieb Charles Elton in seinem Buch *The Ecology of Invasions by Animals and Plants*, es handele sich um »eine der großen Vermischungen in der Tier- und Pflanzenwelt der Erde«. Jedesmal wenn eine fremde Art sich durchsetzen konnte, führte das zu einer Schrumpfung der Populationen einheimischer Arten, oder es trieb sie in ganzen Wellen zum Aussterben. Die Frage ist nun: Wo setzten die fremden Arten sich durch? In den unreifen Ökosystemen der Niederungen oder in den alten Lebensgemeinschaften der Bergwälder? Die Antwort: in ihrer großen Mehrzahl in den ersteren. Die ausgereiften Ökosysteme konnten der Invasion offenbar besser widerstehen als die unreifen. Oder in der Sprache der theoretischen Ökologie: Die reifen Ökosysteme hatten einen dauerhaften Zustand erreicht.

Reife Lebensgemeinschaften – ob in der wirklichen Welt oder im Computer – haben ganz offensichtlich wichtige ökologische Eigenschaften, die unreifen Systemen fehlen. Und daraus läßt sich der naheliegende Schluß ziehen, daß es während des Aufbaus zu einer Selektion von Arten kommt, die in irgendeiner Form überlegen sind. Pflanzenarten könnten zum Beispiel in der Produktivität überlegen sein, Räuber in Schnelligkeit oder Tarnung, und so weiter. Und natürlich ist eine Gemeinschaft überlegener Arten ökologisch gegenüber einer solchen aus unterlegenen Arten im Vorteil. Als Pimm und Post aber in ihrem Computermodell die Verhaltensmerkmale der Arten in den dauerhaften Gemeinschaften untersuchten, konnten sie keine Anzeichen von Überlegenheit finden. Oder ökologisch ausgedrückt: Diese Arten unterschieden sich nicht von solchen, denen es nicht gelungen war, sich in der Gemeinschaft zu etablieren. Vielleicht, so die Spekulation der Wissenschaftler, hatten sie nicht die richtigen Eigenschaften betrachtet.

Wie sich herausstellte, hatten sie keinen Fehler gemacht. Dies wurde deutlich, als Jim Drake, ein anderer Ökologe, der damals an der Purdue University arbeitete, ähnliche Computersimulationen ablaufen ließ. Wie Pimm und Post, so sorgte auch Drake für den Aufbau einer ökologischen Gemeinschaft, indem er eine Art nach der anderen hinzufügte. Neu war aber, daß er dabei aus einem begrenzten Spektrum von insgesamt 125 Arten schöpfte. Gelang einer davon das Eindringen nicht, stand sie später für einen weiteren Versuch zur Verfügung. Wieder entwickelte sich eine dauerhafte Gemeinschaft mit etwa einem Dutzend Arten. Dann begann Drake mit dem gleichen Artenspektrum von vorn, und der Vorgang der Reifung bis zu einer dauerhaften Gemeinschaft mit einem Dutzend Arten wiederholte sich. Aber es war eine andere Gemeinschaft, die noch nicht einmal die Hälfte ihrer Arten mit der ersten gemeinsam hatte. Er ließ den Vorgang noch einige Dutzend Male ablaufen: Jedesmal erhielt er eine reife, dauerhafte Gemeinschaft, aber jedesmal mit einer anderen Artenzusammensetzung. Auch hier war keine der Arten in den Gemeinschaften in irgendeiner Hinsicht erkennbar »besser« als die anderen. Jede Art konnte zum Mitglied einer dauerhaften Gemeinschaft werden, wenn sie zum richtigen Zeitpunkt hinzukam.

Diese Befunde sind gleichermaßen faszinierend und wichtig. Zunächst einmal sieht man daran, daß dauerhafte Gemeinschaften sich aus zufällig hinzukommenden Arten bilden können. Und zweitens erwächst die ökologisch entscheidende Eigenschaft der Beständigkeit oder Stabilität aus den Wechselbeziehungen der Arten in der Gemeinschaft und nicht aus den überlegenen Eigenschaften der einzelnen Arten. Mindestens ebenso bedeutsam sind die Folgerungen, die sich daraus für die mosaikartige Zusammensetzung der Natur ergeben. Wie wir bereits gesehen haben, erklärt man die Unterschiede zwischen benachbarten Ökosystemen in der Regel mit den unterschiedlichen physikalischen Bedingungen. Außerdem haben wir erfahren, daß man nach der Chaostheorie mit einem solchen Flickenmuster auch dann rechnet, wenn es in der Umwelt keine physikalischen Unterschiede gibt. Die Arbeiten von Pimm, Post und Drake zeigen eine weitere Ursache der mosaikartigen Zusammensetzung auf, die ebenfalls nichts mit der Anpassung an die lokale Umwelt zu tun hat: die Geschichte. Die endgültige Zusammensetzung eines dauerhaften Ökosystems hängt eindeutig davon ab, in welcher Reihenfolge die einzelnen Arten während der Reifung des Systems hinzugekommen sind. Manchmal ist es für eine Art von Vorteil, wenn sie früh auf der Bildfläche erscheint, ein anderes Mal ist es besser, wenn sie spät dran ist. Alles hängt davon ab, welche Arten bereits zu der Gemeinschaft gehören. Wie wir in einem früheren Kapitel gesehen haben, erkennt man in der Geschichte oder im Zufall immer stärker eine wichtige Kraft, die den Lauf der Evolution mitgestaltet, und der Anpassung gesteht man heute weniger Bedeutung zu als früher. Analog sind die Verhältnisse auch hier: Die Geschichte trägt machtvoll dazu bei, die Evolution der Ökosysteme zu gestalten, und die Anpassung spielt eine eher untergeordnete Rolle. Diese Sichtweise für die Natur unterscheidet sich stark von der bisherigen Vorstellung.

Wenn sie auch für die wirkliche Natur gilt. Jim Drake stellte sie auf den experimentellen Prüfstand, indem er mit Mikroorganismen (vor allem Algen verschiedener Arten) das gleiche tat wie mit den Arten im Computer. Wenn er Arten nach dem Zufallsprinzip hinzufügte, erhielt er viele verschiedene dauerhafte Gemeinschaften. Die Geschichte ist tatsächlich von Bedeutung. Kürzlich betrachteten zwei Paläontologen das Ganze unter dem Gesichtspunkt der Fossilfunde. Martin Buzas von der Smithsonian Institution und Stephen Culver vom Londoner Natural History Museum untersuchten die Zusammensetzung küstennaher Gemeinschaften von Meeresbewohnern an der nordamerikanischen Atlantikküste über 55 Millionen Jahre hinweg. In dieser Zeit stieg und fiel der Meeresspiegel sechsmal. Sechsmal bildeten sich in dem küstennahen Lebensraum neue Gemeinschaften, deren Mitglieder aus dem Artenspektrum der Umgebung stammten. Und sechsmal war die Zusammensetzung der Gemeinschaften anders. In einem Kommentar zu den Befunden schrieb Jeremy Jackson, ein Ökologe der Smithsonian Institution: »Dies ist sicher der Todesstoß für die Vorstellung von eng verzahnten ökologischen Gemeinschaften im Meer.«[11] Das stimmt, und gleichzeitig ist es ein Beleg für die Bedeutung historischer Zufälle.

Wenn schon diese Ergebnisse der Intuition zu widersprechen scheinen, so gilt das im doppelten Sinn für eine weitere Beobachtung von Jim Drake. Er sagte sich sinngemäß folgendes: »Die dauerhaften Gemeinschaften, die ich in meinem Computer aufgebaut habe, funktionieren ganz offensichtlich sehr gut. Ich werde also eine davon nehmen und sie noch einmal ganz von vorn aufbauen, und dazu benutze ich nur das ungefähre Dutzend Arten, das auch jetzt zu der Gemeinschaft gehört.« Es gelang ihm nicht. Nachdem er die Gemeinschaft auseinandergenommen hatte, konnte er sie nicht wieder zusammensetzen, ganz gleich, in welcher Reihenfolge er die Arten hinzufügte. Stuart Pimm bezeichnet es als »Holperstreckeneffekt«, und das mit gutem Grund. Die Erklärung ist ein wenig abgehobenmathematisch, aber im wesentlichen besagt sie folgendes: Um den dauerhaften Zustand Z zu erreichen, muß das Ökosystem die Stadien A bis Y durchmachen. Man kann nicht in einem Schritt nach Z gelangen. Heute interessiert man sich immer stärker für die Wiederherstellung verarmter oder zerstörter Ökosysteme – zwei Beispiele sind die Prärien des amerikanischen Mittelwestens und die Everglades-Sümpfe in Florida. In solchen Fällen kennt man aus historischen Dokumenten häufig die ursprüngliche Artenzusammensetzung. Bevor man zu den gerade beschriebenen Erkenntnissen gelangt war (die immer noch weiter verfeinert werden), neigten die Ökologen dazu, einfach die Arten für das Ökosystem, das man wiederherstellen wollte, zusammenzubringen und in dem gewählten Lebensraum sich selbst zu überlassen. Mehrmals standen sie dann vor einem Rätsel, wenn es nicht funktionierte. Jetzt wissen wir, warum.

Wir haben gesehen, daß die Natur nicht immer so ist, wie sie zu sein scheint. In den ökologischen Gemeinschaften gibt es eine Dynamik, die der Intuition widerspricht und mit der man deshalb nicht gerechnet hatte. Lebensgemeinschaften wandeln sich ständig und verbessern sich scheinbar zielgerichtet, aber mittlerweile wissen wir, daß Zufall und Geschichte dabei eine große Rolle spielen. Ich möchte dieses Kapitel mit einem Bericht über ein reales Ökosystem beschließen; er läßt die Dynamik erkennen, zeigt die Bedeutung des Zufalls und ist eine heilsame Geschichte für Möchtegern-Naturschützer.

Im Norden von Botswana liegt der Chobe-Nationalpark, ein typisches Beispiel für eine ganze Reihe von Ökosystemen in Süd- und Ostafrika. Hier gibt es zahlreiche große Pflanzenfresser, von denen manche auch Wanderungen machen, darunter Giraffen, Büffel, Elefanten, Zebras, Gnus und Schwarzfersenantilopen. Die ebenfalls reichhaltige Bevölkerung der Fleischfresser besteht aus Löwen, Hyänen, Wildhunden und Schakalen. Der mosaikartige Lebensraum aus Graslandschaften und Akaziengehölzen beherbergt vielfältige Vogel- und Insektenarten. Insgesamt bietet der Park eine reiche Artenfülle, wie man sie sich unter dem Begriff »Wildnis« vorstellt. Die Leitung des Parks möchte diese Vielfalt erhalten, denn sie ist für Touristen attraktiv und wirkt, als sei alles in Ordnung. In Wirklichkeit gibt es aber ein großes Problem: Die Akaziengehölze werden zerstört, vor allem von Elefanten, und es wachsen keine neuen Bäume nach. Wenn die bewaldeten Gebiete auf einen Bruchteil ihres jetzigen Umfanges schrumpfen, werden die Parkverwalter glauben, sie hätten versagt, denn sie wollen, daß alles so bleibt, wie es ist. Aber das zu erreichen, wäre nicht nur ökologisch falsch, sondern wahrscheinlich auch unmöglich. Ein Blick auf die ökologische Vergangenheit des Parks zeigt, warum.

Das wichtigste Oberflächengewässer der Region ist der Savuti-Kanal. Wenn er gefüllt ist, fließt er von Angola über die Linyanti-Sümpfe und mündet in die Savuti-Marsch (die derzeit eine Graslandschaft ist). Er war im 19. Jahrhundert gefüllt, trocknete um die Jahrhundertwende aus und blieb bis Mitte der fünfziger Jahre trok-

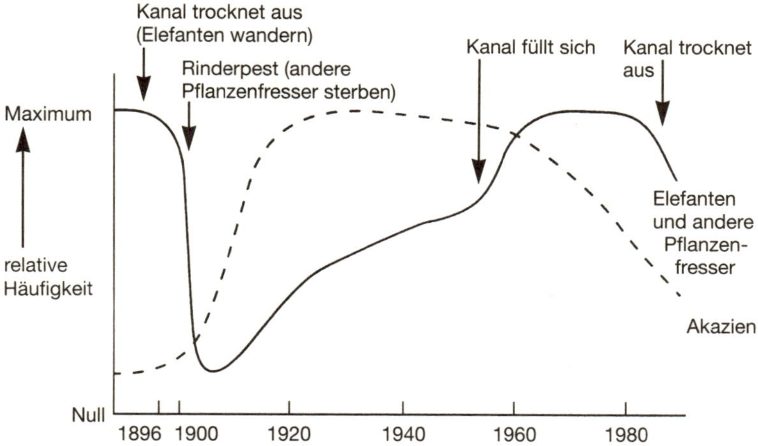

Die meisten Lebensräume machen zyklische Veränderungen durch, die von inneren und äußeren Kräften angetrieben werden. Das Diagramm zeigt die Entwicklung im Chobe-Nationalpark in Botswana. (Mit freundlicher Genehmigung von Brian Walker.)

ken. Im Jahr 1982 trocknete er erneut aus und ist bis heute in diesem Zustand geblieben. Kurz nachdem der Kanal in den ersten Jahren des 20. Jahrhunderts kein Wasser mehr führte, gab es in der Gegend eine große Rinderpestepidemie. Diese beiden Ereignisse sorgten gemeinsam für die Entstehung der heutigen Akazienwälder, und das ging folgendermaßen: Wegen des Wassermangels suchten die Elefanten sich in anderen Gegenden etwas zu trinken (und außerdem wurde ihre Zahl durch Jäger dezimiert). Und die Rinderpest vernichtete weitgehend die Population der Huftiere. Die Folge war, daß es in der Region kaum noch grasende Tiere gab, so daß die Akazienschößlinge (eine Lieblingsspeise vieler Pflanzenfresser) zu Bäumen heranwachsen konnten. Als Elefanten und Huftiere zurückkehrten, war die Gegend von großen Akazienwäldern bedeckt. »Das heute zu beobachtende Nebeneinander von vielen Elefanten und umfangreichen Akaziengehölzen ist zeitlich sehr eng begrenzt und offenbar nicht nachhaltig«, meint Brian Walker, der die Region eingehend untersucht hat.[12]

Es ist nicht nachhaltig, weil Akazienschößlinge nicht bis zum Erwachsenenalter überleben, solange es in der Gegend gesunde Elefanten- und Huftierpopulationen gibt. Wenn die Wälder wieder gedeihen sollten, müßte man die Tiere fernhalten. Walker stellt fest: »Die Frage ist, ob Verwalter und Touristen bereit sind, eine Phase von zehn bis 15 Jahren zu akzeptieren, in der praktisch keine Tiere zu sehen sind.« Vermutlich sind sie das nicht. Die derzeitige Artenvielfalt in dem Park ist zwar etwas Natürliches, aber sie hat ihre Ursache in tiefgreifenden Umweltveränderungen, die sich im Laufe vieler Jahrzehnte abgespielt haben. Und Parkverwalter haben häufig etwas gegen Veränderungen, vor allem wenn man etwas Wertvolles verschwinden sieht. Ökosysteme sind sowohl räumlich als auch zeitlich in ständiger Umwälzung begriffen, und immer werden manche Populationen abnehmen, während andere gedeihen und sich vermehren. Der ständige Wandel ist als Motor der Artenvielfalt unentbehrlich. »Die Naturschützer sollten sich weniger Gedanken über die dauerhafte Erhaltung einzelner Tier- und Pflanzenarten machen«, warnt Walker, »und statt dessen lieber überlegen, wie man die Natur und die Vielfalt der ökologischen Prozesse als Ganzes erhalten kann.«[13]

Vor dem Hintergrund dessen, was über das Wesen der Ökosysteme gesagt wurde, und mit dem Wissen um Chaos und den dynamischen Aufbau der Lebensgemeinschaften können wir erkennen, daß Walkers Mahnung begründet ist. Aber wie bei allen Angelegenheiten der Menschen ist es schwierig, etwas in Gang zu setzen, das viele Jahrzehnte dauert. Niemand möchte untätig herumsitzen und zusehen, wie Wälder schrumpfen oder wie Tiere verhungern oder verdursten. Aber genau das müssen wir letztlich wahrscheinlich tun.

10 Frühere menschliche Einflüsse

Während der letzten zwei Millionen Jahre war die Erde über lange Zeit hinweg im Griff wechselnder Eiszeiten mit abwechselnden Phasen der Vereisung und warmer Zwischeneiszeiten. Diese Epoche, die bei den Geologen unter dem Namen Pleistozän bekannt ist, endete in der Zeit vor 10000 bis 12000 Jahren recht plötzlich und machte dem Holozän – das heißt ganz einfach der Gegenwart – Platz. Bei jedem Übergang von der Eis- zur Zwischeneiszeit und umgekehrt machten die Pflanzengesellschaften der Erde tiefgreifende Wandlungen durch. Wenn die Temperaturen weltweit sanken, schrumpften und zerfielen die tropischen Wälder, und die baumbestandenen Landschaften der höheren Breiten wanderten in Richtung des Äquators. Und die Tiere, die ja zum Überleben direkt oder indirekt auf die Pflanzen angewiesen sind, wanderten mit, soweit sie dazu in der Lage waren. Zu Beginn der Zwischeneiszeiten spielte sich das Ganze in umgekehrter Richtung ab. Das Pleistozän sorgte für Wellen biologischer Umwälzungen, die in Zeitlupe abliefen. Deshalb ist es kein Wunder, daß diese Epoche auch besonders häufig das Entstehen und Aussterben von Arten erlebte.

Auf der Seite des Aussterbens gab es aber ein seltsames Ungleichgewicht: Besonders empfindlich waren große Arten, insbesondere schwergewichtige Säugetiere von über 50 Kilogramm Körpergewicht. Die größte Art, die es jemals gab – der Blauwal –, lebt zwar heute noch, aber in der Welt der landlebenden Wirbeltiere, zu der auch wir gehören, fehlen so schwerfällige Giganten wie Mammut und Mastodon, Deinotherium und Diprotodon. Das Aussterben der Großtiere, das zu der heutigen, ungleichmäßig verteilten Tierwelt führte, ist ein charakteristisches Kennzeichen des Pleistozän, und es war den Paläontologen jahrhundertelang ein Rätsel.

Aber das bevorzugte Aussterben der Großtiere während des Pleistozän ist nicht nur deshalb ein Rätsel, weil es überhaupt stattfand. Außerhalb Afrikas verschwanden die meisten Arten spät in der Epoche, viele sogar erst ganz am Ende, als die Gletscher sich zum (bisher) letzten Mal zurückzogen. In Amerika gingen zum Beispiel in den letzten zwei Millionen Jahren 50 Arten großer Säugetiere unter; das geschah in der Zeit bis vor etwa 12000 Jahren, aber dann, vor 10000 bis 12000 Jahren, taten in einem katastrophalen Zusammenbruch der Tierwelt ungefähr weitere 57 Großsäugerarten ihren letzten Atemzug. Die Tatsache, daß ihr Aussterben mit dem Übergang von der Eis- zur Zwischeneiszeit zusammenfällt, legt sofort eine Schlußfolgerung nahe. Alfred Russel Wallace, der Mitbegründer der Theorie von der Evolution durch natürliche Selektion, vertrat 1876 die Ansicht, das Aussterben habe seine Ursache »in der großen und recht jungen physikalischen Veränderung, die als ›Eiszeit‹ bekannt ist«.[1] Mit anderen Worten: Wallace war überzeugt, daß die durch den weltweiten Temperaturanstieg ausgelöste umfangreiche Zerstörung der Pflanzengesellschaften von den Großtieren nicht zu verkraften war. Nach seiner Vermutung waren sie nicht in der Lage, sich an die neuen Umweltbedingungen anzupassen, und starben deshalb aus.

Kurz darauf revidierte Wallace jedoch seine Meinung, und jetzt benannte er eine andere mögliche Ursache. Im Jahr 1911 schrieb er: »Ich bin überzeugt, daß das schnelle... Aussterben so vieler großer Säugetiere in Wirklichkeit auf die Tätigkeit des Menschen zurückgeht.«[2] Diese Sinnesänderung erwuchs aus seiner wachsenden Erkenntnis, daß die Vereisung sich nur begrenzt auf die Umwelt ausgewirkt hatte, so daß sie vermutlich nicht in dem Umfang, wie man es in der fraglichen Zeit beobachtete, für das Aussterben verantwortlich sein konnte. Wallace war nicht der erste, der die Vermutung äußerte, die Welle des Aussterbens in Amerika am Ende des Pleistozän sei das Werk des Menschen. Der britische Anatom Sir Richard Owen meinte schon 1860, das Artensterben sei die Folge des »gespenstischen Auftauchens der Menschen in einem begrenzten, zuvor nicht besiedelten Landstrich«.[3] Und noch früher bemerkte der schottische Geologe Sir Charles Lyell, die Auslöschung von Arten durch jagende Menschen sei »die erste Idee, die fast jedem Naturforscher in den Sinn kommt«.[4] Damit übertrieb er allerdings ein wenig, denn diese Idee kam durchaus nicht allen Naturforschern. (Bis zu den fünfziger Jahren des 19. Jahrhunderts waren die Indizien, wonach Menschen gleichzeitig mit den Tieren des Pleistozän gelebt haben, noch umstritten, und deshalb war die Hypothese vom Abschlachten durch die Menschen ohnehin nicht haltbar.) Als Wallace Anfang des 20. Jahrhunderts die Vorstellung vom Menschen als Urheber des Aussterbens vertrat, gab er ihr damit erheblichen Auftrieb. Dennoch wurde die Frage, ob klimatische oder menschliche Einflüsse die Ursache waren, weiterhin diskutiert.

Dieses Kapitel beschäftigt sich mit dem Einfluß des Menschen auf die ökologischen Gemeinschaften in der jüngeren und weniger jungen Vergangenheit; meist handelte es sich dabei um die Folgen der Besiedlung von Gegenden, in denen zuvor keine Menschen gelebt hatten. Das Thema ist aus zwei Gründen wichtig. Erstens ist das Vordringen der Menschen in urtümliche Landschaften ein Extrembeispiel für das Einwandern einer Art und seine Auswirkungen auf die vorhandenen Lebensgemeinschaften. Wie wir gesehen haben, können ausgereifte, artenreiche Gemeinschaften sich derartigen Versuchen der meisten Arten häufig erfolgreich widersetzen. Aber der *Homo sapiens* ist keine gewöhnliche Spezies; seine Einwanderungsversuche gelingen fast immer, und fast immer wirken sie sich verheerend auf die vorhandenen Lebensgemeinschaften aus. Und zweitens brauchen wir einen historischen Hintergrund, wenn wir die heutigen Auswirkungen der Menschen auf die Natur richtig einschätzen wollen. Diesen Hintergrund vermittelt das vorliegende Kapitel.

Die Fähigkeit der Menschen, in der Natur Zerstörungen bis hin zu umfangreichem Artensterben anzurichten, galt lange Zeit als relativ neues Phänomen der Menschheitsgeschichte. Zu Wallaces Zeit erkannten die Biologen, daß die Wellen der Kolonisierung, die seit dem 17. Jahrhundert von Europa aus um die Welt gelaufen waren, eine Schneise der Zerstörung in die scheinbare Harmonie der Natur gerissen hatten. Frühere Siedler, so die Polynesier im Pazifik, hielt man in dieser Hinsicht häufig für unschuldig und für einen Teil der Harmonie. (Die Empfindungen des Abendlandes gegenüber den technisch einfacheren Kulturkreisen hatten sogar einen dramatischen Umschwung erlebt: Diese Menschen galten jetzt nicht mehr als rohe Barbaren, sondern als edle Wilde im Sinne Rousseaus.) Jared Diamond, ein Biologe der University of California in Los Angeles, wies jedoch darauf hin, daß man in vielen Kulturkreisen vor dem Einwandern der Europäer die gleichen Empfindungen gegenüber den Vorfahren hegte. Der römische Dichter Ovid schrieb zum Beispiel vor 2000 Jahren: »Erstes Alter war das Goldene. Ohne Gesetz und Sühne wahrte aus eigenem Trieb es die Treu und das Rechte.«* Damit meinte er nicht nur die unterstellte Ehrlichkeit und Reinheit früherer Zeiten, die er mit der Treulosigkeit und Kriegslüsternheit der griechischen Zivilisation verglich, sondern auch ihre angebliche Einheit mit der Natur.

Als Wallace die Ansicht vertrat, jagende Menschen hätten unter den riesigen Säugetieren Nordamerikas ein großes Gemetzel angerichtet und seien demnach vermutlich auch in anderen Teilen der Erde für das Aussterben im Pleistozän verantwortlich gewesen, konnten viele seiner Zeitgenossen das nur schwer nachvollziehen, und manchen Fachleuten geht es noch heute so. Dennoch ist seit einiger Zeit nicht mehr daran zu zweifeln, daß die Evolution des *Homo sapiens* der übrigen Natur ihren zerstörerischen Stempel aufgedrückt hat, vielleicht sogar schon von Anfang an. Wie wir noch sehen werden, können wir Menschen auf vielerlei Weise Einfluß auf die Welt nehmen, in die uns die Evolution gestellt hat.

Am Anfang des Kapitels steht die Geschichte vom Aussterben in Nord- und Südamerika am Ende des Pleistozän, und wir werden erfahren, was man darüber durch den Vergleich mit den Vorgängen in Afrika und Australien lernen kann. Ich werde mich mit der nicht so weit zurückliegenden Vergangenheit Neuseelands beschäftigen

* Ovid, Metamorphosen, Erstes Buch; übersetzt von Erich Rösch.

und Indizien dafür nennen, daß Menschen dort die Ursache des Aussterbens waren. Und ich werde die empfindlichen, urtümlichen Ökosysteme ozeanischer Inseln wie Hawaii beschreiben, die zuerst von den Polynesiern und später von Europäern besiedelt wurden. Immer wieder zeigt sich dabei, wie komplex die Ökosysteme sind – innerlich verflochten und durch menschliche Eingriffe leicht zu verletzen.

Der amerikanische Kontinent sah am Ende des Pleistozän so völlig anders aus als heute, daß man es sich praktisch nicht vorstellen kann. Fast zwei Drittel Nordamerikas waren von einer dicken Eisschicht begraben: im Osten vom Laurentischen und im Westen vom Kordilleren-Eisschild, zwischen denen ein eisfreier Korridor lag. Auch der äußerste Westen Südamerikas (große Teile des heutigen Chile) lag unter Eis. Zwischen den Eismassen gedieh eine ganze Menagerie großer Säugetiere, darunter Pflanzenfresser wie Elefanten, Mastodons, Riesenfaultiere und die schwerfälligen Glyptodons (Riesengürteltiere), die einen gewaltigen Schutzpanzer besaßen. Diese Giganten dienten Löwen und Riesenbären als Beute, aber auch den Säbelzahntigern, darunter eine Art, der die 20 Zentimeter langen Fangzähne den Ausdruck eines tödlichen Grinsens verliehen. Außerdem gab es weniger exotische Geschöpfe, beispielsweise Pferde und Kamele. Alle diese Tiere gehörten zu den 57 Säugetierarten, die vor 10000 bis 12000 Jahren, also in einem kurzen Augenblick der geologischen Zeitrechnung, in Nordamerika ausstarben – auf dem Südteil des Kontinents war die Zahl noch wesentlich größer. Von den kleinen Säugetierarten verschwand nur eine Handvoll; Ratten und Mäuse überstanden das Ganze völlig unbeschadet.

Dieses Massenaussterben fällt zeitlich genau mit dem Ende der Vereisung zusammen, und das spricht überzeugend für einen Kausalzusammenhang. Dennoch gibt es kaum genaue Hypothesen darüber, wie es im einzelnen zum Aussterben kam. Es reicht nicht aus, wenn man sagt, die Pflanzengesellschaften seien auseinandergerissen worden, und deshalb seien die Tierarten ausgestorben. Das war einer der Gründe, warum Paul Martin, ein Paläontologe der

University of Arizona, 1967 die Hypothese von Wallace und Owen wiederbelebte und vom »Pleistozän-Overkill« sprach. Die Klimaveränderung, so seine Argumentation, war nicht das einzige Ereignis, das mit dem Aussterben am Ende des Pleistozän zusammenfällt. Zur gleichen Zeit breitete sich in Amerika auch eine neue Säugetierart aus: Sie wanderte vor 11 500 Jahren in den Norden ein (nachdem sie die damals trockene Bering-Landbrücke von Asien überquert hatte) und erreichte ein Jahrtausend später, also vor 10 500 Jahren, die Insel Feuerland an der Südspitze Südamerikas. Diese Art war der *Homo sapiens*, ein begabter Jäger, der seine Verfolgerfähigkeiten schon Zehntausende von Jahren lang in Afrika, Europa und Asien verfeinert hatte. Die Einwanderer in der Neuen Welt sind den Archäologen unter dem Namen Clovis-Kultur bekannt – die Bezeichnung erinnert an die raffiniert gestalteten Pfeilspitzen, die man erstmals 1927 an einem Ort namens Clovis im US-Bundesstaat New Mexico entdeckte.

Nach Martins Berechnungen war die ursprünglich nach Nordamerika eingewanderte Gruppe der Clovis-Menschen nach 350 Jahren auf etwa 600 000 Personen angewachsen und hatte den Golf von Mexiko erreicht. Diese explosive Vermehrung wurde erleichtert, weil sich bei dem unaufhaltsamen Vordringen unbegrenzte Ressourcen – Land und Beutetiere – eröffneten. Noch bevor das erste Jahrtausend in der Neuen Welt vorüber war, hatten die Clovis-Menschen die Südspitze des Kontinents erreicht, und ihre Zahl lag jetzt bei vielen Millionen. Bei ihrer Ausbreitung von Nord nach Süd hinterließen sie eine Spur der Zerstörung, denn als Jäger konnten sie leicht die großen, schwerfälligen Beutetiere erlegen, die an diese Art von Verfolgern nicht gewöhnt waren. Wie in vielen Gegenden der Erde (meist Inseln), die sich ohne Menschen entwickelt haben, hatten die Tiere vermutlich keine angeborene Scheu vor Menschen, und deshalb wurden sie besonders leicht das Opfer geschickter Jäger. Die Jäger waren ihrerseits auch an eine solche Beute nicht gewöhnt und hatten deshalb vielleicht nicht die übliche Hemmung gegenüber dem Massenschlachten. Nach Martins Ansicht war es eine tödliche Kombination im wahrsten Sinne des Wortes. Anzei-

Deinotherium, eines der Großtiere, die am Ende des Pleistozän von den Menschen ausgerottet wurden.

chen dafür findet man in den versteinerten Knochen der Beutetiere, die man in Nord- und Südamerika häufig zusammen mit Clovis-Pfeilspitzen findet. Glaubt man Martin, dann ist die Richtung der tödlichen Bevölkerungsausbreitung an der chronologischen Folge der Fossilfundstellen abzulesen: Die ältesten liegen im Norden, die jüngsten im Süden. Nicht alle Paläontologen sind allerdings der Meinung, daß dieses Muster so klar zu erkennen ist.

Das Riesengürteltier *Glyptodon,* ein weiterer Gigant, den die Menschen am Ende des Pleistozän ausrotteten.

Bevor ich die wesentlichen Gesichtspunkte der Overkill-Hypothese im einzelnen erörtere, sollte ich anmerken, daß es sich hier um einen Teilaspekt eines besonders heftig umstrittenen Themas der Anthropologie und Geschichtsforschung handelt. Die Hauptfrage lautet: Wann wurde Amerika zum erstenmal besiedelt? Die ersten Clovis-Pfeilspitzen, die man Anfang des 20. Jahrhunderts fand, und viele hundert weitere Funde aus den folgenden Jahrzehnten schienen Anzeichen für diesen Zeitpunkt zu sein. Als man Clovis-Pfeilspitzen mit der Radiokarbonmethode auf die Zeit vor 11 500 Jahren datierte, schien die Frage beantwortet zu sein. Dennoch gab es schon vor den Ausgrabungen an der Fundstelle von Clovis und hartnäckig auch später Behauptungen, die menschliche Besiedelung habe schon früher stattgefunden – manche sprachen sogar von der Zeit vor 35 000 Jahren. Für manche dieser Stellen aus der Zeit vor Clovis – allerdings keineswegs für alle – scheint es überzeugende Belege zu geben. Allerdings kennt man nur wenige derartige Fundstellen, und man kann sich ohne weiteres eine Abfolge von mehreren

Einwanderungswellen vorstellen, nachdem der Meeresspiegel durch die Vereisung so weit gesunken war, daß die Bering-Landbrücke zwischen Alaska und Sibirien auftauchte. Vermutlich sickerten die Menschen vor der Clovis-Zeit nur spärlich ein; den archäologischen Belegen zufolge ging von ihnen jedenfalls kein großes Bevölkerungswachstum aus. Erst seit der Einwanderung der Clovis-Menschen lassen die Funde auf eine rasch anwachsende Bevölkerung schließen, sowohl was die Zahl als auch was die besiedelten Gebiete angeht. Was auch das Datum der *ersten* Einwanderung gewesen sein mag, es spricht nicht gegen die Overkill-Hypothese, die sich mit der Ausbreitung der Clovis-Menschen am Ende des Pleistozän verbindet.

Martin untermauert seine Hypothese unter anderem mit dem Argument, daß es sich um ein einzigartiges Ereignis handelt. »Hätten die Klimaveränderungen der Eiszeit entscheidend darüber mitbestimmt, daß die großen Säugetiere in Amerika ausstarben«, schrieb er kürzlich, »wäre nicht einzusehen, warum frühere Vereisungen und die Erwärmung in den Zwischeneiszeiten nicht ebenfalls mit größeren Verlusten in der Tierwelt verbunden waren.«[5] In den zwei Millionen Jahren vor dem Ende des Pleistozän mit seinem Zusammenbruch der Fauna gab es viele Übergänge von Eiszeit und Zwischeneiszeit, ohne daß mit einem davon eine größere Welle des Aussterbens verbunden gewesen wäre. Und wenn die Erwärmung am Ende des Pleistozän etwas besonders Tödliches hatte, so fragt Martin weiter, warum gab es dann in anderen Teilen der Welt, beispielsweise in Australien und Afrika, keine Welle des Aussterbens? Und außerdem: Wenn das Klima in Amerika die Ursache war, weil es die Pflanzengesellschaften vernichtete, von denen die Tiere abhängig waren, wie läßt sich dann erklären, daß die Pflanzenarten, die beispielsweise für die Ernährung von Mammuts und Faultieren notwendig waren, auch nach dem Aussterben dieser Säugetiere noch reichlich und verbreitet gediehen? Das alles sind zwingende Argumente, die für die Overkill-Hypothese sprechen.

Aber die Medaille hat auch eine Kehrseite. Die Kritiker fragen beispielsweise: Wenn die Jäger so viele Arten großer Säugetiere aus-

Das Wollmammut, der dritte Gigant, der am Ende des Pleistozän durch das Verhalten der Menschen ausstarb.

rotteten, warum überlebten dann einige von ihnen, zum Beispiel Bisons, Elche, Wapitihirsche und Moschusochsen? Wenn die Jagd sich so verheerend auswirkte, warum wurden diese Arten dann verschont? Die Antwort ergibt sich vielleicht aus den Besonderheiten in Vergangenheit und Verhalten dieser Tiere. »Viele Überlebende in der amerikanischen Großtierwelt waren selbst aus der Alten Welt eingewandert«, beobachtet Martin, »und dort hatten sie es ebenfalls geschafft zu überleben, obwohl sie schon sehr viel länger gejagt wurden und obwohl ihr Verbreitungsgebiet stark zurückgegangen war.«[6] Demnach hätten diese Arten aus der Alten Welt, die sich in den Jahrmillionen, in denen die Fähigkeit zum Jagen entstand, gemeinsam mit den Menschen entwickelt hatten, einen besonderen Argwohn gegenüber den Jägern und ihren Gewohnheiten entwikkelt. Und diese lebensrettenden Eigenschaften nahmen sie mit, als sie von Asien aus nach Amerika einwanderten. Manche überlebenden Arten, beispielsweise Karibu, Bison und Antilope, waren selbst in ihren Bewegungen unberechenbar, und andere, so Elche, Brillenbären und Tapire, lebten in stark bewaldeten Gebieten, wo sie nur schwer aufzustöbern waren. Was auch der Grund gewesen sein mag, in jedem Fall überlebten sie, aber sie bilden nur eine Minderheit der großen Säugetierarten, die es am Ende des Pleistozän gab.

Einige Vertreter der Klimahypothese meinen, diese Vorstellung werde oft zu stark vereinfacht dargestellt. Durch einen weltweiten Temperaturrückgang kommt es nicht nur zur Schrumpfung und Zerstückelung der Pflanzengesellschaften, so daß in den Restbeständen nur noch kleine Tierpopulationen überleben können. Vielmehr wird auch der Zusammenhalt der Gesellschaften zerstört: Manche Arten wandern in diesen Lebensraum, andere in jenen. Die Folge ist eine neue Kombination von Lebensgemeinschaften, die es vor der Klimaveränderung nicht gab. Die Biologen Russell Graham vom Illinois State Museum und Ernest Lundelius von der University of Texas bezeichnen dieses Phänomen als »Coevolutions-Ungleichgewicht«. Vor etwa zehn Jahren erklärte Graham diese Theorie auf einer wichtigen Tagung über das Thema folgendermaßen: »Die Lebensgemeinschaften des späten Pleistozän sind gekennzeichnet durch das Zusammenleben von Arten, die heute geographisch und ökologisch getrennt sind. Das läßt darauf schließen, daß die Gemeinschaften nicht als intakte Einheiten gewandert sind, sondern daß sie auf die Umweltveränderungen je nach ihren individuellen Verträglichkeitsgrenzen reagierten. Viele Tierarten mußten sich mit ihrer Ernährungsweise erheblich umstellen.« Zwar mag es stimmen, so räumen Graham und Lundelius ein, daß manche Pflanzenarten, von denen sich das Riesenfaultier ernährte, auch heute noch in den Gegenden zu finden sind, in denen die Tiere dem Aussterben anheimfielen; aber mit ziemlicher Sicherheit brauchten sie zu ihrem Lebensunterhalt auch noch andere Pflanzen, die vielleicht aus dem Lebensraum verschwunden sind. Leider läßt sich diese Vermutung nicht ohne weiteres überprüfen.

Natürlich gibt es in dieser Debatte auch eine mittlere Position, die versucht, sowohl die Jagd als auch die Klimaveränderung in Rechnung zu stellen. Ein solches Szenario schlug John Guilday vor, ein Fachmann für die Pflanzen- und Tierwelt der Appalachen. Er ist fest davon überzeugt, daß die tiefgreifenden Klimaveränderungen am Ende des Pleistozän zwangsläufig verheerende Auswirkungen auf die Tierpopulationen haben mußten, aber die Jagd kann nach seiner Ansicht ebenfalls von Bedeutung gewesen sein. »Man kann sich eine Überbelastung durch primitives Jagen vorstellen, die zum Aussterben der Beutetierarten führte«, schrieb er 1982 kurz vor seinem allzu frühen Tod, »aber nur unter Bedingungen, die nicht unmittelbar mit dem Druck durch die Jagd zu tun haben, sondern mit der ökologischen Gesundheit der Spezies als Ganzes.«[7] Er hielt es für töricht, darauf zu beharren, daß die Jagd allein die Ursache war. »Die großen Säugetiergruppen verschwanden nicht einfach von einer Bühne der ökologischen Ruhe, sondern ihr Aussterben fällt in eine Zeit des ökologischen Gärens, in der Lebensgemeinschaften sich umstellten, auflösten und unter gewandelten Klimabedingungen neu bildeten, so daß daraus das gänzlich anders geartete Holozän hervorging.«[8] Bestehende ökologische Nischen verschwanden, und andere bildeten sich neu. Die Frage ist: Inwieweit waren die zum Untergang verdammten großen Säugetiere auf die exakte Zusammensetzung der Lebensgemeinschaften angewiesen, in deren Umfeld sie sich entwickelt hatten? Bei einer großen Abhängigkeit waren sie durch Veränderungen gefährdet; war die Abhängigkeit dagegen gering, konnten sie ihre Überlebensstrategien an die neu entstandenen Gemeinschaften anpassen. Die Antwort kennen wir nicht.

Im Gegensatz zu heute war Europa früher die Heimat vieler großer Säugetierarten.

Derzeit läßt sich nicht überprüfen, wie stark sich Jagd und Klimaveränderung am Ende des Pleistozän auf die Tierwelt Amerikas ausgewirkt haben. Beide Vorgänge spielten sich auf dem Kontinent zur gleichen Zeit ab. Wurde die Tierwelt durch einen davon auf dem Weg über die Dezimierung der Populationen so geschwächt, daß der zweite ihr den Garaus machen konnte? Guilday formulierte es so: »Jedenfalls hatten sie gemeinsam eine verheerende Wirkung, und die Welt ist deshalb heute wesentlich ärmer.«[9]

Wie ich bereits erwähnt habe, verlief das Aussterben während des Pleistozän in Afrika und Australien ganz anders als in Amerika. Anders als in der Neuen Welt gab es dort am Ende der Epoche keinen dramatischen Zusammenbruch der Tierwelt. Aber auch Afrika und Australien blieben im Pleistozän nicht vom Artenschwund verschont. Australien litt im Verhältnis sogar noch stärker als Amerika und verlor 85 Prozent seiner großen Säugetierarten. Afrika kam besser davon, erlebte aber zu Beginn des Pleistozän ebenfalls ein erhebliches Artensterben. Dennoch ist es auch heute noch der Kontinent des Großwildes. Die historische Tatsache, daß es im Pleistozän auch in Afrika, Australien und Amerika zum Artensterben kam, spricht sicher für die Klimaveränderung als Ursache in Amerika. Klimaveränderungen betreffen die ganze Welt, und man würde erwarten, daß sie sich auf allen Kontinenten ungefähr zur gleichen Zeit auf die gleiche Weise auswirken. Aber das Argument der historischen Tatsache läßt sich auch zugunsten der Overkill-Hypothese anführen, und zwar folgendermaßen:

Erstens fällt das Artensterben in Amerika, wie wir gesehen haben, genau mit der dortigen Ausbreitung der Clovis-Menschen zusammen. Wie steht es in dieser Hinsicht mit Afrika, das zu Beginn des Pleistozän ein größeres Artensterben erlebte, und mit Australien, wo sich etwas Ähnliches erst spät, nämlich vor etwa 6000 Jahren abspielte? Wenn auch hier das Eindringen der Menschen mit bedeutenden Aussterbewellen zusammenfällt, würde das die Overkill-Hypothese unterstützen.

Afrika ist, wie Charles Darwin schon vor über 100 Jahren feststellte, die Wiege der Menschheit. Hier entwickelten sich vor etwa fünf Millionen Jahren die ersten Mitglieder der Menschenfamilie, aber diese ersten menschlichen Spezies fristeten ihr Leben eher wie Menschenaffen. Wir waren nicht vom Anfang unserer Evolutionslaufbahn an Jäger. Wie man den archäologischen Befunden entnehmen kann, gewann Fleisch als Nahrung erst vor zwei bis drei Millionen Jahren an Bedeutung, zur gleichen Zeit, als auch das Gehirn größer wurde. Als sich vor etwa zwei Millionen Jahren der *Homo erectus* entwickelte, war die Lebensweise als Sammler und Jäger bereits gut ausgeprägt, und das blieb so, bis in relativ junger Vergangenheit, nämlich vor ungefähr 10000 Jahren, die Landwirtschaft erfunden wurde. Damit will ich nicht sagen, der *Homo erectus* sei bereits ein so geschickter Jäger gewesen wie die heutigen Naturvölker. Richard Klein, ein Anthropologe an der Stanford University, hat sogar überzeugend nachgewiesen, daß die Fähigkeiten als Jäger sich vor ungefähr 100000 Jahren mit der Evolution der Jetztmenschen erheblich verbesserten. Davor suchten sich die Menschen gefügige, leicht zu fangende Beutetiere; später jagten sie vorwiegend gefährliche Tiere wie den Kaffernbüffel. Mehr als zwei Millionen Jahre lang entwickelte sich die Gattung *Homo* als werdender Jäger gemeinsam mit seiner potentiellen Beute.

In dieser langen Zeit des Nebeneinander, so Martins Argumentation, entwickelte sich bei den Tieren die Fähigkeit, den Menschen und ihren Jagdgewohnheiten zu entgehen. »Den Unterschied zwischen dem Aussterben des Pleistozän in Afrika und Amerika erkennt man daran, daß sich die Menschen auf dem einen Kontinent über Jahrmillionen hinweg allmählich und zusammen mit den großen Tieren entwickelten, während auf dem anderen plötzlich eine gut entwickelte Jägergesellschaft auf dem Höhepunkt ihrer Fähigkeiten eindrang und ein Gemetzel anrichtete«, meint er. »Wäre nicht die Alte Welt, sondern Amerika der Ursprungsort der Menschheit gewesen, hätte das Artensterben im späten Pleistozän ohne weiteres genau umgekehrt verlaufen können.«[10] War das Aussterben der großen Tiere zu Beginn des Pleistozän die Folge des ersten Auftauchens eines neuen Räubers (des *Homo erectus*), an den sich die potentiellen Beutetiere noch nicht angepaßt hatten? Ein solches Zusammentreffen wäre mit der Overkill-Hypothese vereinbar, aber ob es stimmt, läßt sich nicht feststellen, und es ist ebensogut möglich, daß die Klimaveränderung der Auslöser war.

Eindeutigere Aussagen kann man über Australien machen, aber auch hier gibt es einige Unsicherheiten. Da der Kontinent schon seit langer Zeit geographisch isoliert war, sah die Tierwelt dort im späten Pleistozän anders aus als auf den übrigen Erdteilen. Hier gab es nashornähnliche Geschöpfe, Faultiere, Riesenkänguruhs, Tiere, die

Tapiren ähnelten, und riesige Nager, aber nur zwei Fleischfresser, nämlich einen Löwen und einen Hund – und alle waren natürlich keine Plazenta-Säuger, sondern Beuteltiere. (Ein dritter großer Fleischfresser war eine Riesenechse, die noch größer war als der Komodowaran.) Anders als in Amerika gab es in Australien weder Säugetiere von der Größe eines Elefanten noch Riesenfaultiere. Im Verhältnis zur Artenzahl verschwanden in Australien am Ende des Pleistozän noch mehr als die drei Viertel, die in Amerika ausstarben. (Die absolute Zahl der Arten war allerdings geringer.) Von den 50 großen Tierarten, die es vor über 60000 Jahren gab, überlebten nur vier, ausschließlich Kängurus. Von den kleinen Säugern dagegen starben wie in Amerika nur sehr wenige aus.

Den Fossilfunden ausgestorbener australischer Säugetiere ein genaues Alter zuzuordnen ist aus verschiedenen Gründen schwierig. Die besten Schätzungen datieren sie auf die Zeit vor 100000 bis 12000 Jahren; vermutlich sind sie etwa 60000 Jahre alt. Das entspricht recht gut der Zeit der Besiedelung des Kontinents durch Menschen, die sich aus archäologischen Befunden ableiten läßt. Deutet dieses Zusammentreffen erneut voller Vorwurf auf den *Homo sapiens* als mutmaßlichen Urheber eines den ganzen Kontinent erfassenden Gemetzels? Paul Martin glaubt das. »Das Vordringen der machtvollen, tödlichen Spezies *Homo sapiens* auf einem Kontinent, der vorher nur wenige schnellfüßige Fleischfresser und keine Raubtiere der Ordnung Carnivora kannte, bot einzigartig günstige Voraussetzungen für umfangreiches Töten«, meint er. »Das Verschwinden der weniger flinken, auffälligen großen Säugetiere erscheint unausweichlich und kaum bemerkenswert.«[11]

Darauf antworten die Kritiker der Overkill-Hypothese: Wenn das stimmt, wo sind die Belege? Wo sind die versteinerten Skelette der Riesenkängurus, die von steinernen Speerspitzen durchbohrt wurden? Die Tatsache, daß es solche gemeinsamen Funde von Tierkadavern und urzeitlichen Waffen praktisch nicht gibt, ist sicher ein Schwachpunkt der Overkill-Hypothese. Martin erklärt ihn mit der Vermutung, es sei angesichts der kurzen Zeit seit dem Eindringen des Menschen mit dem nachfolgenden schnellen Bevölkerungswachstum und der Ausrottung der Tierarten nicht verwunderlich, daß archäologisch so gut wie nichts zu finden ist. Daß Fossilfunde und archäologische Belege eher ein langsam veränderliches Bild und keine schnellen Wandlungen einfangen, stimmt, und deshalb ist Martins Argument stichhaltig. Aber es ist wissenschaftlich nicht zu überprüfen, und das bereitet den Fachleuten Unbehagen.

In der Frage, ob die Menschen auf die ökologischen Gemeinschaften, in die sie eingedrungen sind, tödliche Auswirkungen hatten, gibt es also grundsätzlich nur Indizienbeweise. Aber ob das Artensterben im Pleistozän nun durch Einwirkung des Menschen verursacht wurde oder nicht: Allein die Tatsache, daß diese Lebensgemeinschaften in relativ junger Vergangenheit zerstört wurden, zeigt, wie empfindlich sie sind. Irgendein äußerer Umstand ändert sich, und schon brechen sie zusammen.

Was die riesigen Bewohner Amerikas, Afrikas und Australiens hinwegfegte, mag noch fraglich sein, aber in Neuseeland gibt es diese Unsicherheit nicht. Die beiden Inseln, isolierte Nachbarn Australiens auf der südlichen Erdhalbkugel, beherbergten bis vor einiger Zeit ebenfalls eine einzigartige Lebenswelt, »deren Geschöpfe so fremdartig waren, daß wir sie für Ausgeburten der Phantasie eines Science-fiction-Autors halten würden, gäbe es keine Beweise ihrer Existenz in Form von Fossilien«[12], wie Jared Diamond es formulierte. Es war ein Land der Vögel, und viele davon waren höchst seltsame Arten, die häufig nicht fliegen konnten. Die Stars auf dieser Bühne waren die Moas, riesige, straußenähnliche Geschöpfe, die über drei Meter groß wurden und 250 Kilogramm wogen. Es gab ein Dutzend Moaarten, die kleinste immer noch ungefähr einen Meter groß.

Das Evolutionsexperiment, das sich in den Jahrmillionen der neuseeländischen Vorgeschichte abspielte, ist ein Musterbeispiel für ökologischen Opportunismus. Säugetiere fehlten fast völlig (es gab nur Fledermäuse), so daß die Vögel und andere Tiere die Nischen der Säuger besetzen konnten. Diamond beschreibt es so: »Moas statt Hirschen, flugunfähige Gänse und Wasserhühner statt

Kaninchen, große Grillen, Fledermäuse und kleine Singvögel statt Mäusen und Riesenadler statt Leoparden ... Die Szene muß etwa so gewesen sein, wie wir sie bei einem Besuch auf einem anderen belebten Planeten erblicken würden.«[13] Der Adler, der etwa 15 Kilo wog, war der mächtigste fliegende Räuber jener Zeit und der einzige Feind der Moas. Bis die Menschen dazukamen.

Die ersten menschlichen Bewohner der Inseln waren vor fast 1000 Jahren die Maoris, wie man die polynesischen Siedler nannte. Auf sie wartete die Welt, die ich gerade beschrieben habe. Schon nach wenigen Jahrhunderten gab es diese Welt nicht mehr, denn sie hatte sich durch umfangreiches Artensterben gewandelt. Letztlich verschwand auf den Inseln die Hälfte aller Spezies, darunter alle großen Vögel und die meisten flugunfähigen Arten. Bis vor sehr kurzer Zeit glaubten die meisten Beobachter, die Maoris seien sorgsame Naturschützer gewesen und hätten an der Zerstörung der Lebenswelt auf den Inseln keinen Anteil gehabt. Als Ursache nannte man Klimaveränderungen, die sich angeblich schon vor der Erstbesiedelung abgespielt hatten. Man räumte zwar ein, die Polynesier hätten vielleicht noch die verstreuten Überreste der früher üppigen Tierwelt vorgefunden und dazu beigetragen, sie endgültig auszulöschen, aber insgesamt schrieb man den Menschen in diesem Drama der Vernichtung nur eine Nebenrolle zu.

Vor kurzem wurde diese Ansicht jedoch durch zwei neu zusammengetragene Indizienketten erschüttert. Erstens weiß man mittlerweile, daß das Klima Neuseelands seit dem Pleistozän gleichförmig war und das von Vögeln beherrschte Leben begünstigte. Diamond meint dazu: »Die Moas starben mit gut gefülltem Magen unter klimatischen Bedingungen, wie es seit Zehntausenden von Jahren keine besseren gegeben hatte.«[14] Offenbar gibt es keine Anzeichen, daß die Moas in einer verarmten Umwelt ein dürftiges Leben fristeten. Und zweitens zeigen die Abfälle an archäologischen Fundstätten der Maoris sehr deutlich, daß es die Moas noch gab, als die ersten Menschen eintrafen. Die Knochen sind der Beweis, und es sind keine spärlichen, sondern üppige Indizien. Man kennt über 100 solche Fundstellen, manche davon sehr groß. Wie die Überreste der

Moas zeigen, nutzten die Maori sie als Nahrung, die sie in Erdöfen zubereiteten, und als Rohstoff, indem sie zum Beispiel die Haut zu Kleidung und die Knochen zu Angelhaken und Schmuck verarbeiteten. Die ausgeblasenen Eier dienten als Wasserbehälter. Man hat an archäologischen Fundstätten bisher über eine halbe Million Moaskelette entdeckt, das ist etwa das Zehnfache der Zahl, die damals jeweils zur gleichen Zeit lebte. Die Maori müssen über viele Generationen hinweg die Moas abgeschlachtet haben, bevor die Vögel schließlich ausstarben.

Nun sollte man annehmen, daß die Moas mit ihrer Größe, Muskelkraft und Laufgeschwindigkeit auch für einen geübten Jäger ein respektabler Gegner sind. Und in dem schwierigen, gebirgigen Gelände Neuseelands waren sie nicht leicht aufzuspüren und in die Enge zu treiben. Oder doch? Moas und andere einheimische Arten hatten sich ohne Menschen entwickelt und waren deshalb vielleicht sehr zutraulich. Vielleicht war es überhaupt nicht schwierig, nahe genug an sie heranzukommen, um sie zu erlegen. Aber die Jagd war nicht der einzige Grund, warum die Arten auf den Inseln von Menschenhand zugrunde gingen. Immerhin starben nicht nur die Moas aus, sondern das gleiche Schicksal erlitten auch viele andere Arten, darunter die ungewöhnlichen neuseeländischen Grillen, Schlangen, Zaunkönige und Fledermäuse, allesamt keine typischen Beutetiere. Hier war vermutlich die Entwaldung ein wichtiger Faktor. Als die Maoris das Land für ihre Siedlungen rodeten, vernichteten sie die Lebensräume, auf die solche Arten angewiesen waren. Außerdem brachten die Maoris Ratten mit, was sich auf die am Boden nistenden Vögel und andere Arten verheerend auswirkte. Die Behausungen dieser Geschöpfe wurden für das gefräßige und gleichzeitig vielseitige Raubtier zu einer leichten Beute. Und Neuseeland war auch weder das erste noch das letzte Land, das durch eingeschleppte Ratten erheblich ökologische Verluste erlitt. Ratten können ein Ökosystem ohne Schwierigkeiten besiedeln, und die Folge ist in der Regel eine Welle des Aussterbens.

Nachdem die Population der Moas zunächst schrumpfte und dann völlig fehlte, hatten die Riesenadler keine Beute mehr, von der sie sich ernähren konnten. Sie dürften durchaus versucht haben, statt dessen Menschen zu erbeuten, denn Menschen sind wie die Moas zweibeinige Tiere, und auch die Größe ist ähnlich. Die Maoris unternahmen etwas, um sich zu schützen, und diese Auseinandersetzung konnte nur ein Ergebnis haben. Die Vorstellung vom Menschen als Vernichter und Zerstörer ist in Neuseeland gut gesichert, das räumen sogar Vertreter der Hypothese von den Klimaveränderungen wie John Guilday ein. Er bezeichnete den Fall als »eindeutig«. Als die Europäer im 19. Jahrhundert nach Neuseeland kamen, fanden sie ein Volk vor, das scheinbar im Einklang mit seiner Umwelt lebte, so daß man anfangs glaubte, man könne hier einen Eindruck von einer früheren, urtümlichen Welt gewinnen. Aber schon bald darauf kamen unter den Pflügen der neuen Siedler die Knochen und Eierschalen exotischer Vögel zum Vorschein, wie man sie noch nie zuvor gesehen hatte. Es war das erste Indiz für eine wichtige Erkenntnis über uns selbst, den *Homo sapiens*, die erst seit kurzem deutlich sichtbar wird. Die Tatsache, daß das erste Auftreten der Menschen in Neuseeland sich so verheerend auf die bestehenden ökologischen Gemeinschaften auswirkte, ist ein weiteres Argument dafür, daß Ähnliches sich auch in Amerika abgespielt hat.

Ozeanische Inseln wie Neuseeland sind außergewöhnliche Winkel der Evolution, einfach weil sie so isoliert sind. Sie werden von allen Arten besiedelt, die der Zufall und die physikalischen Umstände mit sich bringen, und beherbergen später die Nachkommen dieser Arten. Säugetiere – mit Ausnahme der Fledermäuse – fehlen auf abgelegenen Inseln meist ganz, so daß sich die ökologischen Gemeinschaften, die sich dort entwickeln, deutlich von denen auf dem Festland unterscheiden. Ihre wichtigsten Bewohner sind Vögel und Reptilien, und deshalb haben solche Lebensgemeinschaften häufig etwas von einer anderen Welt. Die ökologischen Gemeinschaften auf Inseln sind außerdem äußerst empfindlich und werden häufig durch fremde, neu eindringende Arten verwüstet, insbesondere durch Säugetiere, seien es nun Menschen oder Ratten (die meist gemeinsam kommen). So sind beispielsweise nur 20 Prozent aller Vogelarten auf Inseln hei-

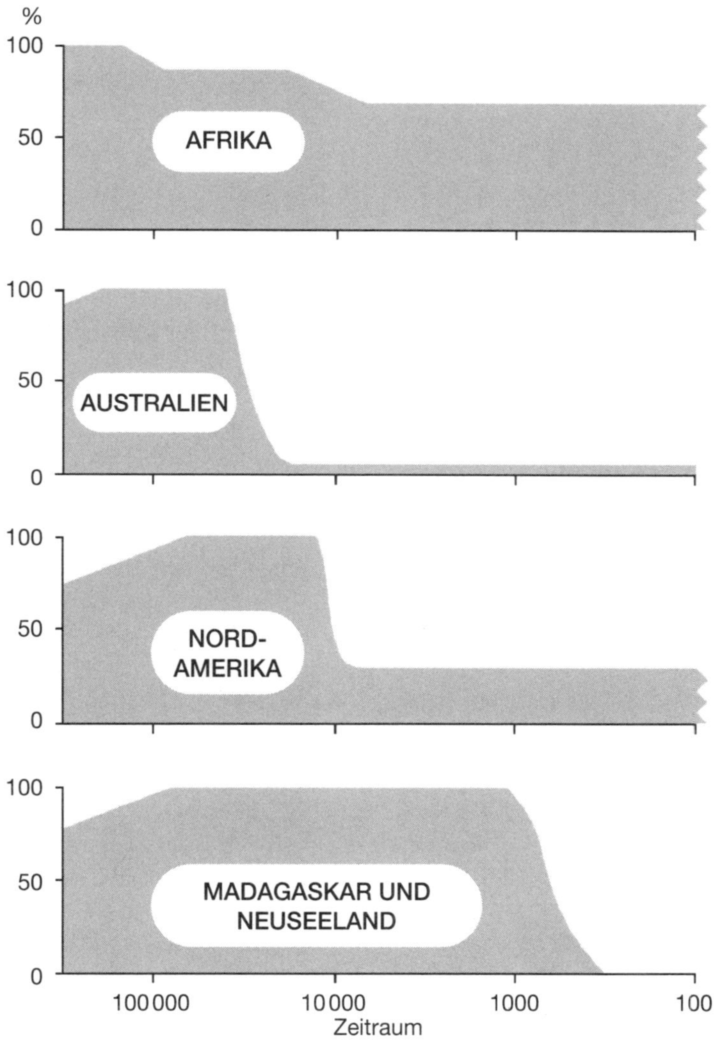

Im Pleistozän starben in vielen Gegenden große Säugetiere aus, aber das geschah zu unterschiedlichen Zeiten. In Australien, Nordamerika, Neuseeland und Madagaskar fällt das Aussterben zeitlich mit der Besiedelung durch die Menschen zusammen. Die Ursachen waren die Jagd und die Zerstörung der Lebensräume.

misch, aber wenn Vögel in historisch belegter Zeit ausstarben, geschah es in 90 Prozent aller Fälle ebenfalls auf Inseln. Außerdem sind ozeanische Inseln die Heimat von 50 Prozent der Vogelarten, die heute als unmittelbar vom Aussterben bedroht gelten.

Eine der am stärksten isolierten Inselgruppen der Welt sind die Hawaii-Inseln, und deshalb leben dort viele Pflanzen- und Tierarten, die es sonst nirgendwo gibt. Sie sind ein Paradies für Ökologen und Evolutionsforscher, die dort einen Blick auf grundlegende und oft sehr urtümliche Lebensvorgänge werfen können. Die Besiedelung durch die Menschen führte aber auch zu verheerenden Zerstörungen. So verschwanden zum Beispiel bis zu 70 Prozent der Vogelwelt auf den Inseln als direkte oder indirekte Folge der Anwesenheit des Menschen. Die Wälder sind nur zu einem kleinen Prozentsatz noch unberührt, nämlich in den Gebirgsgegenden, die für die Krakenarme der wirtschaftlichen Entwicklung unerreichbar sind.

Bis vor kurzem nahmen die Fachleute wie selbstverständlich an, die beobachteten ökologischen Zerstörungen auf den Inseln seien eine Folge der Kolonisierung durch die Europäer gegen Ende des 18. Jahrhunderts. So schrieb beispielsweise ein Biologe der University of Hawaii noch vor knapp 20 Jahren: »Die schwere Zerstörung der Umwelt auf Hawaii... begann im wesentlichen einige Jahre nachdem Kapitän Cook und seine Nachfolger gelandet waren.«[15] Genau wie im Falle Neuseelands nahmen die Wissenschaftler an, die polynesischen Siedler, die 1500 Jahre zuvor nach Hawaii gekommen waren, hätten sich auf dem Archipel im Einklang mit der vorhandenen ökologischen Gemeinschaft niedergelassen. Die Hawaiianer galten ebenso als Teil der natürlichen Umwelt wie die hawaiianischen Zuckervögel. Kapitän Cook und seine unmittelbaren Nachfolger, so die Vorstellung, fanden ein ursprüngliches Ökosystem vor, das einige Zeit zuvor auch die harmlose Säugetierart *Homo sapiens* in Form der Polynesier aufgenommen hatte.

In den siebziger Jahren geriet dieses Bild ins Wanken. Damals beschäftigten sich zunächst die Amateur-Naturforscherin Joan Aidem und später Storrs Olson und Helen James von der Smithsonian Institution genauer mit dem Leben früherer Zeiten auf Hawaii.

Durch die Untersuchung empfindlicher fossiler Vogelknochen erkannten sie, daß die ökologischen Gemeinschaften auf den Inseln früher ganz anders beschaffen waren, als man sich bis dahin vorgestellt hatte, und vieles von dem, was die Unterschiede ausgemacht hatte, war innerhalb weniger Jahrhunderte nach der Landung der ersten polynesischen Siedler ausgestorben. »Wir wußten schon seit langem, daß die Inseln früher von jungfräulichen Wäldern bedeckt waren und daß dort vor allem Pflanzen gediehen, die es sonst nirgendwo auf der Erde gab«, schrieben sie nach fünf Jahren fruchtbarer Forschungsarbeit, »aber erst in den letzten zwölf Jahren ist nach und nach deutlich geworden, in welchem Umfang diese Wälder auch eine bemerkenswerte Vielfalt endemischer* Vogelarten beherbergten, die größtenteils von Menschenhand ausgerottet wurden.«[16] Bis zu 50 Vogelarten starben in der prähistorischen polynesischen Zeit aus, darunter Ibisse, Gänsevögel, Rallen, Eulen, eine Falken- und eine Adlerart, Rabenvögel und viele, viele Singvögel.

Als Olson und James über den fossilen Vogelknochen brüteten und die Liste der ausgestorbenen Arten zusammenstellten, waren sie überrascht von der großen Zahl flugunfähiger Formen: Es waren 17 der 50 Arten. »Daß es diese ungewöhnlichen Vögel gab, war bis vor zehn Jahren Hawaiis bestgehütetes Geheimnis«, schrieben James und Olson.[17] Die ausgestorbenen Vögel gehörten nicht etwa zu seltsamen Abstammungslinien, die schon seit langem zum Aussterben verdammt waren, sondern sie waren Abkömmlinge bekannter Arten wie Enten, Gänse, Rallen und Ibisse. Ihre Vorfahren müssen gute Flieger gewesen sein, denn sonst hätten sie die 3000 Kilometer von der nächsten Festlandküste auf die abgelegene Inselgruppe nicht überwinden können. Befreit von den tödlichen Nachstellungen der natürlichen Feinde, mit denen sie sich gemeinsam entwickelt hatten, verloren viele dieser Arten die Flugfähigkeit, eine entwicklungsgeschichtliche Umwandlung, die, wie die Biologen inzwischen wissen, auf Inseln häufig stattfindet. Dort geben

* Endemisch: nur in einem eng umgrenzten Gebiet vorkommend (A. d. Ü.).

viele Arten das Fliegen und den damit verbundenen Energieverbrauch auf. Das Ganze ging, entwicklungsgeschichtlich betrachtet, relativ schnell: Kauai, die älteste Hauptinsel des Hawaii-Archipels, tauchte erst vor sechs Millionen Jahren als jungfräuliche Vulkaninsel aus dem Ozean auf. Das Verschwinden der Vögel vollzog sich aber noch viel rascher, nämlich im Laufe weniger Jahrhunderte oder sogar Jahrzehnte.

»Die Schlußfolgerung, daß die Vogelwelt Hawaiis sich bei der ersten Landung der Europäer in einem natürlichen Gleichgewicht befand, erscheint durchaus plausibel«, bemerkten Olson und James im Hinblick auf die überkommene Ansicht, zu deren Widerlegung sie beitrugen. »Wie die Fossilfunde jedoch zeigen, machen die aus historischer Zeit bekannten Vogelarten nur einen Bruchteil der natürlichen Artenvielfalt auf den Inseln aus.«[18] Auf der Insel Oahu kennt man zum Beispiel aus historischer Zeit sieben Vogelarten, aber als Fossilien findet man die Überreste von viermal so vielen. Es war eine gewaltige ökologische Ausdünnung, und sie fällt wiederum mit der Landung der polynesischen Siedler zusammen. Wie sich bei weiteren Untersuchungen herausgestellt hat, sind die Hawaii-Inseln, was das Schicksal in prähistorischer Zeit angeht, keine Ausnahme.

Die beiden Wissenschaftler der Smithsonian Institution und mehrere ihrer Kollegen beschäftigten sich auch mit anderen Regionen des Pazifik und gelangten dabei immer, wenn sie auf ozeanischen Inseln fossile Überreste von Vögeln finden konnten, zu zwei Schlußfolgerungen: Erstens sind die heutigen ökologischen Gemeinschaften im Vergleich zur prähistorischen Zeit entsetzlich verarmt; und zweitens fällt das Artensterben zeitlich immer mit der Landung der ersten Siedler zusammen. Ein Extrembeispiel, an dem dieses Prinzip deutlich wird, ist Henderson Island, eine kleine (37 Quadratkilometer), nicht besonders einladende Insel in der pazifischen Gruppe der Pitcairn-Inseln. Ihre steilen Kalksteinklippen ragen aus tiefem Wasser auf, das Gelände ist uneben und von dichter Vegetation bedeckt, und Süßwasser gibt es nur wenig. Viele der hier lebenden Pflanzen- und Tierarten gibt es sonst nirgendwo. Vor nicht allzu langer Zeit galt Henderson Island als »eine der wenigen Inseln ihrer Größe in den wärmeren Gegenden der Erde, die durch die Tätigkeit des Menschen noch kaum beeinflußt wurde«. Man glaubte, die Insel sei in relativ ursprünglichem Zustand, und deshalb waren die Biologen überzeugt, sie könnten das Artenspektrum erfassen und daraus verläßliche Kenntnisse über Strukturen und Wechselwirkungen in einer unversehrten, vollständig funktionsfähigen Lebensgemeinschaft ableiten.

Aber da hatten sie sich geirrt. Zusammen mit David Steadman vom New York State Museum untersuchte Olson die Fossillagerstätten der Insel, und dabei ergab sich ein völlig anderes Bild. Henderson Island war durchaus nicht im ursprünglichen Zustand: Im Vergleich zur prähistorischen Zeit fehlte mindestens ein Drittel der Landvogelarten, vermutlich sogar mehr. Die Insel war in der Zeit vor 800 bis 500 Jahren kurzfristig von Polynesiern besiedelt und wurde zu einer »Rätselinsel«, weil niemand weiß, warum die Bewohner sie wieder verließen. Es gibt im Pazifik etwa ein Dutzend solche geheimnisumwitterten Inseln, aber im Falle von Henderson Island ist es eher ein Rätsel, warum die Siedler überhaupt so lange blieben, obwohl die Bedingungen für den Lebensunterhalt offenbar sehr schwierig waren. Was allerdings die lange Liste der ausgestorbenen Arten auf diesen Inseln angeht, gibt es kein Geheimnis mehr: Sie verschwanden, weil dort Menschen lebten.

Einige von ihnen wurden sicher ausgerottet, weil die Menschen Jagd auf Vögel machten, aber die menschliche Besiedelung kann sich auch auf anderen Wegen schädlich auf natürliche Ökosysteme auswirken. Und während die Jagd meist nur eine Art oder einige wenige betrifft, können andere Wirkungen viel weiter reichen. In Hawaii rodeten die Siedler zum Beispiel in den Niederungen große Teile der Wälder, was die Lebensräume zerstückelt und vernichtet. Wenn ein Wald abgeholzt wird, müssen die Lebewesen, die dort zu Hause sind, einen anderen Lebensraum finden, oder sie gehen zugrunde. Eine Schneise, die man in einen Wald schlägt, kann den Austausch zwischen den Teilen des zuvor zusammenhängenden Lebensraumes behindern oder völlig zum Erliegen bringen. Wenn ökologische Gemeinschaften derart auseinandergerissen werden, sind sie anfälliger für eindringende neue Arten, die unter Umständen eine Lawine des Artensterbens verursachen. Wie eine neuere, faszinierende Studie britischer und amerikanischer Ökologen gezeigt hat, kamen manche dieser Aussterbeereignisse nicht nur unerwartet, sondern auch erst lange nach der anfänglichen Störung.

In einem durch Zerstückelung gestörten Lebensraum gehen Arten aus mehreren Gründen verloren. So verschwinden zum Beispiel diejenigen, die sehr große Jagdreviere brauchen – dies betrifft vor allem die großen Raubtiere. Arten mit geringer Populationsgröße sind anfällig für das Aussterben durch Zufallsereignisse. Und so weiter. Warum solche Arten empfindlich sind, ist leicht zu erkennen. Als aber David Tilman, Robert May und ihre Kollegen von den Universitäten in Minnesota und Oxford mathematische Modelle ökologischer Gemeinschaften erstellten, gelangten sie zu einem Ergebnis, mit dem niemand gerechnet hatte. Zu den empfindlichsten Arten in solchen Gemeinschaften gehörten diejenigen, die am besten angepaßt waren. Aber bis sich diese Anfälligkeit zeigt, können Jahrzehnte oder sogar Jahrhunderte vergehen. Das muß ich näher erklären.

Stellen wir uns einmal eine ökologische Gemeinschaft aus zwei Gruppen von Pflanzenarten vor: Die einen sind an die örtlichen Gegebenheiten gut angepaßt, die anderen weniger gut. Die gut angepaßten Arten verwenden ihre Energie dazu, den Lebensraum auszunutzen, beispielsweise indem sie mit langen Wurzeln einen niedrigen Grundwasserspiegel erreichen können oder gelegentliche Waldbrände überstehen; vielleicht haben sie auch lange Stämme, mit denen sie das Licht besser einfangen können als kürzere Pflanzen. Die weniger gut angepaßten Arten verfolgen eine andere Strategie: Sie sind durch die Art, wie sie ihre Samen verteilen, beweglicher. Auf diese Weise können sie vorübergehende Gelegenheiten zur Besiedelung neuer Lebensräume nutzen. Wird eine solche Lebensgemeinschaft durch Zerstückelung isoliert, sind die gut angepaßten und am wenigsten beweglichen Arten am stärksten gefährdet. Diese kleinen lokalen Populationen, die jetzt in isolierten Gebieten festsitzen, werden anfällig für gelegentliche Katastrophen wie Krankheiten, Brände oder Nährstoffmangel. Eine lokale Population nach der anderen stirbt aus, bis die betreffende Art schließlich aus einem großen Gebiet verschwindet oder völlig ausstirbt und in Vergessenheit gerät. »Da es erst Generationen nach der Zerstückelung zum Aussterben kommt«, schreiben Tilman und seine Kollegen, »stellen sie eine ›Schuld‹ dar, die erst in der Zukunft fällig wird.«[19] Diese Arbeiten legen die Annahme nahe, daß in der heutigen Welt noch die Auswirkungen der Lebensraumzerstörung vor über einem halben Jahrtausend spürbar ist. Und entsprechend wird auch durch die heutige katastrophale Umweltzerstörung eine Schuld aufgebaut, die unsere Kindeskinder in 500 Jahren bezahlen müssen.

Die Zerstörung und Zerstückelung von Lebensräumen ist, wie man inzwischen erkannt hat, die Hauptursache für die Welle des Aussterbens in Hawaii. Aber die Menschen kommen bei ihrer Suche nach Siedlungsraum kaum einmal allein. Manche Lebewesen nehmen sie absichtlich mit, zum Beispiel Katzen, Hunde, Schweine und Ziegen; andere, beispielsweise Ratten, sind blinde Passagiere. Gelangen diese Geschöpfe in die Lebensgemeinschaft einer Insel, die bis dahin keine Säugetiere kannte, kommt es durch Verfolgung oder Konkurrenz zu verheerenden Folgen. Ziegen sind ein Musterbeispiel für Pflanzenfresser, die einheimische Gewächse mit Leichtigkeit abgrasen können und dabei die natürliche Landschaft entblößen. Von mehreren Inseln des Galapagos-Archipels, auf denen man sie vor etwa 200 Jahren eingeführt hatte, ließen sie kaum mehr als den nackten Fels übrig. Unmittelbarer wirken sich räuberische Arten aus; um das Leben der Gemeinschaft aufs Äußerste zu gefährden, brauchen sie nicht einmal besonders groß oder aggressiv zu sein. Es mag überraschend klingen, aber von allen Räubern, die mit den Menschen reisten, waren Ratten für das Aussterben der meisten Arten verantwortlich. Diese Allesfresser bedienen sich an den Eiern und Jungen von Vögeln und Reptilien und setzten auf diese Weise schon in einem frühen Lebensstadium mit ihrem zerstörerischen Werk an.

Die Wandertaube, früher in Amerika ein verbreiteter Vogel, ist heute ausgestorben. Ein Buch über Naturgeschichte aus dem Jahr 1874 beschreibt die Spezies so: »Die Wandertauben ziehen in so dichten Schwärmen durch die Wälder, daß sie die Sonne verdunkeln und eine lange Schattenspur auf den Boden werfen ... Bis ein solcher Schwarm vorübergezogen ist, vergehen manchmal drei Stunden.« (Solche Schwärme bestanden manchmal aus bis zu einer Million Vögeln.) Zwanzig Jahre, nachdem diese Zeilen geschrieben wurden, war die Wandertaube in freier Wildbahn durch umfangreiches Jagen ausgestorben. Derselbe Naturforscher stellt fest: »Die Tauben haben sich kaum im Wald niedergelassen, da kommen auch schon alle, die körperlich dazu in der Lage sind, und richten ein gewaltiges Gemetzel an.«

Wie wir gesehen haben, sind ökologische Gemeinschaften nicht einfach Ansammlungen von Arten, die zufällig in der gleichen Gegend leben, sondern sie werden von – allerdings schwachen – Wechselwirkungen beherrscht, die sich aus den komplizierten Nahrungsketten ergeben. Deshalb kann das Aussterben einer einzigen Art sich auf die ganze Gemeinschaft auswirken und eine Lawine weiterer Aussterbeereignisse auslösen. In Hawaii sind beispielsweise mehrere Pflanzenarten vom Aussterben bedroht, weil die Zuckervögel verschwunden sind, auf deren lange, gebogene Schnäbel sie für die Bestäubung angewiesen waren. Das ist ein Beispiel für unmittelbare Abhängigkeit; es gibt aber auch indirekte Abhängigkeiten. Große Pflanzenfresser ermöglichen kleineren oft das Leben in Gebieten, wo diese sonst nicht existieren könnten, weil die größere Art den Lebensraum erst einmal frei macht. Außerdem sorgen die größeren Pflanzenfresser durch die Störungen, die sie verursachen, bei den Pflanzen des Lebensraumes für einen Zuwachs an Vielfalt und Produktivität. Ein Beispiel dafür, was geschieht, wenn solche »Schlüssel-Pflanzenfresser« in einer bestimmten Gegend verschwinden, ist das Hluluwe-Wildreservat in Natal, wo es heute keine Elefanten mehr gibt. Innerhalb eines Jahrhunderts starben drei Antilopenarten lokal aus, und auch die Populationen der anderen Antilopen und der Wasserböcke schrumpften. Als die Elefanten verschwanden, verschwand auch ihre Wirkung, Lebensräume für die kleineren Pflanzenfresser zu schaffen.

Ökologische Gemeinschaften sind, wie wir gesehen haben, komplexe Systeme. Was diese Komplexität in der Praxis bedeutet, zeigt sich daran, wie sich Störungen auf solche Systeme auswirken. Und es ist heute nicht mehr zu leugnen, daß der Mensch in der jüngeren Vergangenheit eine wichtige Ursache solcher Störungen war. Das Ausmaß der ökologischen Zerstörungen, die Menschen insbesondere auf ozeanischen Inseln in den letzten Jahrtausenden angerichtet haben, wird erst seit kurzem deutlich, und diese Erkenntnis ist ernüchternd. Erstens ist die Welt vielfach nicht so, wie die Ökologen es sich vorgestellt hatten – das heißt, sie ist nicht so ursprünglich, daß man natürliche Systeme in ihrer unversehrten Zusammensetzung erkennen könnte –, und zweitens können wir die Augen nicht vor der Tatsache verschließen, daß die menschliche Spezies auf das weltweite Ökosystem, in dem sie sich erst vor kurzem entwickelt hat, zerstörerische Auswirkungen hatte.

Um gewaltige Umweltschäden anzurichten, braucht man den Wald nicht in großem Stil mit Maschinen abzuholzen. Auch Kulturen mit einfacher Technik haben in dieser Hinsicht in der jüngeren Vergangenheit eine Menge vorzuweisen; was sie ausgelöst haben, bezeichnete Storrs Olson als »eine der schnellsten und tiefgreifendsten biologischen Katastrophen der Erdgeschichte«.[20] Nimmt man dann noch die mutmaßlichen Massenausrottungen in Australien und Amerika hinzu, kann der Mensch als Verursacher des Aussterbens auf eine lange Geschichte zurückblicken. Heute bewohnen wir eine Welt, die diese Geschichte hinter sich hat. Im letzten Abschnitt dieses Buches werde ich mich mit der Frage befassen, auf welche Weise unsere Spezies in Gegenwart und Zukunft die Welt bedroht. Es gibt andere Meinungen, aber nach meiner Überzeugung steht etwas wirklich Beunruhigendes bevor, sowohl wegen des Verschwindens einzelner großartiger Arten wie der Elefanten als auch durch die globalen Auswirkungen. Wenn ich hier von den früheren Auswirkungen der Menschen gesprochen habe, dann nicht um damit das zu entschuldigen, was heute geschieht. Im Gegensatz zu früheren Kulturen wissen wir, was wir tun und was es für Folgen hat. Dennoch ist es wichtig, die Geschehnisse der Gegenwart in den richtigen historischen Zusammenhang zu stellen.

11 Eine moderne Elefantengeschichte

Elefanten sind die größten lebenden Landtiere. Majestätisch in Körperbau und Bewegungen, mit komplexem, geradezu übernatürlich sensiblem Verhalten, waren sie der Anlaß zu vielfacher mythologischer Verklärung. In der indischen Hindureligion gibt es Ganesha, einen Gott mit Elefantengesicht, der mit seiner Allmacht alle Hindernisse überwinden kann. Ganesha, der auch der Schutzheilige der Literatur und Gelehrsamkeit ist, wird zu Beginn der Gebete sowie vor gefährlichen oder unsicheren Unternehmungen angerufen. Der hinduistischen Legende zufolge konnten die Elefanten früher fliegen, aber sie verloren diese Fähigkeit, als einer von ihnen auf einem Banyanbaum landete und auf das Haus eines Einsiedlers fiel, das dabei zerstört wurde. Der Fluch des Einsiedlers band sie an den Erdboden, und dem Fliegen mußten sie für immer entsagen. Für die Römer waren die Elefanten unerforschliche Geschöpfe, die Sonne, Mond und Sterne anbeteten. Aristoteles beschrieb sie als »dem Menschen so nahe, wie Materie dem Geist nahekommen kann«. Der gleichen Meinung war auch der große römische Historiker Plinius der Ältere: Er meinte, die gewaltigen Dickhäuter seien im gesamten Tierreich »dem Menschen am nächsten«. Man nahm an, daß Elefanten die Sprache der Menschen verstehen, ein Gefühl für Moral und Ethik haben und eine Kultur besitzen, die zwar anders als die der Menschen, aber hochentwickelt und vom Geist geprägt sei.

Heute sind Elefanten der Inbegriff des »wilden Tiers«: machtvoll und frei, intelligent und – ja – immer noch rätselhaft. Sie sind die glänzende Hervorbringung der Natur, eine greifbare Verbindung zu einer weit zurückliegenden, verborgenen Vergangenheit, und die unangefochtenen Herren der Steppe. Wer in Afrika die Wildnis in Reinkultur sehen will, der will Elefanten sehen.

In meinen ersten fünf Jahren als Leiter des kenianischen Naturschutzdienstes belegten mich die Elefanten völlig mit Beschlag – nicht aus ästhetischen oder wissenschaftlichen Gründen, sondern wegen der entsetzlich überzeugenden Realität, daß sie dem Aussterben entgegengingen. Nachdem sie durch das unausweichliche Wachstum der menschlichen Siedlungen ihres früher fast endlosen Verbreitungsgebietes beraubt waren und nachdem man sie wegen des Elfenbeins kaltblütig abgeschlachtet hatte, ging die Elefantenpopulation in den ersten fünf Jahren nach meiner Berufung zum Behördenleiter im April 1989 um die Hälfte zurück. Ohne Gegenmaßnahmen wären die Elefanten zur Jahrhundertwende durch die doppelten Kräfte der Zerstörung ins Vergessen der Evolution gesunken. Das neue Jahrtausend mit dem Blut einer so glorreichen Art an den Händen zu beginnen wäre ein ekelhaftes Zeugnis für die Unverantwortlichkeit und Habgier der Menschen gewesen. Manchen Leuten schien das nichts auszumachen; aber es machte mir etwas aus.

Glücklicherweise konnte das Aussterben abgewendet werden, und ich bin stolz, daß ich dabei mitgeholfen habe. Aber für Selbstzufriedenheit ist kein Platz. Das Schlachten zu beenden war nur ein erster Schritt auf einem langen Weg voller Unsicherheiten. Ob es noch wilde Elefanten geben wird, die bei unseren Kindeskindern Ehrfurcht wecken wie heute bei uns, hängt davon ab, wie dieser Weg verläuft. Ich möchte einige Umstände beschreiben, durch welche die Elefanten in Richtung des Aussterbens gedrängt wurden, und dann werde ich berichten, wie sich diese Umstände änderten. Ich werde aber bei dieser Episode aus jüngster Zeit, in der sich Naturschutz, Politik und Wirtschaft vermischten, nicht in die Einzelheiten gehen. Wer sich für die ganze Geschichte interessiert, findet keine bessere Lektüre als das kürzlich erschienene Buch *Wir kämpfen für die Elefanten* von Iain und Oria Douglas-Hamilton, zwei engagierten, umtriebigen Menschen, die ich in einem gemeinsamen Kampf zu meinen Freunden und Verbündeten zählen durfte. Hier möchte ich mich mehr auf die Frage konzentrieren, was wir von den Elefanten lernen können – aus ihrer Geschichte, ihrer derzeitigen mißlichen Lage und ihrer ungewissen Zukunft.

Die Elefanten und ihre Stellung in der Welt verkörpern in vielerlei Hinsicht die zentralen Themen dieses Buches: Im Laufe der Zeit beobachten wir Veränderungen; und durch die Veränderungen entsteht in der Natur neue Vielfalt. Da Elefanten die größten Landtiere sind, ist es kein Wunder, daß sie, was das Zusammenleben mit den Menschen angeht, gewaltigen Herausforderungen gegenüberstehen. Der Weg zu einem langfristigen Miteinander ist, wie ich schon sagte, höchst unsicher, und wenn wir ihn beschreiten, können wir durchaus Ganesha um Beistand anflehen.

Zunächst einmal möchte ich die Elefanten in einen größeren biologischen Zusammenhang stellen; sie sind eine heute lebende Art mit einer langen entwicklungsgeschichtlichen Vergangenheit. Dann werde ich über ihre jüngere Geschichte berichten, die im wesentlichen die Geschichte ihrer Beziehung zu den Menschen ist – oder besser gesagt, die Geschichte ihrer Ausbeutung durch uns. Dies führt uns in die Gegenwart mit der sehr realen Gefahr, daß sie durch Menschenhand aussterben. Und schließlich möchte ich verständlich machen, welche Fragen der Ökologie und biologischen Vielfalt mit der Rettung der Elefanten verbunden sind; zu diesem Zweck werde ich beschreiben, welchen Herausforderungen eine Population dieser herrlichen Geschöpfe im Amboseli-Nationalpark im Süden Kenias am Fuße des Kilimandscharo ausgesetzt ist. Die Geschichte der Elefanten ist, räumlich und zeitlich betrachtet, in vielerlei Hinsicht die Geschichte der biologischen Vielfalt auf der Erde.

Es gibt heute zwei Elefantenarten: den afrikanischen Elefanten, biologisch *Loxodonta africana*, und den asiatischen Elefanten, der irreführenderweise *Elephas maximus* heißt, obwohl er der kleinere von beiden ist. Beim afrikanischen Elefanten kann man nochmals zwei Varianten oder Unterarten unterscheiden: Die meisten Besucher des Schwarzen Kontinents sehen *Loxodonta africana africana*, den Bewohner der Waldsavannen in Ostafrika; der zweite, *Loxodonta africana cyclotis*, ist kleiner und lebt in den Wäldern Zentral- und Westafrikas. Dieses kleine Häuflein moderner Giganten ist nur das Überbleibsel einer Gruppe oder Ordnung großer Säugetiere, der

Proboscoidea (Rüsseltiere), die vor 50 Millionen Jahren eine beherrschende Stellung innehatten. Die Bezeichnung für die Ordnung, der sich von *proboscis*, dem lateinischen Wort für Nase, ableitet, ist zutreffend gewählt, denn der zum Greifen geeignete Rüssel der Elefanten ist unter den Säugetieren einzigartig. Wenn man in die Nähe eines Elefanten kommt – ich schlage vor, ein zahmes Exemplar auszusuchen –, bemerkt man sehr schnell, was der Rüssel für ein vielseitiges Organ ist. Er dient nicht nur als geschickte zusätzliche Extremität zur Nahrungssuche und zum Beiseiteräumen von Hindernissen, sondern er ist auch das Mittel, mit dem das Tier sich genaue Kenntnisse über seine Umwelt verschafft und Düfte wahrnimmt, die mit der Luft herangeweht werden oder in den Falten seines Körpers versteckt sind.

Wenn das Gespräch auf die nächsten lebenden Verwandten der Elefanten kommt, schütteln Nichtbiologen in der Regel ungläubig den Kopf: Es sind die Seekühe (Gabelschwanz-Seekühe und Rundschwanz-Seekühe oder Manatis). Daß diese Tiere, die als einzige meeresbewohnende Säuger echte Pflanzenfresser sind, für sich die engste entwicklungsgeschichtliche Verwandtschaft mit den heutigen Elefanten reklamieren können, hat nicht nur mit ihrer gewaltigen Größe zu tun, sondern vor allem mit der Anatomie ihrer Knochen und Zähne. Außerdem liegen ihre Brustdrüsen wie bei den Elefanten auf dem Brustkorb und nicht auf dem Bauch wie bei den meisten anderen Säugetieren. In Anerkennung dieser Ähnlichkeiten faßt man Seekühe und Proboscoidea biologisch zu einer Großgruppe oder Überordnung namens Subungulata zusammen.

Die Entstehung der Proboscoidea ist in geheimnisvolles Dunkel gehüllt, aber wir wissen, daß sie zu der Welle der Evolutionstätigkeit am Ende der Kreidezeit vor 65 Millionen Jahren gehört, also in jene Zeit, als die Vorherrschaft der Dinosaurier durch die Kollision der Erde mit einem riesigen Kometen oder Asteroiden zu Ende ging. Bei diesem Massenaussterben, dem letzten der Großen Fünf, verminderte sich die biologische Vielfalt auf der Erde drastisch. Die Evolution der Proboscoidea war Teil der unvermeidlichen Reaktion der Überlebenden, aus denen schnell eine neue Vielfalt hervorging;

aber wie immer erschienen dabei viele neue Mitwirkende auf der Bildfläche.

Den ältesten bekannten Vertreter der Rüsseltiere fand man im Norden Algeriens. Es handelt sich um den fossilen Schädel eines Sumpfbewohners aus dem frühen Miozän vor etwa 55 Millionen Jahren. Das Tier war offenbar noch nicht einmal einen Meter groß, aber die Anatomie seines Schädels zeigt eindeutige Anzeichen für einen zum Greifen geeigneten Rüssel, das charakteristische Merkmal der Proboscoidea. Die Biologen spekulieren gern darüber, wie der Rüssel entstanden sein könnte. Unter welchen Umständen bietet dieses Gebilde einen Vorteil? Das ökologische Umfeld einiger etwas jüngerer Fossilfunde läßt darauf schließen, daß die Rüsseltiere wie die algerische Spezies ganz oder teilweise im Wasser lebten. Vielleicht ist das der entscheidende Hinweis. Vielleicht, so die Spekulation, begünstigte die natürliche Selektion die Evolution eines Organs, mit dem das Tier im seichten Wasser die Pflanzen abernten konnte. Für diese Aufgabe eignet sich auch ein Rüsselansatz, der sich aus Lippen, Gaumen und Nasenöffnungen bildet. Ob das nun stimmt oder nicht, in jedem Fall wurde der Rüssel für die Proboscoidea zu einem wichtigen Organ, und seine Evolution war schließlich mit der Entwicklung von Stoßzähnen verbunden. Wer schon einmal gesehen hat, wie ein Elefant einen Baum ausreißt, der weiß, wie nützlich die Kombination aus Rüssel und Stoßzähnen dabei ist. Außerdem sind die Stoßzähne für das Konkurrenzverhalten der Männchen von Bedeutung. (Die Stoßzähne sind bei den männlichen Elefanten wesentlich größer als bei den Weibchen, was angesichts der unterschiedlichen Körpergröße auch nicht verwunderlich ist.)

Die Geschichte der Rüsseltiere spielte sich zur Hälfte in Afrika ab, und in dieser Zeit tauchten mehrere wichtige Untergruppen auf. Vor etwa 20 Millionen Jahren fingen die Nachkommen dieser Gruppen an, sich über alle großen Landmassen der Erde mit Ausnahme Australiens und der Antarktis auszubreiten. Ihre Artenzahl zu jener vorgeschichtlichen Zeit schätzt man heute auf fast 200. Es war eine weitverstreute, höchst erfolgreiche Tiergruppe, die das Zeitalter der Säugetiere beherrschte. Die Tatsache, daß heute nur zwei Arten übriggeblieben sind, erinnert wieder einmal daran, daß Vorherrschaft nichts Ewiges ist: Das war sie in der Geschichte des Lebens noch nie, und das wird sie auch nie sein. Wir sollten es uns merken.

Viele Tiere, die zu den großen Gruppen der Rüsseltiere gehörten, sind uns nur allzu vertraut, weil sie in dramatischen Bildern aus der Eiszeit oft gemalt wurden: Das gilt vor allem für Mammut und Mastodon, die auffälligsten Rüsseltiere Nordamerikas und Eurasiens. Ihre Bilder kennt man auch aus europäischen Höhlenmalereien, die 25000 Jahre alt sind. Andere sind weniger bekannt, so die Gomphotheren, schwerfällige Giganten mit zu Stoßzähnen umgebildeten breiten unteren Schneidezähnen – diese Tiere gelangten bis nach Südamerika. Sie hatten auch im Oberkiefer Stoßzähne. Bei einer weiteren Gruppe, der Gattung *Deinotherium*, standen die Stoßzähne ebenfalls im Unterkiefer, aber anders als bei den Gomphotheren waren sie nach unten gebogen, und die oberen Stoßzähne fehlten. Einige hervorragende Exemplare von *Deinotherium* entdeckten wir in den Ablagerungen rund um den Turkanasee, die auch menschliche Fossilien enthielten. Die unmittelbaren Vorläufer der heutigen Elefantenarten entstanden vor dem Beginn des Pleistozän vor etwa zwei Millionen Jahren. *Elephas*, der asiatische Elefant, entwickelte sich vermutlich zuerst in Afrika und verbreitete sich dann über weite Teile der übrigen Alten Welt. Der afrikanische Elefant, *Loxodonta*, lebte anfangs irgendwann während des Pliozän vor fünf bis zehn Millionen Jahren in den dichten Wäldern des Kontinents. Es ist eine Ironie des Schicksals: Die unmittelbaren Vorfahren der heutigen Elefanten entstanden ungefähr zur gleichen Zeit wie die ersten Vertreter der Gattung *Homo*, deren einzige Nachfahren die heutigen Menschen sind.

Im Pleistozän starben in Afrika – verursacht möglicherweise durch Umweltveränderungen – mehrere Rüsseltierarten aus. Das Ende der Epoche vor etwa 10000 Jahren bedeutete weltweit das Aus für Mammut und Mastodon, und wie wir in einem der vorigen Kapitel gesehen haben, hatte dabei vielleicht der Mensch seine Hand im Spiel. Damit blieben *Loxodonta* und *Elephas* als einzige Vertreter der Proboscoidea übrig. Menschen und Elefanten, die ungefähr zur gleichen Zeit aus dem Schmelztiegel der Evolution hervorgingen, sollten eine – zumindest aus der Sicht der Elefanten – alles andere als gleichberechtigte Beziehung führen.

Wenn wir an das heutige Verbreitungsgebiet der Elefanten denken, wissen wir, daß sie in Indien und Teilen Südostasiens leben, und wir kennen ihre Reviere in Afrika südlich der Sahara. Und wenn wir darüber nachdenken, in welch mißliche Lage diese Geschöpfe geraten, weil die Menschen immer stärker in ihre Gebiete eindringen, halten wir das meist für ein Problem der modernen Welt. Aber wie man bei einem kurzen Blick auf die jüngere Geschichte erkennt, stimmt das nicht. Vor ein paar tausend Jahren erfreute sich *Elephas* in großen Teilen Asiens, von China bis zum Nahen Osten, einer beherrschenden Rolle in den Ökosystemen, und *Loxodonta* besiedelte den gesamten afrikanischen Kontinent, nicht nur Teile Ost-, Zentral- und Westafrikas sowie mit kleinen Populationen den Süden. Wie heute war der doppelte Einfluß der unausweichlichen Verbreitung menschlicher Siedlungen und der Gier nach Elfenbein eine tödliche Kombination.

Schon seit langem sind die Menschen fasziniert von der Schönheit des Elfenbeins und seinen angeblichen magischen Kräften. Die älteste bekannte Schnitzfigur aus der menschlichen Vorgeschichte, eine winzige Pferdedarstellung aus der Vogelherdhöhle in Baden-Württemberg, wurde aus Elfenbein gefertigt, in diesem Fall aus dem Stoßzahn eines Mammuts. Es war der Beginn einer offenbar unwiderstehlichen Ausdrucksform, die sich in allen frühen Hochkulturen des Nahen Ostens und von Ägypten über Kreta bis nach Griechenland findet. Aber erst die Römer entwickelten diese Gewohnheit zu einer hohen Kunst, um nicht zu sagen bis zum Übermaß. Sie stellten aus Elfenbein kleine Figuren mit symbolischer Bedeutung her, verzierten Kämme und andere Gebrauchsgegenstände damit und benutzten es als Einlegematerial für große Statuen und Möbel; Zimmer wurden mit Elfenbein vertäfelt, und es diente sogar als Zahlungsmittel.

So entstand ein gewaltiger Bedarf an Elfenbein, und das hatte zwangsläufig zur Folge, daß die Elefantenpopulationen schrumpften. Im zweiten Jahrhundert vor Christus erlegte man in Nordafrika und im westlichen Teil ihres asiatischen Verbreitungsgebietes die letzten Exemplare. Die Römer erkannten offenbar keinen unmittelbaren Zusammenhang zwischen ihrer Gier nach Elfenbein und dem immer selteneren Vorkommen der Tiere, die es lieferten. »Im Vergleich zu heute wußten die Römer kaum etwas über die Tierwelt ferner Länder«, stellt Douglas Chadwick in seinem ausgezeichneten Buch *The Fate of the Elephant* fest. »Während die Elefanten durch die Elfenbeingewinnung verschwanden, schrieb Plinius, ihre wichtigsten natürlichen Feinde seien die Drachen.«[1] In Wirklichkeit waren Drachen einer anderen Art unterwegs, die ihr tödliches Feuer in Richtung der gewaltigen Dickhäuter spien.

Wie in den anderen Hochkulturen jener Zeit, so beutete man die Elefanten auch im römischen Reich noch auf andere Weise aus. Ihre Körperkraft war von Vorteil zum Bauen und Transportieren, und im Krieg waren sie eine machtvolle Waffe. Diese Verwendung wirkte sich aber, verglichen mit der Jagd nach Elfenbein, kaum auf die Elefantenpopulationen aus. Und sie war auch geringfügig im Verhältnis zu den Auswirkungen, die sich aus der Zerstörung der Lebensräume ergaben. Das ökologische Gesicht Eurasiens änderte sich drastisch, als der Bedarf an Bauholz, auf das die aufsteigenden Kulturen angewiesen waren, zur Zerstückelung und Rodung der ausgedehnten Wälder führte. Heute ist die Landschaft in großen Teilen Eurasiens und in neuerer Zeit auch Amerikas künstlich, das Ergebnis der wirtschaftlichen Entwicklung, aus der die moderne Industriegesellschaft hervorgegangen ist. Daran sollte man denken, wenn man Vorschläge für die Erhaltung natürlicher Lebensräume in Afrika macht.

Am frühen Nachmittag des 18. Juli 1989 hielt Daniel arap Moi, das Staatsoberhaupt Kenias, eine brennende Fackel an 2500 benzingetränkte Elefantenstoßzähne und sorgte so für die feurige Vernichtung von Elfenbein im Wert von drei Millionen Dollar. Etwa 850 Millionen Menschen auf der ganzen Welt wurden Zeuge dieser kostspieligen Verbrennung, entweder unmittelbar am Fernsehschirm oder innerhalb weniger Tage durch Zeitungs- und Illustriertenberichte. Noch bevor die Asche verglüht war, gab ich in der Morgensendung »Good Morning, America« des Fernsehsenders ABC ein Live-Interview. Ich hatte etwas Einfaches zu sagen: Kauft kein Elfenbein, sonst sind die Elefanten bald ausgestorben.

Das Ganze inszenierte ich knapp vier Monate, nachdem Präsident Moi mich zum Leiter der Naturschutzbehörde ernannt hatte. Mein unmittelbares Ziel war die Rettung der Elefanten, denn zu jener Zeit standen sie durch die Elfenbeinwilderei am Rande der Ausrottung. Kurz nachdem ich die Stelle übernommen hatte, stand ich vor der Entscheidung, was mit einem großen Elfenbeinvorrat zu tun war, den man in den vorangegangenen vier Jahren bei Wilderern beschlagnahmt hatte. Angesichts der verzweifelten Finanzlage unserer Behörde war es sehr verlockend, das Elfenbein auf dem Weltmarkt zu verkaufen. Mit drei Millionen Dollar hätte ich eine Menge anfangen können, das wußte ich. Wir verfügten nur über spärliche, dringend reparaturbedürftige Ausrüstung; die Treibstoffversorgung war ungenügend und an manchen Stellen überhaupt nicht vorhanden; die Wilderer waren ihren Verfolgern an Feuerkraft einfach überlegen. Ja, drei Millionen Dollar hätten die Bemühungen der Behörde ein großes Stück vorangebracht.

Ich hatte zu jener Zeit schon die Leichen von unzähligen Opfern der Wilderer gesehen: große, graue Körper, die aufgedunsen in der Sonnenhitze lagen, auf dem Rücken die weißen Exkremente der Geier, welche die Geschichte ihres Todes erzählten. Bald darauf würden die geschundenen Kadaver explodieren, weil die Verwesung aus ihren einstmals lebenden Därmen ein faulig riechendes Gemisch aus Schleim und Gasen gemacht hatte. Am schlimmsten aber waren ihre Gesichter: Aus dem majestätischen Antlitz hatten die Wilderer innerhalb weniger Sekunden einen blutigen Brei gemacht, als sie mit Äxten oder Kettensägen die Stoßzähne herausbrachen. Es war ein wirklich ekelerregender Anblick, der die Gefühle aufwallen ließ. Nimmt man dann noch, wie es häufig geschah, ein abgezehrtes, verwirrtes Elefantenbaby hinzu, das voller Mitgefühl versucht, seine getötete Mutter zum Aufstehen zu bewegen, dann wird der vernünftige Drang, dem Schlachten ein Ende zu machen, zu einer emotionalen Besessenheit. Ich mußte etwas tun, und zwar schnell, und dazu würden die drei Millionen Dollar eine Menge beitragen.

Aber dann erkannte ich, daß ich genau das nicht brauchen konnte. »Nein, wir werden die Stoßzähne nicht verkaufen«, dachte ich eines Abends beim Duschen. »Wir werden sie in einem Fanal der weltweiten Berichterstattung verbrennen.« Wirksamer konnte man nach meiner Überzeugung die Aufmerksamkeit der Weltöffentlichkeit nicht auf das Schicksal der Elefanten lenken. Mit den drei Millionen Dollar würden wir weltweites Interesse von unermeßlichem Wert einkaufen. Die Diskussion darüber, was man in der Frage der Wilderei und des Elfenbeinhandels unternehmen sollte, war damals an einem kritischen Punkt angelangt, und ich hoffte, das Schauspiel würde sie in die Richtung lenken, die ich für die produktivste hielt. Iain und Oria Douglas-Hamilton unterstützten meinen Plan, und an einem Wochenende auf der Ranch eines Freundes in Naivasha machten wir ein einfaches Experiment: Wir legten ein Stück Stoßzahn ins Herdfeuer. Am Ende des Abends war es schwarz, aber nicht verbrannt. Wir erkannten, daß eine viel heißere Flamme notwendig war, um einen Berg aus Stoßzähnen in Brand zu setzen. Ein Freund übernahm die Aufgabe herauszufinden, wieviel Benzin man über die Zähne gießen mußte, damit das Feuer nicht ausging und damit der Präsident und seine Minister andererseits nicht in einem Feuerball umkamen. Ich war zutiefst erleichtert, als an jenem Julinachmittag keine dieser beiden Katastrophen eintrat. Ob sich das erfolgreiche Feuer in erfolgreiche Politik ummünzen ließ und ob daraus wiederum Erfolge im Kampf auf den Ebenen Afrikas werden würden, blieb abzuwarten.

Iain war schon seit vielen Jahren ein »Elefantenmann«: Er hatte das Verhalten der großen Tiere zunächst im Manyara-Nationalpark in Tansania studiert und seine Untersuchungen dann auf ganz Afrika ausgedehnt. Dabei dokumentierte er auch die Auswirkungen der Wilderei, mit der er erstmals 1969 im Tsavo-Nationalpark in Kenia in Kontakt kam. Dort wollte er aus der Luft die Elefantenpopulationen zählen. Er schrieb: »In der dürren Wildnis wimmelte es von mit rotem Staub bedeckten Elefanten. Wir flogen stundenlang umher und sichteten immer neue Tiere. Am folgenden Tag flog ich zur Ostgrenze und entdeckte dort eine Herde von mehr als tausend Tieren, die sich über den Busch verteilten... Das Elefantenland erstreckte sich von hier über den Kilifi-Bezirk bis fast zum Indischen Ozean.«[2] Die rote Färbung, von der Iain sprach, rührte von dem fruchtbaren Vulkanboden der Gegend her; die Tiere sind davon bedeckt, wenn sie durch das klassische Elefantenrevier streifen, eine Mischlandschaft aus Wäldern, Ebenen und vereinzelten Wasserstellen. Nach Iains Berechnungen gab es in dem Park und seiner Umgebung mindestens 40000 Elefanten, und damit beherbergte er eine der wichtigsten Populationen des Kontinents. Seine herausragende Stellung als Elefantengebiet verdankte der Tsavo-Nationalpark unter anderem seinem Leiter David Sheldrick. Dieser engagierte Mann der Wildnis hatte Leute aus der Gegend als Wildhüter eingestellt, und sie bildeten eine Bande harter, hingebungsvoller Verteidiger der gewaltigen Tiere.

Aber Tsavo war kein Paradies, das in der ausgeglichenen Ruhe natürlicher Harmonie lebte. »Die riesigen Affenbrotbäume, die wie gestauchte, dicke Betonsäulen in der Landschaft standen, dienten den Elefanten während der Trockenperioden als Nahrungs- und Wasserquelle«, berichtet Iain. »Als nun die ständig wachsenden Herden den Busch eroberten, stießen die Tiere ihre Stoßzähne wie Schwerter in die Affenbrotbäume und schälten die Rinde ab, um an die feuchte Masse im Innern des Stammes zu gelangen. Viele dieser herrlichen Bäume hatten ein Alter von über tausend Jahren. Innerhalb eines Jahrzehnts waren die meisten von ihnen verschwunden.«[3] Und nicht nur die Affenbrotbäume gingen zugrunde; viele andere Bäume wurden ebenfalls zerstört, so daß manche Teile des Parks aussahen, »als sei gerade eine Panzereinheit darübergerollt«.[4] In dieser Situation stand Seldrick vor der gleichen Entscheidung wie alle Naturschützer: Wie schützt man die Natur? In dieser Formulierung wirkt die Frage banal, aber wie ich bereits angedeutet habe, ist sie nicht ohne weiteres zu beantworten, denn wir haben nur einen vorübergehenden Einblick in die Ökosysteme und wissen nicht allzuviel darüber, wie sie funktionieren.

Sheldrick bemühte sich, Ausmaß und Wesen des Problems zu erfassen. Eine Lösung, die er nicht wollte, war das Ausdünnen der Bestände; das hätte bedeutet, daß man Jäger beauftragt hätte, einen bedeutenden Teil der Tiere abzuschießen und so die Populationsgröße zu vermindern. Die Befürworter dieser Methode argumentieren, die Tiere könnten auf diese Weise weiterhin im Gleichgewicht mit der Pflanzenwelt leben, auf die sie angewiesen sind. In einigen Regionen Afrikas wurde das Ausdünnen bereits praktiziert. Sheldrick mußte entgegen seinen eigenen Bestrebungen miterleben, wie man auf Anordnung seiner Vorgesetzten im Ministerium versuchsweise Elefanten im Tsavo-Nationalpark schoß. Insgesamt wurden 300 Tiere getötet. Sheldrick war entsetzt von dem, was er sah, und setzte durch, daß das Gemetzel aufhörte. Er entschloß sich, lieber der Natur ihren Lauf zu lassen, auch wenn es bedeutete, daß von Zeit zu Zeit viele Tiere verhungern würden. Jedenfalls, so bemerkte er, wurden die Gehölze durch die Tätigkeit der Elefanten geöffnet, so daß in den neu entstandenen Lebensräumen auch andere Tiere wie Zebras und Antilopen gedeihen konnten. Möglichst wenige Eingriffe waren nach seiner Erkenntnis das beste Mittel, um die Natur zu »schützen«, eine Einstellung, die ich mittlerweile nachdrücklich unterstütze.

Die gespenstischen Ereignisse im Tsavo-Park verstärkten die Debatten über Sinn und Unsinn des Ausdünnens von Populationen. Seine Fürsprecher, die darin eine wissenschaftlich begründete Methode zum Umgang mit der Tierwelt und zur Erhaltung ihrer Lebensräume sahen, bezeichneten die Gegner als emotionsgeladene Amateure. Die Gegner argumentierten, man solle den Kreisläufen der Natur ihren Lauf lassen. Schon bald wurde die Diskussion jedoch durch natürliche und von Menschen verursachte Ereignisse überschattet: Das erste war eine Dürre, das zweite die immer mehr zunehmende Wilderei.

Ein knappes Jahr nach Iains Übersichtsuntersuchung wurden

Teile Ostafrikas von einer entsetzlichen Trockenheit heimgesucht. Steppen und Wälder dörrten aus, und die hungernden Elefanten, die keine Blätter mehr fanden, mußten die Bäume selbst verspeisen. Die Wälder wurden verwüstet und glichen schon bald einem »Elefantenschlachtfeld«[5], wie Iain es formulierte. Ausgemergelte Tiere streiften auf ihrer vergeblichen Suche nach Nahrung und Wasser über die Steppen, und bald darauf starben sie in alarmierender Zahl. Allein im Tsavo-Park gingen mindestens 10000 Elefanten zugrunde. Die Befürworter des Ausdünnens sahen in den Auswirkungen der Dürre eine Rechtfertigung für die künstliche Verminderung der Elefantenbestände. »Sie hätten weniger gelitten und den Lebensraum nicht verwüstet«, so hieß es. Die Gegner erwiderten: »Die Trockenheit ist ein natürliches Mittel der Populationskontrolle, und der Lebensraum wird sich erholen, wie er es in natürlichen Kreisläufen immer tut.«

Die Gegner des Ausdünnens hatten recht, zumindest in einer Beziehung: Innerhalb weniger Jahre wucherte überall im Tsavo-Park und anderswo neue Vegetation, genährt vom wieder einsetzenden Regen. Dennoch waren die Waldlandschaften des Parks weiterhin unter Druck, denn der Elefantenbestand war ebenfalls wieder gewachsen, allerdings nicht von sich aus, sondern aus unnatürlichen Gründen: Die Tiere flüchteten vor der zunehmenden Wilderei und suchten Schutz in dem vergleichsweise sicheren Nationalpark.

Ungefähr zur gleichen Zeit fand in Nairobi ein entscheidendes Treffen der Elefantenfachleute statt, organisiert von Peter Jarman, einem wissenschaftlichen Beamten der kenianischen Wildschutzbehörde. Die Zusammenkunft war aus mehreren Gründen wichtig. Erstens einigte man sich dort auf eine Zahl für die Elefantenpopulation Kenias und unternahm damit den ersten Versuch, in Afrika eine nationale Zählung der Elefanten durchzuführen. Die Zahl betrug 167000. (Die Population des gesamten Kontinents bezifferte man innerhalb der folgenden sechs Jahre auf eineinhalb Millionen.) Das zweite wichtige Ergebnis des Treffens war die Erkenntnis, welches Ausmaß die Elfenbeinwilderei in Kenia und vermutlich auch in anderen Ländern angenommen hatte. Der gesamte Elfenbeinexport

Afrikas wurde für das Jahr 1973 auf 160 Millionen Dollar geschätzt, das entsprach etwa 200000 toten Elefanten. Es war eine bestürzende Zahl, die für die Zukunft der Spezies Entsetzliches befürchten ließ. Im Sumpf eines komplizierten politischen Zusammenhanges traf diese Erkenntnis einen äußerst empfindlichen Nerv meines eigenen Landes, und anderen afrikanischen Nationen sollte es bald genauso gehen.

Unter dem Strich zeigte das Treffen jedoch, daß es widersprüchliche Probleme gab. Einerseits wurden immer mehr Elefanten wegen des Elfenbeins umgebracht, und das hieß, daß man sie schützen mußte. Andererseits waren die Populationen in vielen Gegenden so groß, daß Schwierigkeiten auftraten, entweder weil sie wie im Tsavo-Nationalpark die Lebensräume zerstörten oder weil sie in landwirtschaftlich genutzte Gebiete eindrangen und die Ernte vernichteten. Deshalb, so wurde argumentiert, müsse man ihre Zahl unter Kontrolle halten. Eineinhalb Jahrzehnte lang lenkten diese gegensätzlichen Standpunkte von dem eigentlichen Problem ab: Solange Elfenbein auf dem Markt erhältlich war, hatte es wirtschaftlichen Wert, und diesen wirtschaftlichen Wert würde man ohne Rücksicht auf das Schicksal der Spezies ausbeuten. Wenn das Elfenbein in eine Preisspirale geriet, war klar, was die Zukunft bringen würde, oder wenigstens hätte es klar sein sollen.

Von 1973 bis 1989 diskutierten die Elefantenexperten hin und her, wie man das Überleben der Art am besten sichern könne. Es war auf der Ebene des Naturschutzes das gleiche, als wenn man Geige spielt, während Rom brennt. Und die erste Geige spielte ironischerweise die internationale Organisation, die eigentlich für das Wohlbefinden der Spezies verantwortlich war: die CITES (Commission on International Trade in Endangered Species). Ein Streitpunkt war, wie stark sich die Wilderei auf die Elefantenpopulation des Kontinents auswirkte. Ein zweiter war die Frage, ob man einen legalen Elfenbeinhandel aufrechterhalten und gleichzeitig den illegalen Verkauf gewilderten Elfenbeins verhindern konnte. Die ganze Debatte wurde hochpolitisch, und das vernebelte eine Zeitlang die sehr reale Naturschutzpraxis, für die diese moderne Elefantengeschichte ein Musterbeispiel darstellt.

Der Elfenbeinhandel spielte sich im Zwielicht von Geheimnistuerei und Täuschung ab: Die gehortete Beute von den abgeschlachteten Tieren ging oft klammheimlich von Afrika in den Fernen Osten und von dort weiter nach Europa und Amerika. Ob Andenken oder Schmuck, Figürchen oder persönliches Siegel – Elfenbein übte auf die menschliche Psyche eine Anziehungskraft aus, die schon vor Jahrtausenden begann. Die Drehscheibe des Handels war Hongkong; dort schnitzte man aus rohem Elfenbein wertvolle Gegenstände. Zwischen 1979 und 1989 gelangten per Luftfracht über 4000 Tonnen Elfenbein in das fernöstliche Wirtschaftszentrum, eine Ausbeute, die ungefähr einer halben Million toter Elefanten entspricht. Nachdem der Preis irgendwann auf 120 Dollar je englisches Pfund gestiegen war, warf der Handel viele Millionen Dollar ab; ein paar Leute wurden auf diese Weise sehr reich. Und da soviel Geld im Spiel war, ist es nicht verwunderlich, daß sich immer wieder Wege fanden, um die Bestimmungen, mit denen der Handel kontrolliert werden sollte, zu umgehen. Ich möchte hier nicht in die Einzelheiten gehen; das haben andere bereits getan. Nur eines sollte ich noch einmal wiederholen: Es war nicht gerade hilfreich, daß die wichtigste Kontrollbehörde, die Abteilung für Elfenbeinhandel bei der CITES, im wesentlichen durch Spenden der Elfenbeinhändler finanziert wurde.

Als ich die Leitung der Naturschutzbehörde übernahm, gab es gerade eine hitzige Debatte über die Zukunft des Handels. Einige afrikanische Staaten – Südafrika, Simbabwe und Botswana – waren dafür, ihn beizubehalten, wenn auch in geringem Maßstab und mit Elfenbein von Tieren, die ohnehin abgeschossen werden mußten. Diese Haltung wurde von der CITES eifrig unterstützt. Auf der Gegenseite stand eine wachsende Zahl von Naturschützern, die immer entsetzter darüber waren, welches Blutbad die schwerbewaffneten Wilderer tatsächlich anrichteten. Über die Handelswege ging mehr Elfenbein, als nach den Bestimmungen möglich war, ein sicheres Zeichen, daß die Kontrollen für eine derart lukrative Branche nicht ausreichten. Notwendig waren handfeste Zahlen über die Auswirkungen des sogenannten kontrollierten Handels auf die Elefantenpopulationen. Sie kamen in Form einer Zählung, die den ganzen Kontinent einschloß und bei der Iain Douglas-Hamilton eine wichtige Rolle spielte. Iains Daten flossen in einen Bericht der Ivory Trade Review Group ein, eines unabhängigen Gremiums, das von einem halben Dutzend Naturschutzorganisationen finanziert wurde und die Lage der Elefanten im Juni 1989 ganz und gar ins Licht der Weltöffentlichkeit rückte. Die Ergebnisse waren höchst interessant. Ich möchte nur ein paar Zahlen nennen. Sie sprechen für sich selbst.

In den zehn Jahren vor 1989 halbierte sich der Bestand der afrikanischen Elefanten von etwa 1,3 Millionen auf 625 000. Und das, wie gesagt, zu einer Zeit, als der Elfenbeinhandel angeblich kontrolliert wurde. Die Zählung widerlegte auch eine Vorstellung, die oft von den Befürwortern des Handels vertreten wurde: Danach sollte es in den Wäldern Zentralafrikas noch große, unbeeinträchtigte Populationen geben. Aber diese Zahl war nur ein kleiner Teil der Geschichte. Immerhin hört sich 625 000 immer noch nach einem großen Bestand an, der nicht gerade kurz vor dem Aussterben steht. Aber die wahren Auswirkungen des Schlachtens gehen über die reinen Zahlen hinaus. Die größten Stoßzähne liefern ausgewachsene Männchen, die deshalb das Lieblingsziel der Wilderer waren. Schon bald wurden Elefantenbullen selten. In Kenia waren 22 Prozent der Tiere männlich, in Teilen Tansanias nur noch knapp ein Prozent. Von Natur aus sollte die Zahl bei 50 Prozent liegen. Auf die Möglichkeit zur Paarung wirkte sich das verheerend aus, denn die Weibchen sind während ihres drei Monate dauernden Zyklus nur zwei Tage lang empfängnisbereit. Und bei einem derart geringen Bestand an Männchen – der in Tansania schon praktisch bei Null lag – verminderten sich die Chancen der Weibchen, zur richtigen Zeit einen Paarungspartner zu finden. Hinter der Zahl von 625 000, die noch recht gesund erscheinen mag, lauerte also die Katastrophe in Form der zerstörten Paarungsmöglichkeiten. Und das ist noch nicht alles.

Nachdem die großen Männchen längst verschwunden waren,

wandten die Wilderer sich den ausgewachsenen Weibchen zu. Im Jahr 1979 wurden von etwa 45000 Tieren 900 Tonnen Elfenbein erbeutet; acht Jahre später starben 35000 Tiere für nur noch 300 Tonnen, also ein Drittel der Menge. Hinter der kalten Statistik des sinkenden Durchschnittsgewichts je Stoßzahn – von etwa zwölf auf sechs Kilogramm – stand die grausame Realität, daß es immer weniger überlebende ausgewachsene Weibchen gab. Die Elefantengesellschaft ist matriarchalisch organisiert – die ausgewachsenen Weibchen sind der Dreh- und Angelpunkt der Gruppenbeziehungen und bewahren Erfahrungen und Wissen; deshalb war ihr Verlust eine Katastrophe. In einer Population in Tansania hatten beispielsweise nur 15 Prozent der Gruppen eine Matriarchin – in ungestörten Beständen liegt dieser Anteil bei mindestens 75 Prozent. Solche führerlosen Herden sind besonders anfällig für die Unwägbarkeiten der Umwelt. Die Zahl von 625000 verschleiert also nicht nur die verminderten Paarungsmöglichkeiten, sondern auch das zerstörte Sozialgefüge. Der Mord an einem erwachsenen Weibchen gefährdet auf lange Sicht die Sozialstruktur ihrer Gruppe; außerdem bedeutet es oft auch, daß ihre unausgereiften Nachkommen sterben, die darauf angewiesen sind, daß die Mutter sie ernährt und beschützt. Das alles waren beste Voraussetzungen für einen Zusammenbruch der Bestände.

Natürlich hatten manche Länder mehr und andere weniger unter der Wilderei zu leiden. In Kenia war der Bestand von 167000 Tieren im Jahr 1973 auf noch nicht einmal 20000 im Jahr 1989 zurückgegangen. Im Tsavo-Nationalpark waren nur knapp 5000 Elefanten übriggeblieben. Noch schlimmer sah es in Uganda aus: Dort war der Bestand während der barbarischen Diktatur Idi Amins fast völlig vernichtet worden. Tansania hatte zwischen 1979 und 1989 drei Viertel seiner Population verloren. In der gleichen Zeit nahmen die Bestände in Ländern wie Südafrika, Botswana und Simbabwe zu, ein Gegensatz, der die Bemühungen zum völligen Verbot des Elfenbeinhandels stark belastete. In diesen Ländern umfaßte die strikte Verwaltung der Tierbestände oft auch das Ausdünnen; das, so argumentierte man, trage nicht nur zum Gleichgewicht zwischen

Tierbeständen und gesunden Lebensräumen bei, sondern es verschaffe auch der lokalen Bevölkerung durch den Verkauf von Elfenbein, Leder und Fleisch ein gewisses Einkommen. Außerhalb der Nationalparks übernahmen in einigen Fällen einzelne Personen die Tierwelt als Eigentum, das heißt, sie durften die Natur in begrenztem Umfang ausbeuten. Mit »ausbeuten« ist dabei häufig das Töten aus sportlichen Gründen gemeint.

In Südafrika, wo man im Krüger-Nationalpark einen Bestand von etwa 7500 Elefanten jährlich um ungefähr 600 Tiere ausdünnte, lag der Erlös aus Fleisch, Häuten und Elfenbein bei drei Millionen Dollar. Die Wildschutzbehörde Simbabwes nahm auf dem gleichen Weg jährlich 4,5 Millionen Dollar ein. Ein Teil des Geldes floß in die Nationalparks, ein weiterer an die lokale Bevölkerung. Die Befürworter dieses Systems argumentierten in allen Fällen, die örtliche Bevölkerung setze sich für den Naturschutz ein, weil sie finanziell davon profitiere. Diese Vorgehensweise ist ein Beispiel für die sogenannte nachhaltige Nutzung, über die unter Naturschützern immer hitzigere Diskussionen geführt werden. Ich bin ein begeisterter Fürsprecher der Idee, die Tierwelt unter wirtschaftlichen Gesichtspunkten zu betrachten. Wir sollten die Elefanten und Antilopen nutzen, um Geld für Schulen, Krankenhäuser und landwirtschaftliche Einrichtungen zu beschaffen. Die Frage ist nur: Wie geht man dabei am besten vor?

Schon seit langem ist mir jede Art von Jagd zuwider, und die Vorstellung, aus sportlichen Gründen Trophäen zu sammeln, kann ich nicht akzeptieren. Im Fall der Elefanten gilt das auch für das Ausdünnen, dessen Erträge dann auf den Märkten umgesetzt werden. Man kann unmöglich auch nur für kurze Zeit mit Elefanten zusammensein, ohne ihre Sensibilität als Einzelwesen und ihre komplexen Gruppenzusammenhänge zu bemerken. Sie sind intelligente, soziale Wesen. Ihre Kommunikation und ihr gegenseitiges Verstehen spielen sich auf einer hochentwickelten Ebene ab, die einen bei so großen Tieren vielleicht überrascht. Elefanten sind keine unbeholfenen, schwerfälligen Bestien; ihr körperliches Geschick und ihre Empfindlichkeit entsprechen ihrem raffinierten Verhalten. Deshalb halte ich es für angebracht, gegen das Ausdünnen der Elefanten ein ethisches Argument vorzubringen und zu sagen: Wenn man sie nicht dezimiert, erkennt man das Recht dieser Spezies an, in unserer Welt mit uns zusammenzuleben.

Aber dieses Zusammenleben ist natürlich eine verwickelte Angelegenheit. Wenn man Bauer ist und gerade die Ernte eines ganzen Jahres durch eine herumstreifende Elefantenherde verloren hat – was durchaus manchmal vorkommt –, hat man eine klare Vorstellung. »Die haben auf meinem Acker nichts zu suchen. Punktum.« Da etwa 40 Prozent der kenianischen Elefanten nicht in Nationalparks, sondern auf Privatgelände leben, ist das keine nebensächliche Frage. Als Bewohner eines Industrielandes sollte man das verstehen: Auch in den USA würde wohl kaum ein Farmer es zulassen, daß Bisons sich an seinen Maisfeldern gütlich tun oder Wölfe über seine Rinderherde herfallen. Wie wir aus einer von mir in Auftrag gegebenen Studie wissen, verdankt Kenia von den 420 Millionen Dollar, die der Tourismus jedes Jahr ins Land bringt, etwa 30 Millionen den Elefanten. Damit hat jedes einzelne Tier einen in Dollar zu beziffernden Wert, der sich nachhaltig Jahr für Jahr wiederholt, im Gegensatz zu dem einmaligen Erlös beim Verkauf seiner Einzelteile. Naturschützer und Regierungen stehen nun vor der Aufgabe, diesen Ertrag sowohl der menschlichen Gemeinschaft als Ganzem zugute kommen zu lassen als auch für ein friedliches Miteinander von Elefanten und Landbevölkerung zu sorgen. Da Elefanten nun einmal große landlebende Pflanzenfresser sind, ist das eine gewaltige Herausforderung, denn sie brauchen ausgedehnte Reviere, in denen sie jeden Tag eine Riesenmenge an Vegetation abgrasen können. Und je kleiner ein Naturschutzgebiet ist, desto weniger Arten können darin überleben, das wissen die Biologen genau. Elefanten brauchen unter allen landlebenden Wirbeltieren die größten Flächen; wenn ein Nationalpark also alle ihre Bedürfnisse befriedigen soll, so daß sie nicht auf Privatgrund ausweichen, muß er sehr geräumig sein. Wildnisgebiete zu finden und zu schützen, die sich zu diesem Zweck eignen, ist äußerst schwierig. Aber wenn man es schafft, schützt man zugleich auch viele andere Arten mit kleineren Revieren – eine Art naturschützerischer Huckepackeffekt.

Ihren Höhepunkt erreichte die Debatte über die Zukunft des Elfenbeinhandels im Oktober 1989 mit einer Konferenz der CITES-Staaten im schweizerischen Lausanne. Die Delegierten aus Ostafrika drängten auf ein Ende des Handels; juristisch bedeutete das, daß die Elefanten in den Anhang I des Washingtoner Artenschutzabkommens aufgenommen werden sollten; bei Arten, die in dieser Liste stehen, ist anerkannt, daß der Handel ihre Existenz gefährdet. Das Argument lautete: Der kontrollierte Handel hatte sich als Fehlschlag erwiesen, weil es zu große Anreize für die Wilderei und zu viele Schlupflöcher in den Bestimmungen gab. Südafrika, Botswana und Simbabwe sprachen sich für einen begrenzten Handel auf der Grundlage der Erträge des Ausdünnens aus. Sie behaupteten, die örtliche Bevölkerung werde den Anreiz zum Naturschutz verlieren, wenn sie nicht mehr von den Tieren profitieren könne, und dann werde der Elefant aussterben. Im Vorfeld der Konferenz hatte es Spannungen gegeben, denn das Thema hatte gewaltige Dimensionen angenommen. Der Elefant war nicht nur eine Art, deren Überleben bedroht war; er war zum Symbol für den Willen der menschlichen Gesellschaft geworden, die Natur zu schützen. Oder, wie der Biologe David Western es formulierte: Er war das Flaggschiff des Naturschutzes. Wenn es uns nicht gelang, das größte Landsäugetier vor dem Aussterben zu bewahren, welche Aussichten gab es dann noch, andere Arten zu schützen?

Ich räume ein, daß es klug ist, die finanziellen Erlöse der Tierwelt in die örtlichen Gemeinwesen fließen zu lassen, aber ich habe keinen Zweifel, daß die Genehmigung eines begrenzten Handels der weiteren katastrophalen Wilderei Tür und Tor geöffnet hätte, und dann hätte man den Elefanten bald nicht mehr bei den bedrohten, sondern bei den ausgestorbenen Arten aufführen müssen. Viele andere waren der gleichen Ansicht, aber als die Konferenz begann, war keineswegs sicher, wie die Abstimmung ausgehen würde. Als es soweit war, stimmten die Anwesenden mehrheitlich für die Aufnahme in den Anhang I, und im Januar 1990 trat ein weltweites Verbot des

Elfenbeinhandels in Kraft. Der Weltmarktpreis für das Material sackte von 120 auf vier Dollar je englisches Pfund. Ich möchte glauben, daß das feurige Signal vom Juli 1989 die Delegierten bei der entscheidenden Abstimmung im darauffolgenden Oktober beeinflußt hat.

Es ist noch gar nicht so lange her, daß viele Menschen die Versklavung anderer Menschen als ethisch vertretbar betrachteten. Heute gilt das nicht mehr. Noch kürzer liegt die Zeit zurück, als man es für ethisch vertretbar hielt, aus sportlichen Gründen Schimpansen und Gorillas zu töten, unsere nächsten entwicklungsgeschichtlichen Verwandten. Heute gilt das nicht mehr. In der gleichen Weise verdient nach meiner Überzeugung auch der Elefant unseren Respekt und unseren Schutz.

Meine ethischen Einwände gegen das Ausdünnen der Elefantenbestände habe ich bereits dargelegt, und ich bin davon zutiefst überzeugt. Aber es gibt auch andere Gegenargumente. Die Befürworter des Ausdünnens bezeichnen die Methode oft leichthin als »wissenschaftliche« Art des Tierschutzes, die angeblich einen vernünftigen Weg zur Aufrechterhaltung der Harmonie in den Lebensgemeinschaften bietet. In Wirklichkeit sind diese wissenschaftlichen Befunde überholt; sie entstammen der alten Vorstellung vom Gleichgewicht der Natur, wonach Ökosysteme etwas Statisches sind. Ich habe in diesem Buch eine andere Aussage entwickelt: Das charakteristische Kennzeichen der Natur in kurzen wie in langen Zeiträumen ist nicht die Unveränderlichkeit, sondern der dynamische Wandel. Wenn wir mit unseren Bemühungen um den Artenschutz und die Erhaltung der biologischen Vielfalt Erfolg haben wollen, müssen wir diese Tatsache in Rechnung stellen und ausnutzen. Als letzte Unterstreichung dieser Aussage mag ein Besuch im Amboseli-Nationalpark im Süden Kenias dienen.

Amboseli ist mit etwa 400 Quadratkilometern nach allen Maßstäben ein kleiner Nationalpark; sein Anblick wird beherrscht vom nahe gelegenen Kilimandscharo, dem höchsten Berg Afrikas, dessen schneebedeckter Gipfel 5895 Meter hoch aufragt. Als die ersten europäischen Entdecker zu Hause von ihren Beobachtungen berichteten, mochte man ihnen kaum glauben: »Wie kann es so nahe am Äquator einen *schneebedeckten* Berg geben?« fragte man. Noch vor wenigen Jahren waren Besucher, die zuvor eine Landkarte studiert hatten, überrascht: Wo die Karte einen »Amboselisee« zeigte, erstreckte sich im wesentlichen eine trockene Ebene, die hier und da von kleinen Hügeln unterbrochen wurde. Enttäuscht waren sie dennoch nicht, denn der Amboseli-Park bietet ein Mosaik von Lebensräumen, die den Inbegriff afrikanischer Tierwelt beherbergten. Ein Flickenteppich aus Gehölzen, Graslandschaft, Sümpfen und jahreszeitlichen Wasserläufen ist die Heimat unzähliger Tierarten. Cynthia Moss, die sich dort seit 1973 mit der Elefantenpopulation beschäftigt hat, berichtet, was für Arten dazugehörten: »Elefanten, Nashörner, Flußpferde, Giraffen, Büffel, Zebras, 13 Antilopenarten von den winzigen Dikdiks bis zu den 500 Kilo schweren Elenantilopen, vier Primaten- und drei Großkatzenarten, wilde Hunde, zwei Arten von Hyänen, drei Arten von Schakalen, mehrere kleinere Katzenarten sowie Ichneumons, Ginsterkatzen, Eichhörnchen, Hasen und seltsame Arten wie Erdwolf, Ameisenbär, Klippschliefer, Honigdachs und Schweine. Außerdem wurden im Amboseli-Park über 400 Vogelarten gezählt.«[6] Zahllose Touristen haben diese Tiere mit dem Kilimandscharo als malerischem Hintergrund fotografiert.

Die Erwähnung des Amboselisees war 1991 mehr eine historische Anmerkung, als daß sie mit der Realität zu tun hatte. Der Kilimandscharo beherrscht den Amboseli-Nationalpark nicht nur optisch, sondern auch physisch, und das schließt auch den rätselhaften See ein. Vor fünf Millionen Jahren sah die Region geologisch ganz anders aus, nicht zuletzt weil es den Berg noch nicht gab. Statt dessen schlängelte sich ein großer Fluß in südöstlicher Richtung durch die Ebene, die heute den Amboseli-Park bildet, und mündete schließlich in den Indischen Ozean. Irgendwann vor zwei bis vier Millionen Jahren hoben vulkanische Kräfte die flache Ebene in die Höhe, bis schließlich der heutige Berg entstanden war. Dadurch wurde der Fluß gestaut, und es entstand ein großer See von fast 1000 Quadratkilometern, der mehrere Millionen Jahre lang unzählige Tonnen Sedimente und Vulkanasche aufnahm. Schließlich füllten die Ablagerungen den See auf, und der Fluß suchte sich einen anderen Weg. Damit begann für die Gegend von Amboseli eine erheblich trockenere Periode: Zunächst ließ der Wechsel von Austrocknung und Überflutung in dem Becken abwechselnd unterschiedliche Lebensräume entstehen, aber vor etwa 10000 Jahren beschränkte die Trokkenheit die immer wiederkehrenden Überschwemmungen auf den Westteil des Sees. Dieser Bereich beherbergt den heutigen Lebensraum.

Wäre der Amboseli-Park für die Erhaltung seiner Vegetation ausschließlich auf das Regenwasser angewiesen, wäre er praktisch eine Wüste. Durch den Einfluß des Kilimandscharo auf das örtliche Klima beschränkt sich die jährliche Niederschlagsmenge auf etwa 300 Millimeter im Jahr; an den Flanken des Berges dagegen regnet es wesentlich mehr. Aber was der Kilimandscharo mit der einen Hand nimmt, gibt er mit der anderen wieder zurück: Unterirdische Wasseradern transportieren vom Berg Regen- und Schmelzwasser heran, das etwa 40 Kilometer durch poröses Lavagestein sickert und dann im Amboseli-Becken kalt und klar als lebenspendende Quellen ans Tageslicht kommt. Sümpfe, Teiche und Kanäle lassen eine üppige Vegetation entstehen, deren Artenspektrum von Riedgras und Papyruspflanzen über Akazien bis zu den großen Fieberbäumen reicht. Die heutige Vegetation des Amboseli-Beckens und damit auch die Tierwelt, die hier leben kann, ist stark von der geologischen Vergangenheit des Gebietes beeinflußt. Die Sedimente, die sich über so lange Zeit ablagerten, brachten auch hohe Salzkonzentrationen mit. Nachdem der See ausgetrocknet war, konnten deshalb zunächst nur salzliebende Pflanzen in dem Becken überleben. Später spülte der Regen das Salz in tiefere Bodenschichten, so daß auch weniger salztolerante Arten zu einem Teil des Ökosystems werden konnten. Aber das Salz lauert auch heute noch und wartet nur darauf, mit dem Grundwasserspiegel zu sinken oder hochzusteigen; auf diese Weise beeinflußt es als Widerhall der entfernten Vergangenheit die heutige Vegetation.

Den heutigen Amboseli-Nationalpark, wie ich ihn hier beschreibe, würde ein Besucher mit dem kraftvollen Eindruck einer üppigen Tierwelt in Ebenen und Buschlandschaften vor dem Hintergrund des höchsten Berges Afrikas verlassen. Vor fünf Millionen Jahren sah alles ganz anders aus: Ein von Bäumen gesäumter Fluß schlängelte sich durch eine Überflutungsebene, die Tierwelt war eine andere, und es gab keinen Berg. Auch vor 10000 Jahren wäre es noch eine völlig andere Landschaft gewesen, mit einem glitzernden See am Fuße des Berges. Pflanzen- und Tierwelt waren reichhaltig, aber die Vegetation beschränkte sich auf salztolerante Pflanzen, und damit war auch der Speisezettel der Tiere eingeschränkt. Auf die großen Veränderungen während langer Zeiträume hinzuweisen mag banal erscheinen, aber ich betone es, weil man vor den heutigen geologischen Verhältnissen so leicht in Ehrfurcht versinkt und dabei vergißt, daß sie wie wir in den Zeiträumen der Evolution nur etwas Vorübergehendes sind. Vom Kilimandscharo werden in ein paar Millionen Jahren nur noch Reste vorhanden sein, die Erosion, Zeit und Wandel übriggelassen haben.

Ich möchte noch auf zwei weitere Besonderheiten des Amboseli-Nationalparks hinweisen, an denen allgemeine Gesetzmäßigkeiten von Naturschutz und biologischer Vielfalt deutlich werden. Erstens können sich in einem Lebensraum auch in kurzer Zeit dramatische Veränderungen abspielen. Damit meine ich nicht die Entstehung eines Berges oder das Verschwinden eines Sees, sondern viel bescheidenere Dinge, die oft mit der Regenmenge zu tun haben. Solche geringfügigen Veränderungen können auf das überlebende Ökosystem tiefgreifende Auswirkungen haben. Und zweitens ist das zuvor beschriebene reichhaltige Mosaik von Lebensräumen, die damals wie heute von höchst vielfältigen Tierarten besiedelt sind, nicht einfach das Produkt der Wechselbeziehungen zwischen Geländeform und Wasserversorgung. Noch etwas anderes hat den Lebensraum entscheidend mitgeformt und die hohe Artenvielfalt entstehen lassen: *Loxodonta africana.*

In meiner anfänglichen Beschreibung des Amboseli-Nationalparks habe ich gesagt, Besucher seien wegen der Diskrepanz zwischen den Versprechungen der Landkarte und der Realität überrascht gewesen. In den vorangegangenen zehn Jahren hatte sich die Gegend drastisch verändert: Sie war viel trockener geworden und trug nur noch einen Bruchteil des früheren Pflanzenwuchses. Die Sümpfe waren kleiner, die Papyruspflanzen wuchsen spärlicher, und vor allem waren die Buschlandschaften zerstört. Im mittleren Teil des Parks war die Hälfte aller Pflanzenarten, die früher dort gediehen waren, verschwunden. Staubwirbel fegten zwischen skelettartigen Baumresten umher. Auch mehrere Vogelarten, einige kleine Säugetiere und zahlreiche große Pflanzenfresser gab es nicht mehr. Gazellen, Weißschwanzgnus und Zebras – alles Tiere, die auf Gras angewiesen sind – waren noch reichlich vorhanden, aber Blätterfresser wie Giraffe, Schwarzfersenantilope und Kudu wurden selten. Die früher verbreiteten Meerkatzen sah man kaum noch, und der Bestand an Pavianen war auf weniger als die Hälfte geschrumpft. Amboseli war kein afrikanischer Garten Eden mehr. Zu den verheerenden Veränderungen trugen mit ziemlicher Sicherheit mehrere Ursachen bei, aber in der Frage, was das für Ursachen waren, gibt es Meinungsverschiedenheiten. Häufig schob man die Schuld auf die Elefanten, die zwischen dem Druck durch die Wilderei außerhalb des Parks und die schwindende Vegetation innerhalb seiner Grenzen in einer Zwangslage waren. Da war es kein Wunder, daß die alte Diskussion um das Ausdünnen der Bestände wieder aufflammte.

Daß es in dem Park einen großen Elefantenbestand gab, stimmte. Die Populationsdichte war dort vielleicht höher als irgendwo sonst in Afrika: Auf 400 Quadratkilometern lebten etwa 750 Tiere. Und es stimmt auch, daß das Populationswachstum vor allem durch Elefanten zustande kam, die vor der Wilderei in den Park geflüchtet waren. Dort waren sie in Sicherheit, und das wußten sie. Bei einer derart hohen Bevölkerungsdichte der Elefanten geriet die Pflanzenwelt unter Druck: Immerhin braucht ein einziges Tier über 150 Kilogramm Nahrung am Tag, um gesund zu bleiben. Verstärkt wurde dieser Druck noch durch den offenbar immer mehr zunehmenden Wassermangel. Dennoch machte man es sich nach meiner Vermutung zu einfach, wenn man die großen Elefantenbestände allein für die Verwüstungen im Amboseli-Park verantwortlich machte. Es gab gute Gründe für die Annahme, daß wir hier einen natürlichen Zyklus miterlebten. Als beispielsweise der Entdecker Joseph Thomson vor 100 Jahren die Gegend bereiste, sah Amboseli eher wie 1991 und nicht wie 1981 aus. In seinem 1887 erschienenen Buch *Through Masailand* bezeichnete er die Gegend als verwüstet und öde. Er schreibt, sie sei flach, staubig und ohne Bäume gewesen, eine Beschreibung, die vor ein paar Jahren ebenfalls zugetroffen hätte. Wild war reichlich vorhanden, allerdings mit ziemlicher Sicherheit in geringerer Zahl als in den Zeiten üppigen Pflanzenwuchses.

Selbst wenn wir über den Amboseli-Park nicht mehr wüßten als das, was in diesen Beschreibungen aus der Zeit um 1880, 1980 und 1990 steht, müßten wir zu dem Schluß gelangen, daß sich hier eine Art natürlicher Kreislauf abspielt: von der Staubwüste zur üppigen, mosaikartigen Vegetation und wieder zur Staubwüste. In Wirklichkeit wissen wir aber aufgrund umfangreicher historischer Befunde, daß die Pflanzenwelt in dem Park während der letzten 100 Jahre immer wieder dramatischen Veränderungen unterworfen war und sich wie in anderen Gegenden Ostafrikas von dichter Waldlandschaft zu kahlen Ebenen wandelte. Die Ursache solcher Schwankungen sind meist Veränderungen der Niederschlagsmenge. Im Amboseli-Nationalpark gelangte aber das alte Salz durch das Steigen und Fallen des Grundwasserspiegels wieder bis dicht unter die Oberfläche, so daß es die Wurzeln schädigte und die Bäume langsam absterben ließ. Nach meiner Vermutung trug eine solche veränderte Verteilung des Salzes unter der Erde zu dem bei, was wir in letzter Zeit über der Erde beobachteten. Ich leugne nicht die Auswirkungen der großen Elefantenpopulation und der damit verbundenen Belastung durch Hunderttausende von Touristen auf die Lebensräume, aber ich glaube, daß dies nur ein zusätzlicher Faktor und nicht die alleinige Ursache ist. Wenn das stimmt, sind alle Versuche, die Situation kurzfristig zum Beispiel durch das Ausdünnen der Elefantenbestände zu entschärfen, vermutlich zum Scheitern verurteilt. Zurückhaltung – und viel Geduld – ist ein viel klügeres Mittel des

Naturschutzes, sowohl in Zeiten der Belastung als auch in ruhigeren Phasen.

Diese Überlegungen entwickelte ich in der ersten Zeit meiner Tätigkeit als Leiter der kenianischen Wildschutzbehörde. Am Amboseli-Park und seiner Geschichte zeigte sich nach meiner Überzeugung eindeutig das sich ständig wandelnde Antlitz der Natur, und es war eine Warnung an alle, die der Natur ihren Willen aufzwingen wollen. Seit etwa drei Jahren steigt der Grundwasserspiegel wieder, die Sümpfe werden größer, Seen blinken, wo Staubwolken über die ausgedörrte Erde zogen, und überall sprießen Bäume und Büsche. Auch der Druck durch die Elefanten hat nachgelassen, denn nachdem man der Wilderei ein Ende gemacht hatte, konnten die Tiere wieder gefahrlos die Grenzen des Parks überschreiten. Und manche Tierarten, die aus dem Park verschwunden waren, kehren zurück. Das Land am Fuß des Kilimandscharo erteilt uns eine Lektion, die wir beherzigen müssen, wenn wir den Strom des Lebens, zu dem auch wir gehören, verstehen wollen.

Wenn man zusieht, wie ein Elefant einen Baum zerlegt oder einen Schößling ausreißt, ist man leicht von seiner zerstörerischen Kraft beeindruckt. Das beschriebene Bild des Amboseli-Nationalparks, wie er vor einigen Jahren aussah, spricht sicher für massenhafte Zerstörung. Aber die Biologen sehen die Zerstörungsfähigkeit der Elefanten mittlerweile unter einem anderen Gesichtspunkt: als kreative Kraft. Die Idee ist so einfach wie stichhaltig: Wenn die Bäume in einer offenen Waldlandschaft zerstört werden, entsteht eine Umwelt, in der die Büsche überleben können. Die Zerstörung der Büsche in einer Buschsavanne eröffnet dem Gras neuen Lebensraum. Wer jemals in einem dichten Wald war, ist zwangsläufig beeindruckt von den majestätisch hohen Bäumen, die den Menschen weit überragen und von denen vielleicht andere Pflanzen herabhängen. Aber nach einiger Zeit dringt die seltsame Stille ins Bewußtsein. Wo sind die großen Tiere? Es gibt sie nicht, oder zumindest nicht viele Arten; die Gras- und Blätterfresser, die man in offenen Graslandschaften beobachtet, fehlen.

Wie die Biologen mittlerweile erkannt haben, sind Elefanten eine entscheidende Kraft für die Schaffung neuer mosaikartiger Lebensräume, in denen andere Arten gedeihen können: Blattfresser in neu entstandenen Buschlandschaften, Grasfresser in neuen Wiesengebieten. Eine solche Tierart ist wie der Schlußstein in einem Gewölbe. Und wie das Gewölbe, dessen Schlußstein man herauszieht, so bricht auch das Ökosystem zusammen, wenn diese entscheidende Art verschwindet. Nach Ansicht des Biologen Norman Owen-Smith von der University of the Witwatersrand in Johannesburg kann man dies in nicht allzu ferner Vergangenheit in großem Maßstab beobachten. Er räumt ein, daß die Jagd durch Menschen am Ende des Pleistozän mit ziemlicher Sicherheit in Amerika zum Aussterben der großen Pflanzenfresser führte. Aber, so sein Hinweis, daneben starben auch viele kleinere Säugetiere und Vögel aus, Arten, die wahrscheinlich nicht zum Opfer der auf Mastodons und Gomphotheren fixierten Jäger wurden. Als die großen Pflanzenfresser ausgelöscht wurden, schlossen sich die offenen Waldlichtungen, Buschlandschaften wurden wieder zu dichten Gehölzen, und das Mosaik aus Gras und Bäumen verwandelte sich in einheitlich offene Wiesen. Diese Veränderungen der Pflanzenwelt, die sich an fossilen Pollenkörnern nachweisen lassen, schränkten die Lebensräume der kleineren Säuger immer weiter ein, und das führte zu der Welle des Aussterbens, die man anhand der Fossilien nachweisen kann.

Etwas Ähnliches beobachtet man heute in manchen Gegenden Afrikas, in denen die Elefanten ausgerottet wurden. Nachdem es sie nicht mehr gibt, werden aus den vielseitigen Lebensräumen der Gras- und Blätterfresser einheitliche Busch- oder Waldlandschaften, in denen weit weniger Arten überleben können. Dieser Effekt wird zum Beispiel nördlich des Amboseli-Parks deutlich, wo das Gelände mit einheitlichem, dichtem Buschwerk bedeckt ist. Die Folgerungen sind eindeutig. Wenn der Elefant wegen eines entsetzlichen Mangels an Weitblick oder aufgrund fehlenden politischen Willens ausstirbt, werden ihm viele weitere Arten auf dem Weg in die entwicklungsgeschichtliche Vergessenheit folgen. Die entscheidende Bedeutung der Elefanten für die Vielfalt der Lebensräume wurde in der lautstarken Debatte um die Zukunft des Elfenbeinhandels, das Ausdünnen und so weiter schlicht übersehen, obwohl sie ein wichtiger Faktor in der Gesamtrechnung ist. Der Elefant ist nicht nur eine einzelne, vom Aussterben bedrohte Art. Und er ist noch nicht einmal nur das Flaggschiff der Naturschützer, der Prüfstein für unseren Willen, die Natur zu achten und zu erhalten. Auf seinem Überleben beruht das Überleben zahlreicher anderer Arten in der großartigen Vielfalt der afrikanischen Tierwelt, die unser Erbe aus den Jahrmillionen der Evolution darstellt.

Nicht mehr und nicht weniger.

Die Zukunft

Faßt man die neuen Erkenntnisse der Evolutionsbiologie, Ökologie und Paläontologie zusammen, erkennt man die wahre Stellung des *Homo sapiens* in der Welt: Wir sind schlicht ein historischer Zufall.

Der *Homo sapiens* ist auf der Erde zur beherrschenden Spezies geworden. Leider hat das verheerende Auswirkungen; wenn wir unsere Umwelt weiterhin so zerstören wie heute, wird zu Beginn des nächsten Jahrhunderts die Hälfte aller Arten aussterben.

Obwohl auch der *Homo sapiens* wie andere Arten vor ihm zum Aussterben bestimmt ist, haben wir die moralische Verpflichtung, die Vielfalt der Natur zu schützen anstatt sie zu vernichten.

12 Ein historischer Zufall

Unser Denken über uns selbst und über die Welt, in der wir leben, befindet sich zur Zeit in einem tiefgreifenden Umbruch. Diese Veränderung als geistige Revolution zu bezeichnen ist keineswegs übertrieben. Die Einzelaspekte der Wandlung habe ich in den vorangegangenen Kapiteln dargelegt, so daß wir jetzt das neu entstehende Gesamtbild deutlicher erkennen können. Einzelne verschwommene Linien fließen zu etwas scharf Umrissenem zusammen, und wir erkennen eine Vorstellung vom Strom des Lebens, die ganz anders ist als das Bild, das so lange im Schwange war. Ein wenig Geduld ist noch notwendig: Wenn wir diese Vorstellung so deutlich machen wollen, wie sie es verdient, müssen wir einige der in diesem Buch angeschnittenen Themen noch einmal aufgreifen.

Die neue Vorstellung – oder eigentlich eine ganze Reihe neuer Vorstellungen – zu begreifen erfordert Mut, denn dazu müssen wir viele tröstliche Gedanken über unseren Platz im Universum über Bord werfen. Aber wenn wir uns selbst in dem neuen geistigen Rahmen deutlich erkennen, wird sich das gewaltig auszahlen – nicht nur weil wir zu einem umfassenderen Verständnis für die Welt gelangen, was seit Jahrtausenden die Triebkraft menschlicher Bemühungen war, sondern auch weil wir dann über bessere Voraussetzungen verfügen, um die Menschheit erfolgreich ins nächste Jahrhundert und darüber hinaus zu steuern. Mit dieser Zukunft – im großen Ablauf der Dinge ist es die *unmittelbare* Zukunft – beschäftigt sich der letzte Abschnitt des Buches. Schon an dieser Stelle möchte ich klipp und klar sagen, daß wir nach meiner Überzeugung einer Krise entgegengehen, die wir selbst verursacht haben, und wenn es uns nicht gelingt, sie mit visionärer Kraft zu bewältigen, erlegen wir zukünftigen Generationen einen Fluch von unvorstellbaren Ausmaßen auf.

Dieses Kapitel umreißt die geistige Revolution, die zur Zeit um uns herum vorgeht, und ihre Bedeutung für eine umfassendere Kenntnis des Lebensstromes, der uns zusammen mit vielen anderen Arten weiterträgt. In den beiden letzten Kapiteln werde ich zeigen, warum wir an einem Scheideweg der Menschheitsgeschichte stehen und wie wir diesen Scheideweg selbst aufgebaut haben – mit einer Seite, die in eine bisher in der Erdgeschichte nie dagewesene Katastrophe führt, und einer anderen, die ein gewisses Maß an Harmonie mit der Natur verspricht. Daß das nach Angstmacherei klingt, ist volle Absicht. Außerdem werde ich die einzigartige Aussage dieses Buches genauer ausführen: Ich werde den *Homo sapiens* im Zusammenhang der Erdgeschichte und durch Fortschreibung auch im Rahmen der Zukunft unseres Planeten betrachten. Das ist kein einfaches Unterfangen, denn unser Geist ist es gewohnt, in Zeiträumen von Jahrzehnten oder vielleicht von Generationen zu denken, aber nicht in den Hunderten von Jahrmillionen, die den zeitlichen Rahmen für das Leben auf der Erde bilden. Begreift man die Menschheit in diesem Zusammenhang, erkennt man sofort unsere Bedeutung für die Erdgeschichte – und unsere Bedeutungslosigkeit. Es gibt über die Zukunft der Menschheit eine sichere Aussage, die sich aber unserem Begriffsvermögen entzieht: Eines Tages wird unsere Spezies nicht mehr dasein.

Die Schwesterwissenschaften der Evolutionsbiologie und Ökologie waren während des größten Teils unseres Jahrhunderts von einer Sichtweise für das Leben gefärbt, die der menschlichen Seele ganz offen Trost bot. Diese Sicht der Dinge ergab sich aus den revolutionären, folgenschweren Gedanken des berühmten Naturforschers Charles Darwin und des großen Geologen Charles Lyell. Sie meinten, die Erdgeschichte sei sowohl im geologischen als auch im biologischen Bereich über riesige Zeiträume hinweg bruchlos und allmählich verlaufen. Danach sind die gewaltigen geologischen Formationen der Erde, die tiefen Schluchten und die hohen Gebirge, ausschließlich durch die Anhäufung winziger Veränderungen entstanden, und auf die gleiche Weise wurden die Kontinente und

Meere mit einer unglaublichen Vielfalt von Lebewesen bevölkert, wobei der *Homo sapiens* nur eine Spezies unter vielen Millionen ist. Um zu verstehen, wie stark Darwin und Lyell von ihrer gradualistischen Weltanschauung überzeugt waren, muß man sich klarmachen, daß sie auf eine vorausgehende geistige Tradition reagierten: Danach waren die Erde und ihre Bewohner unglückliche Ergebnisse gelegentlicher Krisen oder Katastrophen. Und diese Katastrophen – Sintfluten oder Umwälzungen der Kontinente – hatten angeblich jedesmal das Leben auf der Erde vernichtet, so daß eine neue Ausstattung höher entwickelter Formen an seine Stelle treten konnte.

Nicht alle Vertreter der Katastrophentheorie stellten ihre Ideen in einen religiösen Zusammenhang, aber die Hypothese als ganze war zwangsläufig davon geprägt: Göttliche Kräfte sollten für Zerstörung sorgen und dann die Schöpfung vorantreiben. Es war nach der damals allgemein verbreiteten Überzeugung der einzige Weg, auf dem die Erde und die auf ihr lebenden Geschöpfe entstanden sein konnten. Als Lyell nachwies, daß auch die gewaltigsten geologischen Strukturen sich in langen Zeiträumen allmählich bilden können, und als Darwin eine Theorie über die Entstehung der unzähligen Lebensformen während langer Zeiträume formulierte, ergab sich daraus insgesamt eine neue Sichtweise: der Gradualismus, der offensichtlich stärker wissenschaftlich begründet war als die Katastrophentheorie, weil er keine göttlichen Eingriffe unterstellte. Die Katastrophentheorie war tot. Das Zeitalter der modernen Biologie und Geologie hatte begonnen, und seine Geburtshelferin war die allumfassende Vorstellung von der allmählichen Veränderung.

Das Wichtigste dabei war Darwins zentrale Aussage: Der Strom des Lebens wird von einem ständigen Kampf ums Dasein gelenkt, in dem die Geeignetsten überleben und die weniger Geeigneten zugrunde gehen. Die Arten befinden sich in einem ununterbrochenen Kampf, sowohl mit anderen Arten als auch mit ihrer physikalischen Umwelt – eine doppelte Herausforderung, auf welche die natürliche Selektion mit entsprechender Anpassung reagiert. Überleben ist im Kampf ums Dasein der Erfolgsbeweis, und Aussterben bedeutet Versagen. Ich habe in vorangegangenen Kapiteln zahlreiche Aussagen Darwins zu diesem Thema zitiert, aber eine davon möchte ich hier nochmals wiederholen, denn sie drückt eine Empfindung aus, die zu der Zeit, als sie geschrieben wurde, mit Sicherheit wichtig war und es auch über mehr als 100 Jahre hinweg geblieben ist: »Da die natürliche Zuchtwahl nur durch und für das Gute jedes Wesens wirkt, so werden alle körperlichen und geistigen Begabungen der Vollkommenheit zustreben.«[1]

Aus dieser Ansicht ergeben sich zwei wichtige Vorstellungen: Erstens ist die Geschichte des Lebens, die wir an den in der Erde begrabenen Fossilien ablesen können, ein Bericht über diesen Kampf, in dem Verlierer und Sieger von den frühesten Zeiten bis zur Gegenwart stetig aufeinanderfolgen. Da die natürliche Selektion durch winzige Verbesserungen für Anpassung sorgt, verläuft der Weg der Evolution langsam und ununterbrochen. Die zweite Vorstellung besagt: Da der Strom des Lebens durch den Erfolg immer überlegenerer Formen gelenkt wird, sind Richtung und Form dieses Stromes in einer wichtigen Hinsicht etwas Zwangsläufiges. In dem Fortschreiten von den Fischen über Amphibien und Reptilien zu den Säugetieren – und letztlich zu uns – spiegelt sich nicht nur die Entwicklung des Lebens wider, wie sie war, sondern auch wie sie sein mußte. Zufälle oder Wahrscheinlichkeiten spielen nach dieser Ansicht für Richtung und Gestalt des Ablaufes keine Rolle, und das gilt auch für das letztendliche Auftauchen des *Homo sapiens*.

Diese herkömmliche Ansicht war, wie ich schon angedeutet habe, ein Trost für die menschliche Seele, und man erkennt auch leicht, warum. Wir Menschen mögen keine Unsicherheit und verabscheuen Zufälligkeiten, vor allem wenn es um unsere Existenz geht. Uns widerstrebt der Gedanke, daß es uns nur gibt, weil die Würfel der Evolution so gefallen sind. Die gerade beschriebene herkömmliche Ansicht bietet uns Trost, denn erstens ist danach schon unsere Existenz als solche der Beleg für unsere Überlegenheit, und zweitens hat sich das Leben ohnehin von Anfang an in unsere Richtung bewegt. Erinnern wir uns noch einmal daran, was der Paläontologe Robert Broom 1933 in seinem Buch *The Coming of Man: Was It Accident or Design?* schrieb: »Vieles an der Evolution sieht aus, als sei geplant gewesen, daß sie zum Menschen führt, aber auch zu anderen Tieren und Pflanzen, welche die Welt für ihn zu einem geeigneten Aufenthaltsort machen.«[2] Brooms Aussage war ein Extremfall, aber sie fängt das Wesentliche einer Denkweise ein, die alle wissenschaftlichen Bemühungen prägte.

Heute müssen wir der Tatsache ins Auge sehen, daß das nicht stimmt. Es gab in der Erdgeschichte kein stetiges Fortschreiten von einfachen zu komplizierten Formen. Einfache Lebensformen entstanden schon früh, das ist richtig. Aber wie wir in Kapitel 2 gesehen haben, blieb diese anfängliche Einfachheit Milliarden von Jahren lang in stumpfsinniger Weise immer gleich: Während sechs Siebteln der Erdgeschichte gab es nichts Komplexeres als einzellige Lebewesen. Und als die Komplexität vor 530 Millionen Jahren schließlich in Form der Vielzeller zunahm, geschah das explosionsartig; innerhalb von fünf Millionen Jahren (nach geologischen Maßstäben also in einem kurzen Augenblick) entstanden durch Neuentwicklungen der Evolution die unzähligen vielzelligen Lebensformen. Der Strom des Lebens fließt also nicht gleichmäßig, sondern äußerst sprunghaft. (Nach der Theorie des unterbrochenen Gleichgewichts, die Stephen Jay Gould und Niles Elredge entwickelten, ereignen sich viele oder sogar die meisten entwicklungsgeschichtlichen Neuerungen in raschen Wellen der Veränderung und nicht allmählich in langen Zeiträumen.)

Die Tatsache der kambrischen Explosion beunruhigte unsere Psyche allerdings nur mäßig, denn wir konnten uns an der Vorstellung festhalten, daß der Strom des Lebens zwar vielleicht unregelmäßig floß, daß er aber in seiner Richtung berechenbar war und daß wir sein zwangsläufiges Endprodukt darstellen. Die neuen Erkenntnisse über die Geschichte des Lebens nach der kambrischen Evolution haben uns jedoch, wie wir in Kapitel 3 erfahren haben, dieses Argument genommen. Das wilde Experimentieren in der kambrischen Explosion führte zu bis zu 100 unterschiedlichen Lebensformen oder Körperbauplänen. Nach wenigen Millionen Jahren war nur noch ein Bruchteil davon übrig, und diese Formen wurden zu den Keimzellen für das heutige bunte Kaleidoskop des Lebendigen.

Wären die Überlebenden dem Aussterben wegen ihrer Überlegenheit entgangen, könnten wir uns mit dem Gedanken trösten, daß wir die Nachfahren der verdienten Sieger sind. Aber das sind wir nicht. Es gab weder etwas offenkundig Überlegenes an den Gewinnern noch etwas offenkundig Unterlegenes an den Verlierern dieses ersten Massenaussterbens. Es war, wie Gould es kürzlich formulierte, »die größte Lotterie, die je auf der Erde gespielt wurde«[3], und wir sind zufällig die Nachfahren eines der glücklichen Gewinner. Die heutige Welt teilen wir mit den Nachkommen anderer glücklicher Gewinner. Würde man die Lotterie noch einmal spielen, kämen ganz andere Gewinner heraus, und das Leben würde heute auf ganz anderen Körperbauplänen beruhen. Viele davon wären zweifellos äußerst seltsam, wenn man an die merkwürdigen Lebensformen denkt, die während dieses ersten großen Aussterbens verschwanden. Wir müssen uns also mit der Tatsache abfinden, daß die Welt des Lebendigen, zu der wir gehören, nur eine von vielen möglichen Welten ist und nicht die einzig unvermeidliche. Sie ist vielmehr schlicht eine zufällige historische Tatsache.

Einer der wichtigsten Bestandteile der derzeitigen geistigen Revolution sind neue Erkenntnisse über das Wesen des Aussterbens. Wie bereits erwähnt, hielt Darwin den Gedanken an das Massenaussterben für verdächtig; deshalb erklärte er die erkennbaren Indizien für solche Vorgänge als Verfälschungen durch unvollständige Fossilfunde. Das Massenaussterben roch nach Katastrophentheorie, und die war ihm ein Greuel. Schließlich war die Realität des gelegentlichen massenhaften Artensterbens nicht mehr zu leugnen, was die geliebte Idee vom gleichmäßigen Fließen des Lebens weiter untergrub. Wie wir in Kapitel 4 gesehen haben, war dieses Fließen von fünf großen Krisen unterbrochen, in denen bis zu 95 Prozent der vorhandenen Arten in einem geologischen Augenblick ausstarben. Seltsamerweise widmete die Forschung dem Wesen des Massenaussterbens kaum Aufmerksamkeit, obwohl man darin einen wichtigen gestaltenden Faktor in der Geschichte des Lebens erkannt hatte. Es galt als zu kompliziert und schwerverständlich. Dennoch nahmen die Biologen an, diese Ereignisse, was auch ihre Ursache sein mochte, hätten den Kampf ums Dasein verstärkt, so daß ungewöhnlich viele Arten in kurzer Zeit in entwicklungsgeschichtliche Vergessenheit gerieten. Man hielt das Massenaussterben für »normales« Aussterben, das einfach in größerem Umfang stattfand. Und wie in normalen Zeiten galt das Überleben solcher Vorgänge als Anzeichen für überlegene Anpassung und das Aussterben als Hinweis auf eine entsprechende Unterlegenheit.

Die in den letzten Jahren gewachsene Erkenntnis, daß das Massenaussterben kein normales Aussterben in größerem Umfang ist, muß als eine der wichtigsten evolutionsbiologischen Entdeckungen des 20. Jahrhunderts gelten. Das Massenaussterben, was auch seine Ursache sein mag, spielt sich nach anderen Regeln ab als das Aussterben zu normalen Zeiten. Die Darwinsche Evolution, die in diesen normalen Zeiten wichtig ist, wird während der großen Krisen außer Kraft gesetzt. Ob eine Spezies ein solches Ereignis überlebt, hängt nicht von der Qualität ihrer Anpassung ab, sondern von Eigenschaften wie der geographischen Verbreitung von Artengruppen, auch Klades genannt (räumlich begrenzte Klades sind empfindlich; weitverbreiteten ergeht es besser, unabhängig davon, wie viele Arten sie umfassen) und der Körpergröße (große Arten sind empfindlicher als kleine). Daraus ergibt sich zwangsläufig die Schlußfolgerung, daß das Überleben einer Art während des Massenaussterbens mehr mit dem Schicksal als mit den Genen zu tun hat, um David Raups griffige Formulierung zu benutzen.

Wie ich bereits erwähnt habe, lebten die Säugetiere nicht wegen einer inneren Überlegenheit länger als die Dinosaurier, sondern weil der Würfel so gefallen war. Zweifellos begünstigte ihre geringe Größe das Überleben. Und natürlich überstanden nicht alle Abstammungslinien der Säuger das Ereignis vor 65 Millionen Jahren. Einige starben ebenfalls aus. Auch daß die Linie der Primaten zu den Überlebenden gehörte, war keine Frage der Überlegenheit, sondern Glückssache. Wäre *Purgatorius* unter den Verlierern gewesen, gäbe es keine Lemuren, keine Kleinaffen, keine Menschenaffen – und keine Menschen.

Wir können uns der Erkenntnis nicht verschließen, daß der *Homo sapiens*, der sicher in vielerlei Hinsicht – insbesondere was Kreativität und Bewußtsein angeht – etwas Einzigartiges ist, nicht zwangsläufig existieren mußte. Und, was noch schlimmer ist: Der Zufall spielt hier in einem so großen Maße mit, daß man sich nur schwer damit abfinden kann. Aber es stimmt. Wie ich es in Kapitel 5 formuliert habe: »Wir sind nur eine von vielen Millionen Arten auf der Erde, das Produkt einer halben Milliarde Jahre im Strom des Lebens, die glücklichen Überlebenden von mindestens 20 wichtigen Krisen, darunter auch die Großen Fünf.« Aus unserer engstirnigen Sicht ist das eine der tiefschürfendsten Einsichten in der derzeitigen geistigen Revolution, aber für die Welt des Lebendigen als Ganzes ist es nicht das Wichtigste.

Früher hielt man Ereignisse des Massenaussterbens für wichtige Unterbrechungen im Strom des Lebens, die vielen Arten den Todesstoß versetzten, ohne aber die Evolution mitzugestalten. Die gestaltende Kraft war nach Ansicht der Biologen die natürliche Selektion. Heute wissen wir aber, daß der Tod während dieser Ereignisse anderen Regeln gehorcht und daß das Überleben ein wichtiges Zufallselement beinhaltet. Diese Faktoren und nicht die natürliche Selektion bestimmen darüber, welche Arten überleben und welche nicht; damit wird das Massenaussterben zu einem wichtigen Faktor, der die Geschichte des Lebens mitgestaltet. Unter allen Einflüssen, die das Gesamtmuster formen, sind diese Ereignisse sogar der wichtigste. Oder, wie Raup es formulierte: »So gesehen können Artensterben und besonders Massenuntergänge als unabdingbarer Bestandteil der Evolution unseres heutigen komplexen Lebensnetzwerkes gelten.«[4] Diese Erkenntnis ist ein äußerst wichtiger Bestandteil der derzeitigen geistigen Revolution. Aber es ist nicht der einzige.

Ich habe im Zusammenhang mit dem Massenaussterben mehrmals die Formulierung »was auch die Ursache sein mag« benutzt. In dieser Einstufung spiegelt sich die Erkenntnis wider, daß solche Ereignisse auf äußerst komplexe, schwerverständliche Weise entstehen, und zur Zeit gehört sie zu den am hitzigsten diskutierten Fragen der Evolutionsbiologen und Paläontologen. Ich habe zuvor bereits einige Triebkräfte genannt, die dabei eine Rolle spielen könnten, beispielsweise globale Temperaturveränderungen oder das Absinken des Meeresspiegels. Wie wir aber in Kapitel 4 gesehen haben, wurde mindestens ein solches Ereignis – das Aussterben am Ende der Kreidezeit vor 65 Millionen Jahren –, vielleicht aber auch mehrere (oder im Extremfall alle) ohne Zweifel durch den Einschlag eines riesigen Asteroiden oder Kometen auf der Erde ausgelöst. Die Erkenntnis, daß das Massenaussterben die Erdgeschichte an so wichtiger Stelle mitgestaltet hat, war für die Evolutionsbiologie höchst bedeutsam, und die Annahme, daß sie vielleicht auf außerirdische Ursachen zurückgehen, ist wirklich überzeugend. Wir müssen eine darwinistische Welt hinter uns lassen, deren gestaltende Kräfte wir auf der Grundlage unserer täglichen Erfahrungen verstehen und identifizieren können, und uns statt dessen mit einer anderen abfinden, die das unglückselige Opfer eines launischen Universums ist. Das Bild vom gleichmäßigen, vorhersagbaren Strom des Lebens mit dem Menschen als zwangsläufigem Höhepunkt ist dahin, und an seine Stelle tritt die Vorstellung von einer sprunghaften, unberechenbaren Welt, in der wir mit einer gehörigen Portion Glück an unseren Platz gelangt sind. Die Katastrophentheorie ist wieder da, und sie stimmt.

Ich habe im Zusammenhang mit der derzeitigen geistigen Revolution von den Schwesterwissenschaften der Evolutionsbiologie und Ökologie gesprochen, aber beschäftigt habe ich mich bisher nur mit der ersten. Eine ähnliche Verschiebung der Anschauungen gab es auch in der Ökologie, insbesondere in der Frage, wie ökologische Gemeinschaften ihre Form annehmen. Wie ich in Kapitel 9 erwähnt habe, glaubte man bis vor kurzen, ökologische Gemeinschaften hätten ihre Gestalt, weil sie so sein müssen. Damit stelle ich diese Haltung zugegebenermaßen ein wenig zu einfach dar, aber ich meine damit, daß sie der darwinistischen Sicht vom Strom des Lebens in entwicklungsgeschichtlichen Zeiträumen entspricht. In dem kürzeren zeitlichen Rahmen des Aufbaus ökologischer Gemeinschaften herrschten angeblich die gleichen Regeln wie bei der Entstehung von Anpassung durch natürliche Selektion: Arten treten untereinander sowie mit der physikalischen Umwelt in Wechselwirkung und bringen eine Harmonie hervor, die sich in dem Begriff »Gleichgewicht der Natur« verkörpert. Die Ökologen glaubten, in der Zusammensetzung einer Lebensgemeinschaft in einem bestimmten Gebiet spiegelten sich die Bedingungen in diesem Gebiet wider, und deshalb gebe es an anderen Orten unter abweichenden Bedingungen auch andere Lebensgemeinschaften.

Es ist ganz offensichtlich richtig, daß die Wechselbeziehungen zwischen den Arten für die Zusammensetzung einer Lebensgemeinschaft wichtig sind: Pilze ernähren Pflanzenwurzeln, Pflanzenblätter ernähren Insekten, Insekten ernähren Vögel und so weiter. Und es stimmt auch, daß die Arten an bestimmte örtliche Bedingungen angepaßt sind. Aber wie ich in Kapitel 9 erläutert habe, erkennt man mittlerweile in der Ökologie immer deutlicher, daß diese Einflüsse nur zum Teil erklären, warum eine Lebensgemeinschaft so und nicht anders aussieht. Nachdem die Evolutionsbiologen anerkennen mußten, daß der Zufall für den Lauf des Lebens eine wichtige Rolle spielt, standen die Ökologen in ihrem Fachgebiet vor der gleichen Notwendigkeit. Die Angehörigen einer ökologischen Gemeinschaft stehen untereinander nicht in einem säuberlich ausbalancierten natürlichen Gleichgewicht. Gestalt und Verhalten der Gemeinschaften werden vielmehr in großem Umfang von chaotischem Verhalten bestimmt, aber auch von Eigenschaften wie der Widerstandskraft gegen Eindringlinge, die aus der Gemeinschaft heraus erwachsen und sich einfachen Erklärungsversuchen entziehen. Nach der alten Sichtweise sind Lebensgemeinschaften etwas Berechenbares und Unveränderliches. Heute wissen wir, daß sie unberechenbar, ja sogar rätselhaft und außerdem dynamisch sind. Und dieser dynamische Zustand trägt zur biologischen Vielfalt auf der Erde bei, um die es hier letztlich geht. Auch wenn es der Intuition widerspricht: Ständige Veränderung – der dynamische Zustand – ist die Ursache der langfristigen Stabilität in den Lebensgemeinschaften; versucht man, auf kurze Sicht den Wandel zu blockieren, sorgt man langfristig mit Sicherheit für schädliche Veränderungen.

Die Menschen sehnen sich nach Berechenbarkeit in unseren Beziehungen zur Natur um uns herum und insbesondere zu unserer eigenen Existenz und Zukunft. In Wirklichkeit ist unsere Welt aber in den Bereichen von Evolutionsbiologie und Ökologie ganz offensichtlich unberechenbar, und unsere Stellung darin verdanken wir historischen Zufällen; es ist eine Stellung mit vielen Möglichkeiten, und die Kräfte, die diese Möglichkeiten beeinflussen, liegen außerhalb unserer Kontrolle und zumindest in manchen Fällen auch außerhalb unseres Begriffsvermögens.

Unsere Welt ist nicht mehr so sicher wie früher, aber dafür ist sie auch interessanter.

13 Das sechste Aussterben

Wir mögen ein historischer Zufall sein, aber der *Homo sapiens* ist auf der Erde heute ohne Frage die alles beherrschende Spezies. Wir erschienen erst spät auf der Bildfläche der Evolution, und zwar zu einer Zeit, als die Vielfalt des Lebens auf unserem Planeten fast den höchsten Stand aller Zeiten erreicht hatte. Und wie wir in Kapitel 10 gesehen haben, waren wir bei unserem Auftauchen mit der Fähigkeit ausgestattet, diese Vielfalt überall da zu zerstören, wo menschliche Populationen sich breitmachten. Mit Vernunft und Einsicht gesegnet, gehen wir dem 21. Jahrhundert in einer von uns selbst erschaffenen Welt entgegen, einer im wesentlichen künstlichen Welt, in der die Technik (zumindest für manche Menschen) materielle Annehmlichkeiten mit sich bringt, während die Freizeit von nie dagewesenen schöpferischen Leistungen ausgefüllt ist. Leider haben uns aber Vernunft und Einsicht bisher nicht davor bewahrt, die biologischen und physikalischen Ressourcen der Erde in beispielloser Weise auszubeuten.

Natürlich ist der *Homo sapiens* nicht die erste Art, die dramatischen Einfluß auf die Lebenswelt unseres Planeten ausübt. Seit vor etwa drei Milliarden Jahren die ersten photosynthetisch aktiven Mikroorganismen auftauchten, verwandelte sich die Atmosphäre: Der anfangs recht geringe Sauerstoffgehalt stieg immer stärker an, bis er im Laufe der letzten Milliarde Jahre den heutigen hohen Wert erreicht hatte. Diese Veränderung machte ganz andere Lebensformen möglich, darunter auch die Vielzeller, und diejenigen, die zuvor reichlich vorhanden waren und in einer sauerstoffarmen Umwelt gedeihen konnten, wurden in abgelegene Lebensräume zurückgedrängt. Aber dieser Wandel wurde nicht von einer einzigen, vernunftbegabten Spezies verursacht, die bewußt ihre eigenen materiellen Ziele verfolgte, sondern von zahllosen denkunfähigen Arten, die gemeinsam und unbewußt neue Stoffwechselwege in Gang setzten. Vernunft und Einsicht, die sich während unserer Evolution entwickelten, verliehen unserer Spezies ein wandelbares Verhalten, mit dessen Hilfe wir uns unter praktisch allen Umweltbedingungen der Erde reichlich vermehren können. Deshalb eröffnete die Evolution der menschlichen Intelligenz ein gewaltiges Potential für Verbreitung und Bevölkerungswachstum, so daß die fast sechs Milliarden Menschen, die derzeit leben, zusammen den größten Anteil lebenden Protoplasmas auf unserem Planeten bilden.

Unseren Lebensunterhalt bezogen wir in nie zuvor dagewesener Weise aus der übrigen Natur, so daß ihr Reichtum schwand, während der unsrige zunahm. Wir sind, wie Edward Wilson es formulierte, »was die Umwelt angeht, eine Abnormität«. Abnormitäten bleiben nicht ewig erhalten, sondern verschwinden irgendwann. »Möglicherweise war die Intelligenz in der falschen Spezies von vornherein eine tödliche Kombination für die Biosphäre«, wagte Wilson zu äußern. »Vielleicht ist es ein Gesetz der Evolution, daß Intelligenz sich selbst auslöscht.«[1] Und wenn kein »Gesetz«, dann vielleicht eine übliche Folge. Für uns lautet die Frage: Können wir diesem Schicksal entgehen?

Wenn ich davon spreche, daß der Reichtum der Natur schwindet, dann meine ich damit das Artensterben, das sich derzeit als Folge der unterschiedlichsten menschlichen Tätigkeiten abspielt. In Kapitel 10 habe ich geschildert, welche Spur der biologischen Verwüstung die Menschen zurückließen, als sie in der prähistorischen und historischen Vergangenheit in neue Gebiete eindrangen: Siedler rotteten in den neuen Ländereien durch Jagd und Rodung eine Riesenzahl von Arten aus. Manche heutigen Fachleute meinen, das sei nur eine vorübergehende Episode in der Entwicklungslaufbahn der Menschen gewesen, und es sei heute trotz des gewaltigen Bevölkerungswachstums verfehlt, von einem fortgesetzten Artensterben zu sprechen. Aus dem Ton der vorangegangenen Abschnitte sollte deutlich geworden sein, daß ich nicht in dieses Lager gehöre. Nach meiner Überzeugung setzt sich das vom Menschen verursachte

Artensterben auch heute fort, und es beschleunigt sich in einem alarmierenden Maße.

Im Rest dieses Kapitels werde ich die Begründung für meine Sorgen darlegen, und im letzten Kapitel werde ich die Frage aufwerfen, ob es uns und unseren Kindern etwas ausmacht, wenn bis zum Ende des nächsten Jahrhunderts bis zu 50 Prozent aller Arten auf der Erde ausgestorben sind. Außerdem werde ich mich mit der ferneren Zukunft befassen und so unsere Spezies in einen größeren geologischen Zusammenhang mit den übrigen Bewohnern der Erde stellen. Und ich werde einen Vorschlag machen: Aufgrund der dargelegten neuen Erkenntnisse, die wir durch die beschriebene geistige Revolution gewonnen haben, müssen wir in der Frage, wie sich der *Homo sapiens* auf die biologische Vielfalt auswirken soll, zu der wir gehören, eine ganz bestimmte ethische Haltung einnehmen.

Grundsätzlich gefährden Menschen die Existenz biologischer Arten auf dreierlei Weise. Erstens durch unmittelbare Ausbeutung, beispielsweise durch die Jagd. Von Schmetterlingen über Singvögel bis zu Elefanten – die Gier der Menschen, Teile wildlebender Geschöpfe zu sammeln oder zu essen, treibt viele Arten an den Rand des Aussterbens. Zweitens sind da die biologischen Verheerungen, die durch das absichtliche oder zufällige Einschleppen fremder Arten in ein Ökosystem entstehen können. Ich habe darüber berichtet, welche biologischen Umwälzungen die Hawaii-Inseln durch die zahllosen Vogel- und Pflanzenarten erlebten, welche die Polynesier und später die europäischen Siedler mitbrachten. Verwüstungen ähnlichen Ausmaßes sind derzeit am Victoriasee in Afrika im Gange, wo innerhalb der letzten zehn Jahre über 200 Fischarten verschwunden sind. Der Ökologe Les Kaufman von der Universität Boston, der sich eingehend mit dem Vorgang beschäftigt hat, nennt ihn »das Hiroshima der biologischen Apokalypse, den Nachweis, die Warnung, daß noch mehr im Anzug ist«.[2] Die Ursachen sind mehrere zusammenwirkende Faktoren, aber der Hauptschuldige ist der gefräßige Flußbarsch, den man vor etwa 40 Jahren aus Gründen der kommerziellen Fischerei in dem See ansiedelte.

Die dritte und mit Abstand wichtigste Art, wie Menschen andere Arten ausrotten, ist die Zerstörung und Zerstückelung der Lebensräume, insbesondere das gnadenlose Abholzen der tropischen Regenwälder. Diese Wälder, die nur etwa sieben Prozent der Landflächen bedecken, sind ein Schmelztiegel der Evolution und beherbergen die Hälfte aller biologischen Arten. Die ständig wachsende menschliche Bevölkerung dringt tagtäglich in wilde Lebensräume ein, sei es durch die Ausdehnung landwirtschaftlicher Flächen, den Städtebau oder den Ausbau der Infrastruktur, welche die Siedlungen verbindet. Und mit den Lebensräumen schrumpft auch die Fähigkeit der Erde, ihr biologisches Erbe am Leben zu erhalten.

Der erste, der die weltweite Aufmerksamkeit auf die drohende Katastrophe der Entwaldung lenkte, war der Biologe Norman Myers von der Universität Oxford mit seinem 1979 erschienenen Buch *The Sinking Ark*. Wenn das Abholzen der Bäume sich mit der gleichen Geschwindigkeit – Myers schätzte sie auf zwei Prozent im Jahr – fortsetzte, werde die Welt »bis zum Jahr 2000 ein Viertel aller Arten verlieren«, schrieb er. Und ein Jahrhundert später werde ein Drittel der verbliebenen Arten ebenfalls auf der Liste der Ausgestorbenen stehen. In den 17 Jahren, seit *The Sinking Ark* erschienen ist, gab es eine hitzige Debatte über den Wahrheitsgehalt der Zahlen. Verschwinden die Wälder wirklich so schnell, wie Myers behauptet hatte? Und auch wenn es so ist, werden dann wirklich 50 Prozent aller Arten verschwinden?

Anfangs wurden die Voraussagen von Myers (und anderen) freundlich aufgenommen, und schließlich entwickelte sich bei Biologen und Politikern ein echtes Gefühl der Besorgnis. Einflußreiche Körperschaften gaben schwerwiegende Erklärungen ab. »Die Krise des Artensterbens ist für die Zivilisation eine Bedrohung, die nur von der Gefahr des Atomkrieges übertroffen wird«, warnte der Club of Earth in einer Veröffentlichung, die zu Beginn einer großen Konferenz über die biologische Vielfalt im September 1986 in Washington herausgegeben wurde. Wohl am einflußreichsten dürfte eine Erklärung sein, die kürzlich von der National Academy of Sciences der USA und der Londoner Royal Society gemeinsam verfaßt wurde:

»Das Tempo der Umweltveränderungen hat sich in jüngster Zeit zweifellos durch das Wachstum der menschlichen Bevölkerung beschleunigt... Die Zukunft unseres Planeten steht auf dem Spiel.« Ebenso energisch äußerten sich einzelne Ökologen. Ich möchte zwei der berühmtesten zitieren. Der Biologe Paul Ehrlich von der Stanford University sagte auf der Konferenz in Washington: »Es gibt in der Hauptrichtung der Biologie keine Meinungsverschiedenheiten darüber, daß die Artenvielfalt sich in einer Krise befindet.« Und Edward Wilson erklärte auf der gleichen Veranstaltung: »Praktisch alle, die sich mit dem Artensterben befassen, sind übereinstimmend der Ansicht, daß die biologische Vielfalt sich in ihrer sechsten großen Krise befindet und daß diese Krise ausschließlich vom Menschen ausgelöst wurde.«

In jüngster Zeit hat sich jedoch eine Gegenbewegung entwickelt; jetzt wirft man den Warnern übertriebene Behauptungen oder – noch schlimmer – Betrug vor. In mehreren Zeitschriften erschienen Artikel, die sich skeptisch gegenüber der angeblichen Gefahr äußerten. So stand zum Beispiel in *Science* kürzlich ein Aufsatz mit der Überschrift »Extinction: are ecologists crying wolf?«[3] (»Aussterben: schlagen die Ökologen blinden Alarm?«); und eine Titelgeschichte des *U.S. News and World Report* vom 13. Dezember 1993 trug den Titel »The Doomsday Myths« (»Die Mythen vom Weltuntergang«). Die Hauptaussage in diesen und anderen Artikeln lautete: Die Ökologen *glauben* zwar, daß viele Arten jetzt oder in Zukunft aussterben, aber sie *wissen* es nicht genau. Das gleiche sagt Julian Simon von der University of Maryland schon seit über zehn Jahren, und seine Stimme hat in letzter Zeit noch an Gewicht gewonnen. Simon, der lautstärkste Gegner der Warnungen, schrieb 1986 in einem Artikel: »Die verfügbaren Tatsachen... stimmen nicht mit dem Ausmaß der Besorgnis überein.«[4] In einer Diskussion mit Norman Myers wiederholte er 1992 in New York diese Ansicht: »Die tatsächlichen Befunde über die beobachtete Geschwindigkeit der Artbildung weichen stark... von der angeblichen Gefahr ab.«[5] Unverblümter äußerte er seine Meinung in einem Artikel der *New York Times* vom 13. Mai 1993: Die Behauptungen mancher Ökologen, die derzeitige Geschwindigkeit des Artensterbens komme einem Massenaussterben gleich, seien »wissenschaftlich völlig unbegründet« und »reine Vermutungen«.[6] Professor Simon ist der Doktor Pangloss der Umwelt.

Warum gab es soviel Kritik an Wissenschaftlern, die angeblich Fachleute für die Dynamik der biologischen Vielfalt sind? Unter anderem liegt es vielleicht daran, daß die Aussage zu erschreckend ist: Man will sie einfach nicht hören, und wenn man sie hört, will man sie nicht glauben. Ein von Menschen verursachtes Massenaussterben *ist* etwas Erschreckendes. Deshalb sah man in den Vorhersagen der Ökologen »die Ergüsse überreizter biologischer Kassandras«, so Thomas Lovejoy von der Smithsonian Institution.[7] Ein weiterer Grund für den Unglauben waren zweifellos die Diskrepanzen in den Aussagen verschiedener Fachleute über das Ausmaß des Artensterbens, die von 17000 bis 100000 verschwundenen Arten im Jahr gesprochen hatten. Wenn schon die Experten sich so unsicher über den Umfang des angeblichen Aussterbens sind, so der berechtigte Einwand der Kritiker, wie sollen wir ihnen dann überhaupt noch etwas glauben? Ich werde später darauf zurückkommen.

Nach meiner Vermutung gibt es noch einen weiteren Grund, der mit einer andersgearteten Unsicherheit zu tun hat: mit einer Unsicherheit in bezug auf uns selbst. Wenn wir zur Kenntnis nehmen, daß Arten so leicht ausgerottet werden können, wie die Ökologen behaupten, dann ist vielleicht auch die Stellung des *Homo sapiens* nicht so sicher, wie wir gern glauben möchten. Vielleicht steht auch uns das Aussterben bevor. Wir mögen keine Unsicherheit, was unsere Ursprünge angeht; und noch weniger mögen wir die Unsicherheit, wenn es um unsere Zukunft geht.

Es bleiben aber in diesem Zusammenhang zwei Fragen: Werden die tropischen Wälder tatsächlich annähernd so schnell abgeholzt, wie Norman Myers und andere behaupten? Und wenn ja, wie wirkt sich das auf die dort lebenden Arten aus? Die erste Frage ist einfacher zu beantworten, vor allem weil man hier direkte Beobachtungen anstellen kann.

Myers' Schätzung von 1979, wonach jedes Jahr zwei Prozent der vorhandenen Wälder abgeholzt werden, gründete sich auf eine Zusammenstellung von Einzelbeobachtungen aus verschiedenen Regionen, aus denen eine Hochrechnung für die ganze Erde abgeleitet wurde. Die Fläche beläuft sich auf etwa 200000 Quadratkilometer im Jahr oder mehr als 4000 Quadratmeter in der Sekunde. Während der achtziger und Anfang der neunziger Jahre versuchte man in Dutzenden von Studien, diese umstrittenen Zahlen zu belegen. Manche behaupteten, die Schätzung sei zu hoch gegriffen, andere hielten sie für zu niedrig. Nachdem die Landflächen der Erde heute zum größten Teil durch genaue Satellitenaufnahmen erfaßt sind, kann man eine Antwort geben, an der vernünftigerweise nicht mehr zu zweifeln ist. Anfang der neunziger Jahre gelangten zum Beispiel zwei Studien – die eine vom Washingtoner World Resources Institute, die andere von der Welternährungsorganisation (FAO) der Vereinten Nationen – unabhängig voneinander zu einer Zahl im Bereich von 200000 Quadratkilometern für den jährlichen Verlust an Waldflächen (der damit 40 bis 50 Prozent höher liegt als zehn Jahre zuvor). Wenn die Zerstörung sich mit dieser Geschwindigkeit fortsetzt, werden die tropischen Regenwälder kurz nach der Jahrhundertwende auf zehn Prozent ihrer ursprünglichen Fläche geschrumpft sein, und um 2050 wird es sie bis auf winzige Reste nicht mehr geben. Nur ein böswilliger Volksverdummer kann diese Zahlen leugnen.

Ein derart umfangreicher Rückgang ist für das Überleben der Arten in den Wäldern schon übel genug, aber es kommt noch schlimmer. Wie eine Satellitenuntersuchung kürzlich gezeigt hat, zerfallen Wälder auch dann, wenn sie nicht gerodet werden, häufig in kleine »Inseln«, die ökologisch sehr empfindlich sind. In einem heldenhaften Experiment, das Ende der siebziger Jahre im Regenwald Brasiliens begann, untersuchten Thomas Lovejoy und seine Kollegen, inwieweit solche Inseln unterschiedlicher Größe den Arten eine Lebensgrundlage bieten. Die Inseln waren zwischen einem und 10000 Hektar groß, und damit wurde das Unternehmen zum größten biologischen Experiment aller Zeiten. Unter anderem rechnet man mit dem Ergebnis, daß Arten in kleinen Waldstücken schneller und in größerer Zahl aussterben als in größeren Gebieten. Unter den empfindlichen Arten sind solche, die aus den unterschiedlichsten Gründen große Wohngebiete brauchen. Und wie wir in den vorangegangenen Kapiteln gesehen haben, führt das Aussterben dieser Lebewesen häufig auch zum Verschwinden weiterer Arten, die selbst vielleicht kein großes Revier benötigen. Aus einem Gebiet von 100 Hektar verschwand zum Beispiel eine Froschart, weil der Lebensraum so klein war, daß die Nabelschweine sich dort nicht halten konnten, die sich im Schlamm suhlten und so Pfützen für die Frösche schufen. Solche Aussterbelawinen setzen sich nach Entstehung der Waldinsel über mehrere Jahre hinweg fort. Andere Arten sterben in eng begrenzten Gebieten leicht aus, weil dort nur eine kleine Population leben kann. Und kleine Populationen sind anfällig für Krankheitsepidemien oder äußere Störungen wie zum Beispiel Stürme, die größeren Beständen nichts anhaben können.

Das Experiment erbrachte aber auch ein unerwartetes Ergebnis: Selbst die größten Waldgebiete sind nicht so widerstandsfähig, wie man gedacht hatte, und zwar wegen des sogenannten Randeffekts. Lebensräume tief im Inneren eines Waldes sind bis zu einem gewissen Grad vor äußeren Störungen geschützt, während beispielsweise die Grenzen zwischen Wald und Graslandschaft verschiedenen widrigen Umständen ausgesetzt sind, unter anderem dem Wind, einem über kurze Entfernungen stark schwankenden Mikroklima und eindringenden Fremdtieren einschließlich menschlicher Jäger. Die Folge: In einem Streifen von zweieinhalb Kilometern Breite am Waldrand sind Tiere und Pflanzen besonders anfällig für das Aussterben. Deshalb ist der Randeffekt auch für relativ große Waldstücke von Bedeutung. Besonders wichtig wurde diese Entdeckung im Zusammenhang mit der neuen Satellitenuntersuchung, denn dabei stellte sich heraus, daß die Holzgewinnung im Amazonasgebiet viel größere Flächen anfällig für den Randeffekt gemacht hatte, als man zuvor wußte. »Die Auswirkungen auf die biologische Vielfalt sind nicht ermutigend und stellen einen zusätzlichen Beweggrund dar, das Abholzen in den Tropen auf ein Minimum zu beschränken«, berichteten die Wissenschaftler in dem Fachblatt *Science*.[8]

Die entscheidende Unbekannte in der Gleichung ist demnach die Frage, wie stark sich der Verlust und die Zerstückelung der Wälder auf das Überleben der Arten auswirken. Bevor ich mich mit diesem Thema genauer befasse, muß ich jedoch darauf hinweisen, daß nicht nur die tropischen Regenwälder vom Verlust der Lebensräume betroffen sind. Wie sich beispielsweise in einer im Februar 1995 veröffentlichten Studie des National Biological Service der USA herausstellte, wurde in diesem Jahrhundert die Hälfte aller natürlichen Ökosysteme des Landes bis hin zur Gefährdung geschädigt. Ganze Lebensgemeinschaften stehen an der Schwelle der Ausrottung. In einer zweiten Studie, die ein paar Monate später veröffentlicht wurde, stellt die Behörde fest: »Wenn die Menschen ihre Tätigkeit nicht einschränken, werden sich die Störungen im Gleichgewicht zwischen den Wechselbeziehungen der Arten, die Veränderung von Ökosystemen und der umfangreiche Verlust von Lebensräumen fortsetzen.« Die Sorge um die Zukunft unseres biologischen Erbes muß ganz offensichtlich in allen Ländern der Erde zum Tragen kommen, nicht nur in den weniger wohlhabenden Staaten.

Wie ich bereits erwähnt habe, dringt die weltweit wachsende Bevölkerung in immer neue unberührte Lebensräume ein, sowohl mit dem Neubau von Dörfern und Städten und der damit verbundenen Infrastruktur als auch mit der Produktion von Pflanzen und Tieren als Lebensmittel. Wie allgemein bekannt ist, hat die Weltbevölkerung in der jüngeren Vergangenheit dramatisch zugenommen. Zwischen 1600 und 1800 wuchs sie von einer halben auf eine Milliarde; bis 1940 hatte sie fast drei Milliarden erreicht, und in den letzten 50 Jahren verdoppelte sie sich auf 5,7 Milliarden; im nächsten halben Jahrhundert wird sie sich voraussichtlich nochmals verdoppeln und dann bei über zehn Milliarden liegen. Wenn alle diese Menschen sich eines Lebensstandards erfreuen sollen, der über der heute in vielen Teilen der Welt herrschenden Armut liegt, muß die wirtschaftliche Tätigkeit sich weltweit mindestens verzehnfachen. Aber um welchen Preis?

Schon heute verbrauchen die Menschen 40 Prozent der Netto-Primärproduktion (NPP) an Land; die NPP ist der Energiebetrag, der weltweit durch Photosynthese gebunden wird, abzüglich der Menge, welche die Pflanzen selbst verbrauchen. Mit anderen Worten: Von der gesamten Energie, die weltweit zur Erhaltung aller Arten zur Verfügung steht, beansprucht der *Homo sapiens* fast die Hälfte. Nach Ansicht der Biologen Paul und Anne Ehrlich von der Stanford University hat das verhängnisvolle Folgen. »Was eine erhebliche Ausweitung der Bevölkerung und der von ihr mobilisierten Ressourcen für die Umorientierung und den weiteren Verlust der landgebundenen NPP bedeutet, ist offenkundig«, schreiben die Ehrlichs. »Die Menschen werden versuchen, alles an sich zu reißen, und dabei noch mehr verlieren.«[9] Mit jedem weiteren Prozent der NPP, die unsere Spezies in den kommenden Jahrzehnten für sich benutzt, geht ein Prozent für die übrige Natur verloren. Letztlich wird die Primärproduktion zurückgehen, weil für die Produzenten immer weniger Platz zur Verfügung steht, und dann wird eine Abwärtsspirale einsetzen. Die biologische Vielfalt der Erde wird sich stark vermindern und mit ihr auch die Produktion, auf die wir Menschen angewiesen sind. Damit gerät die Zukunft der menschlichen Zivilisation in Gefahr.

Diese Weltuntergangsprohezeiungen werden natürlich nicht überall anerkannt, vor allem nicht von Julian Simon. In der Diskussion mit Myers sagte er etwas, das als eine der gewagtesten und optimistischsten Voraussagen aller Zeiten gelten muß: »Wir haben heute die technischen Möglichkeiten... um in den kommenden sieben Milliarden Jahren eine stetig wachsende Weltbevölkerung zu ernähren, zu kleiden und mit Energie zu versorgen.«[10]

Eines der beiden Szenarien – der unmittelbar drohende Weltuntergang oder das eigentlich unbegrenzt mögliche Bevölkerungswachstum – muß falsch sein.

Um das Schicksal von Arten in schrumpfenden Lebensräumen vorauszuberechnen, bedient man sich in der Ökologie der biogeographischen Theorie der Inseln, die Robert MacArthur und Edward

Wilson, zwei Biologen der Harvard University, 1963 entwickelten. Diese Theorie, die einerseits aus empirischen Beobachtungen und andererseits aus mathematischen Untersuchungen abgeleitet wurde, bildet die Grundlage für große Teile der heutigen ökologischen Denkweise. »Uns war aufgefallen, daß in der Fauna und Flora auf Inseln überall auf der Welt ein übereinstimmendes Verhältnis zwischen der Fläche der Insel und der Zahl der auf ihr lebenden Arten herrscht«, erinnerte Wilson sich kürzlich. »Je größer die Fläche, desto mehr Arten.«[11] Dieses Verhältnis fanden MacArthur und Wilson überall, wo sie sich umsahen, von Großbritannien über die Galapagosinseln bis zum indonesischen Archipel. Aus ihren Beobachtungen leiteten sie eine einfache mathematische Regel ab: Die Artenzahl verdoppelt sich ungefähr bei einer Zunahme der Fläche auf das Zehnfache. Die qualitative Beziehung zwischen Fläche und Artenzahl – je größer die Fläche, desto mehr Arten – leuchtet sofort ein; und der quantitative Zusammenhang ergibt sich aus empirischen Beobachtungen.

Diese Theorie ist zwar einfach bis hin zur Banalität, aber sie scheint zu stimmen. Noch wertvoller würde sie durch eine hieb- und stichfeste Überprüfung, und genau das hatte Lovejoy sich mit seinem Experiment im brasilianischen Regenwald vorgenommen. Das Projekt ist noch auf viele weitere Jahrzehnte angelegt, aber es hat bereits jetzt so umfangreiche Erkenntnisse geliefert, daß an der Kernaussage der Theorie nicht mehr ernsthaft zu zweifeln ist.

Natürlich kann die tatsächliche Artenzahl in einem Lebensraum mit einer bestimmten Größe durch viele Einflüsse steigen oder fallen. Tausend Hektar Flachland erhalten beispielsweise wahrscheinlich weniger Arten am Leben als tausend Hektar mit äußerst vielfältiger Geländeform, die viel mehr kleine Mikrolebensräume enthält. Und aus den Gründen, die ich in Kapitel 7 erörtert habe, gedeihen auf tausend Hektar in den Tropen mehr Arten als auf einer ähnlichen Fläche in höheren Breiten. Solange man aber geeignete Vergleiche anstellt – das heißt solange man ähnliche Geländeformen und ähnliche geographische Breiten vergleicht –, ist die biogeographische Theorie der Inseln ein sehr nützliches Hilfsmittel für Voraussagen. Außerdem ist sie das einzige Hilfsmittel, abgesehen vom Zählen der einzelnen Arten, und das ist meist nicht praktikabel. Wenn Julian Simon behauptet, Wilsons mathematisches Modell sei »auf nichts als Spekulation gegründet«[12] und die Vorhersagen seien »statistisches Gewäsch über den Artenverlust«[13], ignoriert er wissentlich die Tatsachen, die der Theorie zugrunde liegen.

Was können wir nun, ausgerüstet mit diesem Hilfsmittel, über die Folgen sagen, wenn die tropischen Regenwälder auf zehn Prozent ihrer ursprünglichen Ausdehnung schrumpfen? Nach dem von der Theorie postulierten arithmetischen Zusammenhang würden dabei 50 Prozent aller Arten aussterben – manche sofort, andere nach Jahrzehnten oder auch erst nach Jahrhunderten. Wenn die meisten Ökologen diese empirische Beziehung für vernünftig halten, warum weichen dann die einzelnen Schätzungen über die Zahl der in den nächsten 100 Jahren aussterbenden Arten so stark voneinander ab? Warum behauptet ein Experte, es würden jedes Jahr 17 000 Arten verschwinden, während ein anderer diese Zahl mit 100 000 angibt?

Dafür gibt es mehrere Gründe – nicht zuletzt liegt es an der großen Unsicherheit darüber, wie viele Arten es auf der Welt tatsächlich gibt. Wie ich in Kapitel 7 erwähnt habe, reichen die Schätzungen von zehn bis 100 Millionen. Wenn man von den gleichen 50 Prozent für den Artenverlust ausgeht, gelangt man auf der Grundlage der höheren Schätzung zu einer zehnmal größeren absoluten Zahl, als wenn man sich an die niedrigste Schätzung hält. Darüber hinaus gibt es weitere Unsicherheitsfaktoren, so die großen (und unbekannten) Unterschiede in der Fläche der bruchstückhaften Lebensräume, die der Zerstörung entgehen, und die für die meisten Arten nicht genau bekannten Verbreitungsgebiete. Ist zum Beispiel ein großer Anteil aller Arten auf kleine Gebiete begrenzt, liegt der Artenverlust über 50 Prozent und kann fast ebenso groß werden wie der Flächenverlust. »Daß es eine erhebliche Bandbreite von Schätzungen gibt, ist angesichts der Schwierigkeiten, genaue Informationen zu beschaffen, wirklich nicht verwunderlich«, meint Lovejoy dazu. Und dann nennt er den entscheidenden Punkt seiner Aussage: »Wichtig ist, daß man mit allen Schätzungsversuchen zu einer *gro-*

ßen Zahl gelangt ist.«[14] Den Anteil von nahezu 50 Prozent, der bei Fortsetzung der gegenwärtigen Entwicklung verschwinden wird, stellt kaum jemand in Frage. Und 50 Prozent aller Arten auf der Erde sind eine gewaltige Zahl.

Selbst wenn wir eine Zahl aus dem unteren Bereich der Schätzungen zugrunde legen, beispielsweise 30000 Arten im Jahr, ergeben sich entsetzliche Folgerungen. Wie David Raup anhand der Fossilfunde berechnet hat, geht durch das normale Aussterben im Durchschnitt alle vier Jahre eine Art verloren. Ein Verlust von 30000 im Jahr liegt also um das 120000fache über dem Normalwert. Das ist ohne weiteres mit den fünf großen biologischen Krisen der Erdgeschichte zu vergleichen, nur mit dem Unterschied, daß diesmal keine Temperaturveränderung, kein Absinken des Meeresspiegels und kein Asteroideneinschlag der Auslöser ist. Die Ursache ist ein Bewohner der Erde. Der *Homo sapiens* wird zur Ursache der größten Katastrophe, seit vor 65 Millionen Jahren ein riesiger Asteroid mit der Erde kollidierte und in einem erdgeschichtlichen Augenblick die Hälfte aller Arten auslöschte.

Bei den Zahlen, von denen ich hier spreche, handelt es sich um Voraussagen für die Aussterbehäufigkeit zu Beginn des nächsten Jahrhunderts unter der Voraussetzung, daß die Zerstörung der Lebensräume sich in dem bisherigen Umfang fortsetzt. Die Kritiker bezweifeln nicht nur die Gültigkeit dieser Voraussagen, sondern sie fordern von den Ökologen auch stichhaltige Indizien dafür, daß das vom Menschen verursachte Aussterben schon heute ein beunruhigendes Ausmaß hat. Eines ist richtig: Da es bisher keine umfassende, weltweite Übersichtsuntersuchung gibt, können die Ökologen derzeit einen solchen Beleg in Form einer vollständigen Liste der ausgestorbenen Arten nicht vorlegen. Eigentlich behaupten die Kritiker damit aber, daß es solche Belege nicht gibt, weil aufgrund menschlicher Tätigkeiten keine (oder nur wenige) Arten aussterben. Aber auch wenn die große Übersichtsuntersuchung fehlt, so gibt es doch eine Riesenzahl von Einzelstudien an verschiedenen Lebensräumen auf der ganzen Welt. Diese Befunde, die von den

Kritikern als »Einzelfallberichte« abgetan werden, geben zusammengenommen mehr als genug Anlaß zur Sorge.

Ich möchte ein paar Beispiele nennen. Den umfangreichen Verlust von Fischen im Victoriasee habe ich bereits erwähnt. Für sich allein gesehen, ist das Verschwinden von 200 Arten in 20 Jahren bereits weit oberhalb der normalen Aussterbehäufigkeit von einer Art in vier Jahren. Legt man den Maßstab dieser normalen Häufigkeit beispielsweise nur an die Vögel an, sollte man nur einmal in 100 Jahren das Aussterben einer Vogelart beobachten. In Wirklichkeit aber, so ein Bericht von Stuart Pimm, »beobachten wir allein im Pazifik etwa ein Aussterbeereignis im Jahr«.[15] Pimms Arbeitsgebiet ist Hawaii, und dort interessiert er sich besonders für die Vögel. Auf Touristen mögen die Hawaii-Inseln wie ein tropisches Paradies wirken, aber die Ökologen erkennen dort die frischen Narben katastrophaler Aussterbewellen. Seit der ersten Berührung mit den Menschen dürften bis zu 50 Prozent der einheimischen Vogelarten verschwunden sein, und das Aussterben geht auch heute weiter. Von den 135 hier lebenden Vogelarten sind nur elf in so großer Zahl vertreten, daß ihr Überleben bis weit ins nächste Jahrhundert hinein gesichert ist. »Ein Dutzend... ist so selten, daß es kaum Hoffnung gibt, sie zu retten«, sagt Pimm. »Ein weiteres Dutzend ist offiziell als gefährdet eingestuft – das heißt, ihr zukünftiges Schicksal ist ungewiß.«[16]

Ein anderes Beispiel: Vor etwas über zehn Jahren verschwanden ganz plötzlich 90 Pflanzenarten, weil ein bewaldeter Bergrücken, auf dem sie gediehen, zu landwirtschaftlichen Zwecken gerodet wurde. Der Bergrücken in den westlichen Ausläufern der Anden in Ecuador heißt Centinela; in Ökologenkreisen wurde dieser Name zum Synonym für katastrophales Aussterben von Menschenhand. Alwyn Gentry und Calaway Dodson, zwei Ökologen, besuchten die Gegend 1978 zufällig und führten in dem dichten Wald die erste botanische Bestandsherhebung durch. Zu der gewaltigen biologischen Vielfalt dieses Lebensraumes gehörten auch 90 bis dahin unbekannte Pflanzen, die sonst nirgendwo vorkamen, darunter Kräuter, Orchideen und Epiphyten. Centinela war eine isolierte ökologische Insel, die eine eigene Pflanzenwelt hervorgebracht hatte. Acht Jahre später war daraus Ackerland geworden, und die endemischen Arten gab es nicht mehr.

Centinela hatte eine einzigartige Flora, aber es war keine einzigartige ökologische Insel. Überall in den Anden gibt es zahllose ähnliche Bergketten, und auf den meisten davon müssen sich ebenfalls Arten entwickelt haben, die man sonst nirgendwo findet. Centinela geriet nur deshalb in aller Munde, weil dort vor der Zerstörung eine botanische Übersichtsuntersuchung stattgefunden hatte. Jedesmal wenn eine ökologische Insel gerodet wird, verschwinden Arten praktisch von heute auf morgen, und solche Vorgänge bezeichnen die Ökologen mittlerweile als *Centinela-Aussterben*. Hier gilt es zweierlei zu beachten. Erstens: Wenn Ökologen einen Lebensraum vor und nach einer Störung studieren können, finden sie fast immer einen Artenverlust, manchmal in katastrophalem Ausmaß. In den allermeisten Fällen werden Lebensräume aber in Gegenden zerstört, deren Pflanzen- und Tierbestände noch nicht umfassend untersucht wurden, so daß zahllose Arten aller Wahrscheinlichkeit nach aussterben, bevor die Ökologen überhaupt etwas von ihnen wissen. Wie soll man so etwas anders als durch Hochrechnungen dokumentieren? Und zweitens haben viele Arten genau wie die Pflanzen von Centinela nur ein sehr begrenztes Verbreitungsgebiet, insbesondere in den Tropen; deshalb führt die Zerstörung eines Lebensraumes häufig im gleichen Augenblick auch zum Aussterben von Arten. Die Schätzung eines Artenverlustes von insgesamt 50 Prozent ist also, wie ich bereits angedeutet habe, eher zu niedrig als zu hoch gegriffen.

Die Liste der »Einzelfälle« ist lang: die Hälfte aller Süßwasserfische auf der malaiischen Halbinsel, zehn Vogelarten auf der Philippineninsel Cebu, fast die Hälfte der 41 Baumschlangenarten auf Oahu, 44 von 68 Flachwassermuscheln auf den Sandbänken des Tennessee River und so weiter. Die Belege sind vielleicht insofern Einzelfälle, als sie keine Befunde systematischer Übersichtsuntersuchungen darstellen, aber überzeugend sind sie dennoch. Stuart Pimm und zwei seiner Kollegen versuchten, die bekannten Befunde über das Aussterben quantitativ zu erfassen und so eine Beurteilung darüber abzugeben, ob wir vor einer selbstgemachten biologischen Krise stehen. Dazu analysierten sie einige der bekanntesten und am genauesten dokumentierten Fälle wie den der Süßwassermuscheln und Süßwasserfische Nordamerikas, der Säugetiere Australiens, der Pflanzen in Südamerika und der Amphibien auf der ganzen Welt. »Was ist die Ursache des Aussterbens?« fragten Pimm und die anderen rhetorisch. »Nach unserer Lesart für die fünf Fallstudien sind neu eingeführte Arten und physikalische Veränderungen in den Lebensräumen die wichtigsten Faktoren.«[17] Ich möchte die genannten Aussterbeereignisse nicht im einzelnen beschreiben, denn das kann man in Pimms Veröffentlichung nachlesen; statt dessen konzentriere ich mich auf die Schlußfolgerungen, die sich aus ihrer Analyse ergeben.

Wenn das in den genannten Fällen beobachtete Ausmaß des Artensterbens für ähnliche Arten auf der ganzen Welt typisch ist, verläuft das Aussterben derzeit tausend- bis zehntausendmal schneller als zu normalen Zeiten der Erdgeschichte. Skeptiker könnten einwenden, es handele sich bei den Beispielen um besonders umfangreiches Artensterben, und sie seien deshalb nicht repräsentativ. Darauf erwidern Pimm und seine Kollegen: Selbst wenn das stimmt und wenn diese bekannten Aussterbeereignisse die einzigen sind, welche die genannten Artengruppen weltweit betreffen – was sehr unwahrscheinlich ist –, liegt die Häufigkeit immer noch zweihundert- bis tausendmal höher als zu normalen Zeiten. Man kann also auch dann von einem Massenaussterben sprechen. Die Autoren weisen darauf hin, daß es sich in keinem der untersuchten Fälle um Gebiete mit einer besonders dichten menschlichen Bevölkerung handelte – ein Zeichen, daß der Arm des Todes weit reicht. Wieviel heftiger kann er erst inmitten einer hohen Menschendichte wirken? Pimm fragt, was wir aus dieser und anderen Studien schließen sollen: »Wer annimmt, die hohe Aussterbehäufigkeit sei eine Verfälschung, zeigt eine seltsame Unkenntnis der Tatsachen.«[18] Oder vielleicht auch eine absichtliche Unkenntnis.

Die Dokumentation bekannter Aussterbeereignisse ist vielleicht der einzige Weg, um zu zeigen, daß wir uns mitten in einer biologischen Krise befinden, und genau das verlangen die Skeptiker. Immerhin gibt es ohne Leiche keine Mordanklage. Und wenn noch irgendwo eine Population einer Art existiert, ist sie nicht ausgestorben, auch wenn ihr Verbreitungsgebiet durch die Zerstörung von Lebensräumen geschrumpft ist, oder? Mit dieser Sichtweise unterschätzt man aber sowohl das Ausmaß der derzeitigen Krise als auch ihre Komplexität. »Wichtig ist die Erkenntnis, daß das Aussterben ein Mehrschrittprozeß ist, es sei denn, alle Exemplare einer Art werden gleichzeitig ausgelöscht, beispielsweise durch einen Meteor oder einen Hurrikan«,[19] meint Daniel Simberloff. Als Paradebeispiel führt er die Heidehühner an, über die ich in Kapitel 5 berichtet habe. Als Ursache des Aussterbens werden in der Regel die Jagd und die Zerstörung der Lebensräume durch den Menschen genannt. Wie ich erwähnt habe, hatten die Hühner anfangs ein riesiges Verbreitungsgebiet, das große Teile der meernahen Gebiete im Osten der Vereinigten Staaten umfaßte. Durch Jagd und Lebensraumzerstörung sank die Zahl der Vögel bis auf 50 im Jahr 1908. Dann richtete man ein Reservat ein, um sie vor dem Aussterben zu bewahren. In den folgenden 20 Jahren wuchs der Bestand kräftig, aber schließlich starb die Spezies durch eine Kombination biblischer Heimsuchungen wie Feuer und Pest dennoch aus.

Das Entscheidende an dieser Geschichte: Nachdem die Population der Heidehühner bis auf eine geringe Zahl geschrumpft war, konnte sie dem Aussterben praktisch nicht mehr entgehen. Wie ich schon mehrmals betont habe, ist eine kleine Population viel empfindlicher gegenüber normalen Schwankungen der Individuenzahl, wie sie durch Krankheiten und Naturkatastrophen entstehen. Eine Population von tausend Exemplaren kann einen Verlust von 100 Individuen verkraften; für einen Anfangsbestand von 100 Tieren bedeutet er das Ende. Im Fall der Heidehühner war das Überleben der Art auch dann aufs höchste gefährdet, als man mit Jagd und Lebensraumveränderung aufgehört hatte. Um die Auswirkungen der menschlichen Tätigkeiten auf die derzeitige biologische Vielfalt richtig einzuschätzen, muß man auch Populationen einbeziehen, die so klein sind, daß sie mit großer Wahrscheinlichkeit das Opfer statistischer Schwankungen werden oder in diese Richtung tendieren. Genau das taten Stuart Pimm und seine Kollegen, als sie die Aussichten der Vögel von Hawaii beschrieben. Nur bei elf von ihnen ist das Überleben bis weit ins nächste Jahrhundert gewährleistet. Die Populationen der übrigen 124 Arten sind bereits zurückgegangen, in einigen Fällen gefährlich stark. Dennoch kommt man bei einer einfachen Bestandsaufnahme auf 135 Arten: Über Aussterben ist nicht zu berichten. Simberloff beschreibt die mißliche Lage mit einem bildlichen Vergleich: »Viele Populationen, darunter bei manchen Arten die letzten Bestände, mögen vordergründig gesund erscheinen, aber in Wirklichkeit sind sie lebende Tote.«[20]

Nach meiner Überzeugung sind die »Einzelfallberichte« der Ökologen über das Aussterben auf der ganzen Welt nur ein winziger Hinweis auf eine katastrophale Wirklichkeit, die sich schweigend und meist außerhalb unseres Blickfeldes abspielt. Da es völlig unmöglich ist, das Verschwinden jeder Art zu dokumentieren, deren Schicksal durch die Tätigkeit der Menschen besiegelt wurde, müssen wir gegenüber diesem schwachen Widerhall höchst empfindlich werden, denn er enthält eine wichtige Botschaft. Der *Homo sapiens*, beherrschend wie keine andere Art in der Geschichte des Lebens auf der Erde, steht im Begriff, eine große biologische Krise in Gang zu setzen, ein Massenaussterben, das sechste derartige Ereignis in der letzten halben Milliarde Jahren. Und auch wir, der *Homo sapiens*, könnten zu den lebenden Toten gehören.

14 Was macht es schon?

Für diejenigen, nach deren Ansicht es verfrüht ist, über einen bevorstehenden Zusammenbruch der biologischen Vielfalt zu reden, weil die Ökologen keine genauen Angaben über die Zahl der bedrohten Arten machen können, hat Paul Ehrlich einen Vergleich parat: »Es ist, als ob man sagt, die Leute sollten sich über das Verbrennen der einzigen genetischen Bibliothek der Welt keine großen Sorgen machen, weil man sich über die Zahl der ›Bücher‹ in der Größenordnung einer Zehnerpotenz unsicher ist und weil die Warner sich nicht darüber einig sind, ob die Hälfte von ihnen schon in ein bis zwei oder erst in fünf Jahrzehnten vernichtet ist«, schrieb er kürzlich in *Science*. »Offensichtlich würden manche Wissenschaftler nie die Feuerwehr rufen, es sei denn, sie könnten bei einem Großbrand genaue Angaben über die Temperatur der Flammen an jeder einzelnen Stelle machen.«[1]

Ich habe meinen eigenen Vergleich. Stellen wir uns vor, man hätte einen großen Asteroiden entdeckt, der sich auf Kollisionskurs zur Erde befindet. Viele Menschen wären zu Recht besorgt, denn nach den heutigen Kenntnissen haben solche Zusammenstöße in früheren Zeiten zum Massenaussterben geführt. Julian Simon und seine Gesinnungsgenossen würden nach meiner Lesart behaupten, es gebe keinen Anlaß zur Sorge, denn die Theorien über das Massenaussterben nach Asteroideneinschlägen seien ja reine Spekulation und Vermutungen; schließlich habe nie jemand gesehen, wie sich dieses Artensterben abspielt, und außerdem sei es sowieso möglich, daß der Asteroid sein Ziel verfehle. Wenn es ein Mittel gibt, den Asteroiden abzulenken, würde es katastrophale Kosten verursachen, wenn man es nicht täte und wenn Simons Ansicht sich dann als falsch erweist. Was kostet es, wenn er mit dem sechsten Aussterben unrecht hat? Was macht es uns und der übrigen Lebenswelt auf der Erde aus, wenn die Hälfte aller Arten irgendwann im nächsten Jahrhundert in Vergessenheit gerät?

Auf diese Fragen gibt es mehrere Antworten, je nachdem, welchen Zeitrahmen man betrachtet. Eine davon lautet: Auf lange Sicht macht es überhaupt nichts. In einem gewissen Sinn stimmt das, und die Gegner der Besorgnis führen es häufig als Argument an; wie ich jedoch noch darlegen werde, zeigt sich in dieser Haltung eine Unkenntnis der Gesetzmäßigkeiten in der Geschichte des Lebens und unserer Stellung darin.

In Kapitel 8 habe ich mich mit dem Wert der biologischen Vielfalt beschäftigt und drei wichtige Bereiche unterschieden: Wirtschaft, Nutzen der Ökosysteme und Ästhetik. Ich möchte hier nicht noch einmal in die Einzelheiten gehen, sondern nur eines festhalten: Wo man einen Wert benennen kann, geht mit der biologischen Vielfalt auch dieser Wert verloren. Wenn Pflanzen und Tiere eine potentielle Quelle neuer Rohstoffe, Lebensmittel und Medikamente sind, wird dieses Potential durch den Verlust von Arten vermindert. Wenn ein System interagierender Pflanzen und Tiere wichtig ist, damit die chemische Zusammensetzung von Luft und Boden erhalten bleibt, vermindert der Verlust von Arten das Ausmaß dieses Nutzens. Und wenn eine reiche Artenvielfalt der menschlichen Psyche auf wichtige Weise dient, vermindert der Verlust von Arten uns selbst in unbeschreiblicher Form. In allen drei Bereichen kann man aber zu Recht eine Frage stellen: Sind sämtliche vorhandenen Arten notwendig, damit wirtschaftlicher Wert, Nutzen der Ökosysteme und ästhetische Befriedigung erhalten bleiben? Oder können wir auf einen Teil davon verzichten, ohne daß Schaden entsteht?

Für Julian Simon ist die Antwort offensichtlich, und er macht sie am Beispiel des Artensterbens deutlich, das im Mittleren Westen der Vereinigten Staaten nach der Rodung durch die ersten Siedler einsetzte. »Man kann sich nur schwer *vorstellen*, daß es uns sehr viel besser ginge, wenn solche eingebildeten Arten erhalten geblieben wären«, meinte er in der Diskussion mit Norman Myers. »Das läßt auch Zweifel über den wirtschaftlichen Wert von Arten aufkommen, die anderswo verschwinden.«[2] Simons wichtigste Wertmaßstäbe sind, wie er in einem weiteren Diskussionsbeitrag deutlich macht, Wirtschaftlichkeit und unmittelbare praktische Anwendbarkeit: »Die wissenschaftlichen und technischen Fortschritte der jüngsten Zeit, insbesondere Saatgutsammlungen und Gentechnik, haben die Notwendigkeit, Arten in ihrem natürlichen Lebensraum zu erhalten, vermindert.«[3] Ich möchte dieser Ansicht eine ganz andere Sichtweise für den Wert der Arten in ihrem natürlichen Umfeld gegenüberstellen, die Les Kaufman in seinem Buch *The Last Extinction* darlegt: »Mit der Wandertaube, dem Präriebüffel und der Amerikanischen Edelkastanie ist jedesmal ein Stück der amerikanischen Seele gestorben.«[4] Zwar würde ich nicht behaupten, daß man auch noch die letzte Art unbedingt retten muß, insbesondere wenn es auf Kosten des Wohlergehens von Menschen geschieht, aber mit meinen Empfindungen stehe ich Kaufman näher als Simon. Die Menschen haben sich in der Natur entwickelt, und die Wertschätzung der Natur sowie der *Bedarf* für sie sind unausrottbare Bestandteile der menschlichen Psyche. Wenn wir zulassen, daß die reichhaltige Natur um uns herum sich auflöst, riskieren wir die Auflösung der menschlichen Seele.

Aber angenommen, die Psyche der Menschen könne die Verletzung durch eine ökologisch verarmte Umwelt überstehen. Nehmen wir weiterhin an, die gegenwärtige und zukünftige Technologie könnte uns mit allen materiellen Gütern versorgen, die wir tatsächlich und potentiell aus der Natur beziehen. Wären wir in der Lage, »in den kommenden sieben Milliarden Jahren eine stetig wachsende Weltbevölkerung zu ernähren, zu kleiden und mit Energie zu versorgen«, wie Simon behauptet? Es stimmt, daß sich die materielle Lebensqualität während der Menschheitsgeschichte stetig verbessert hat, obwohl die Bevölkerungszahl gewachsen ist. Mit dieser Vergangenheit als Leitfaden geht Simon davon aus, daß das gleiche Prinzip sich auch in Zukunft unbegrenzt fortsetzen kann und daß es für das, was der Mensch aus der Natur entnehmen kann, ohne sich selbst oder die Natur zu schädigen, keine Begrenzung gibt. Mit anderen Worten: Nach seiner Überzeugung verträgt sich unsere fortgesetzte Ausbeutung der Natur mit der Aufrechterhaltung einer ausgewogenen Umwelt. Natürlich ist die Vergangenheit ein nützlicher Anhaltspunkt für die Zukunft, aber sie kann uns auch blind für neu auftauchende Realitäten machen. Wissenschaft und Technik haben unser leibliches Wohl verbessert, das ist nicht zu bezweifeln, aber dieses leibliche Wohl kann uns auch den Blick für die Wirklichkeit der globalen Umwelt verstellen. Viele von uns sitzen wohlgenährt in der künstlichen Umwelt der Städte und erkennen nicht die Beziehung zwischen dem, was man in den natürlichen Haushalt der Erde hineingibt und was wieder herauskommt.

Was hineingesteckt wird und herauskommt, sind die Wechselbeziehungen zwischen den Arten aller Größenordnungen des Lebendigen, von den Pilzfäden, die Pflanzenwürzelchen gesund erhalten, bis zu den weltweiten Kreisläufen von Wasser, Sauerstoff und Kohlendioxid. Die zuvor beschriebenen nützlichen Wirkungen der Ökosysteme sind das greifbare Element der Stabilität und Gesundheit, das aus der gesamten Lebenswelt der Erde erwächst, einer Lebenswelt, die als komplexes dynamisches System wirkt. Wie entstehen Stabilität und Gesundheit im einzelnen? Wir wissen es nicht. Kann man das System verkleinern und auf einen Teil der Arten in allen ökologischen Bereichen verzichten, ohne daß es seine Wirksamkeit verliert? Wir wissen es nicht. Welches sind die wichtigsten Bestandteile? Wir wissen es nur teilweise. Welche Arten oder Artengruppen kann man ausrotten, ohne das System zu gefährden, das uns und alle anderen Organismen am Leben erhält? Auch das ist uns nur unvollständig bekannt. Unsere Unkenntnis über die Natur, von der wir abhängig sind, hat frustrierende Ausmaße, aber sie ist, wie ich in Kapitel 8 dargelegt habe, nicht vollständig. Wir wissen, daß der *Homo sapiens* im Hinblick auf die Gesetzmäßigkeiten, denen alle Lebewesen unterliegen, keine Ausnahme ist.

Angesichts unserer Unkenntnis darüber, wieviel biologische Vielfalt wir zur Gesunderhaltung der Lebenswelt auf der Erde brauchen, sind zwei Einstellungen möglich. Entweder kann man sagen: Wir wissen nicht, wieviel wir brauchen, also können wir ohne weiteres annehmen, daß wir nicht alles brauchen. Oder aber man sagt:

Wir wissen, wie komplex das System ist, und gehen deshalb davon aus, daß wir auf nichts verzichten können. Welche Haltung ist verantwortungsbewußter? Die Antwort ist offensichtlich, denn wenn man sich mit dem zuerst genannten Standpunkt irrt, muß man einen gewaltigen Preis zahlen. Viele Ökologen schließen jedenfalls aufgrund der unvollständigen Kenntnisse über Struktur und Dynamik der Ökosysteme und ihrer nützlichen Wirkungen, daß wir die derzeitige Vielfalt vollständig oder zumindest zum größten Teil tatsächlich brauchen. Zerstören wir sie weiterhin zugunsten der wirtschaftlichen Entwicklung, könnten wir die Natur über eine Schwelle drängen, jenseits derer sie sich selbst und damit letztlich auch uns nicht mehr erhalten kann. Wenn der *Homo sapiens* sich nicht beschränkt, wird er vielleicht nicht nur zur Ursache des sechsten großen Artensterbens, sondern auch zu einem seiner Opfer.

Menschen leben in der Gegenwart. Wir sehen die Welt, wie sie heute ist, und können uns Wandlungen, die in langen Zeiträumen ablaufen, nur schwer vorstellen. Aber die zeitliche Perspektive ist wichtig, wenn wir in vollem Umfang verstehen wollen, welche biologischen Vorgänge wir mit unserer Tätigkeit vorantreiben, und natürlich auch wenn wir wissen wollen, wie die Zukunft unserer Spezies aussieht. Deshalb müssen wir uns mit den Fossilfunden von Lebewesen beschäftigen, denn nur sie geben uns Auskunft über die Dynamik des Lebendigen in Zeiträumen, die jenseits unserer eigenen Erfahrung und Vorstellungskraft liegen.

Die unmittelbarste Aussage der Fossilfunde über die Geschichte des Lebens lautet: Große, katastrophale Zusammenbrüche der biologischen Vielfalt hat es gegeben und kann es geben. Und diese Krisen des Lebensstromes können schnell, unumkehrbar und nicht vorhersagbar sein. Damit drängt sich eine wichtige Erkenntnis über die Natur auf, zu der auch wir gehören: Arten und Artengemeinschaften können äußeren Schädigungen nicht unbegrenzt widerstehen; sie sind verletzlich und verschwinden unter Umständen für immer. Wir haben erkannt, daß es zum Massenaussterben kommen kann, wenn die Erde mit einem Körper aus dem Weltraum zusammenstößt oder wenn verschiedene weltweite Veränderungen eintreten, aber uns selbst sehen wir nicht als möglichen Auslöser solcher Krisen. Die tagtägliche Rodung tropischer Regenwälder und die Besiedlung wilder Lebensräume sind keine so dramatischen Vorgänge wie der Einschlag eines Asteroiden, aber die Wirkung ist letztlich die gleiche. Klammheimlich läuft ein Massensterben ab. Indem wir unsere eigenen Ziele verfolgen, behandeln wir die Natur, als könne sie alle Angriffe unbeschadet überstehen, aber das tun wir auf eigene Gefahr.

Wie uns die Fossilfunde zeigen, war Leben während der Erdgeschichte nie etwas Statisches, sondern immer ein sehr dynamischer Prozeß. Und es ist auch kein stetiges Fortschreiten, sondern es war von Ereignissen des Massensterbens unterbrochen, deren Opfer für immer verschwunden sind – das gilt für einzelne Arten genauso wie für Artengruppen oder Ökosysteme. Der Tod einer Art ist der Endpunkt einer ununterbrochenen Kette genetischer Glieder, die mehrere Milliarden Jahre weit zurückreicht; eine einzigartige genetische Ausstattung verschwindet ein für allemal aus der Vielfalt auf der Erde. Jedesmal wenn menschliche Tätigkeit eine Spezies auslöscht, trägt jeder einzelne von uns ein Stück weit die Verantwortung dafür, daß ein einzigartiger Teil des Lebens für immer von uns gegangen ist. Ich nehme diese Verantwortung sehr ernst.

Aber, so halten uns die Gegner der Alarmstimmung entgegen, seht euch doch nur die Fossilfunde an! Arten haben ohnehin nur eine begrenzte Lebensdauer von durchschnittlich einer bis zehn Millionen Jahren. (Die langlebigeren Arten gehören zu den eher unauffälligen Geschöpfen in unserer Umwelt; größere Lebewesen, zum Beispiel die landlebenden Wirbeltiere, haben eine kürzere Lebensdauer.) Manche Arten beenden ihr Dasein in der stetig mahlenden Mühle des normalen Aussterbens, andere im Strudel des Massenaussterbens. So gesehen ist der Versuch zur Rettung der Arten nach Ansicht der Gegner aller Warnungen »vielleicht nur Zeit-, Energie- und Geldverschwendung, weil sie ungeachtet unserer Bemühungen ohnehin verschwinden werden«.[5] Darauf erwidert Stephen Jay Gould ganz zu Recht, diese Ansicht sei »genauso sinnvoll, als wenn man argumentiert, man solle eine leicht heilbare Kinderkrankheit nicht behandeln, weil alle Menschen ohnehin letztlich sterben müssen«.[6] Ich werde in Kürze auf diesen Punkt zurückkommen, denn er enthält einen entscheidenden Teil einer ethisch begründeten Argumentation, die erdgeschichtliche Zeiträume und unsere Stellung darin mit einbezieht.

Die zweite wichtige Aussage der Fossilfunde lautet: Evolution ist ein überraschend wirksamer kreativer Vorgang, der nach jedem Massenaussterben sehr schnell wieder die Lücken füllt. Immerhin ist die Vielfalt des Lebens heute so groß wie nie zuvor, eine Folge immer neuer Erholungen nach fünf großen und über einem Dutzend kleineren biologischen Krisen. Das Aufblühen neuer Arten nach solchen Aussterbeereignissen war häufig mit einem Wechsel der vorherrschenden Lebensform verbunden. Wir leben heute im Zeitalter der Säugetiere, das vor 65 Millionen Jahren nach dem Verschwinden der Dinosaurier begann. Und die umfangreichste geistige Ausstattung entwickelten in dieser neuen Zeit die Primaten mit dem Menschen an der Spitze. Wenn das sechste große Aussterben vorüber ist, wird die Vielfalt wiederkehren, wie sie es immer getan hat, vorausgesetzt natürlich, die Ursache der Zerstörung – das derzeitige Verhalten des *Homo sapiens* – ist ebenfalls vorüber. Nach der Vergangenheit zu urteilen, wird die Vielfalt danach noch umfassender sein als heute. Und wer weiß, welche entwicklungsgeschichtlichen Neuerungen dann auftauchen? Wenn die Natur sich nach dem Massenaussterben so kraftvoll erholt, sollten wir uns dann vielleicht gar keine Sorgen darum machen, daß wir eines verursachen? Die Antwort lautet: Das hängt davon ab, welchen Zeitrahmen man betrachtet.

Das Massenaussterben geschieht praktisch von heute auf morgen. Es ist eine Sache weniger Jahre oder Jahrhunderte im Falle des Asteroideneinschlages oder einiger tausend oder Millionen Jahre bei erdgebundenen Ursachen. Die Erholung verläuft dagegen langsam: Sie dauert zwischen fünf und 25 Millionen Jahre. Das Attribut »langsam« bezieht sich auf menschliche Maßstäbe: Langsam geht die Erholung nicht nur im Vergleich zu den Zeiträumen vonstatten, die wir uns als Einzelwesen vorstellen können, sondern auch im Hinblick auf unsere voraussichtliche Lebensdauer als Spezies.

Es gibt keinen Grund zu der Annahme, daß die durchschnittliche Lebenserwartung von einer bis zehn Millionen Jahren, die für andere Arten gilt, auf unsere eigene nicht zutreffen soll. Den *Homo sapiens* gibt es seit etwa 150 000 Jahren; demnach haben wir also (als große landlebende Säugetiere) noch ungefähr eine Million Jahre vor uns – aber natürlich nur dann, wenn wir unser Ende nicht mit Hilfe unserer Zerstörungsfähigkeit beschleunigen. Außerdem wird irgendwann in der Zukunft wieder ein riesiger Asteroid oder Komet unseren Planeten treffen und augenblicklich die Mehrzahl aller Arten auslöschen, vielleicht auch unsere eigene. Mehrere kleine Asteroiden sind in den letzten Jahren unangenehm nahe an uns vorübergeflogen. Sie sind die Vorboten des Unvermeidlichen, das manchen Berechnungen zufolge in etwa 13 Millionen Jahren eintreten wird. Wenn die Nachkommen des *Homo sapiens* dann aufgrund eines ungewöhnlichen Zufalls noch die Erde bevölkern, werden die Nachwirkungen des Einschlages mit Sicherheit die meisten von ihnen oder vielleicht auch alle auslöschen; und selbst wenn einige Gruppen den eigentlichen Einschlag überleben, wird die Zivilisation mit Sicherheit zerstört sein und sich vielleicht nie wieder erholen. Wenn wir aus dem Wissen über den Strom des Lebens und die Kräfte, die ihn formen, überhaupt etwas Sicheres ableiten können, dann dieses: Eines Tages werden wir und unsere Nachkommen nicht mehr dasein, und die Erde mit ihren Bewohnern wird ohne uns weiterexistieren.

Viele Menschen können sich eine Zeit, in der es den *Homo sapiens* nicht mehr gibt, überhaupt nicht vorstellen; deshalb nehmen sie lieber an, wir würden die biologischen Regeln brechen und für alle Zeiten existieren, oder mindestens so lange, bis unser Planet in etwa vier Milliarden Jahren zu existieren aufhört, weil seine Atmosphäre in der sich ausdehnenden Sonne verglüht. Julian Simon glaubt offenbar daran, wenn er davon spricht, wir könnten die kommenden sieben Milliarden Jahre gedeihen. Er ist blind für die Wirklichkeit. Auch andere hängen an der Idee, daß wir diesem Ende entgehen können, und bemühen zu diesem Zweck die Raumfahrt und die Besiedelung anderer Planeten; wenn so etwas eintritt, spielt es kaum noch eine Rolle, welchen Schaden wir auf dem einzigen Planeten anrichten, von dem wir wissen, daß er uns am Leben erhalten kann. Beides sind Höhenflüge der Phantasie, geboren aus der arroganten Überzeugung, der *Homo sapiens* sei etwas anderes als die übrige Natur und stehe über ihr, aber auch aus dem Glauben, wir seien unbesiegbar. Wenn wir aus der genauen Untersuchung der Geschichte des Lebens und der Dynamik, durch die Arten gemeinsam am Leben bleiben, überhaupt etwas entnehmen können, dann ist es die Einsicht, daß beides nicht stimmt.

Ich könnte nun wie andere argumentieren, wir seien es uns selbst, unseren Kindern und Enkelkindern schuldig, unser Nest nicht zu beschmutzen, die wunderbare Vielfalt des Lebens nicht zu zerstören, von der unser körperliches Überleben und unsere Seele abhängig sind. Wie andere könnte ich behaupten, wir hätten als einzige vernunftbegabte Wesen die Pflicht, das Leben aller Arten auf der Erde zu schützen. Wie andere könnte ich sagen, daß alle Arten, mit denen wir heute die Erde teilen, ein absolutes Anrecht auf unseren Schutz haben, einfach weil sie existieren. Alle diese Ermahnungen sind berechtigt, und einzeln oder gemeinsam sind sie geradezu ein Befehl, unsere Rolle im sechsten Massenaussterben zur Kenntnis zu nehmen und dem schleichenden Sterben Einhalt zu gebieten, das sonst schon bald 100 Arten am Tag, vier Arten in der Stunde ins entwicklungsgeschichtliche Vergessen befördert. Aber ich möchte noch einen weiteren Befehl hinzufügen, der aus der Betrachtung der Geschichte des Lebens auf der Erde erwächst; der Standpunkt, aus dem er sich ergibt, stellt nicht den Menschen, sondern die übrigen Arten der Natur in den Mittelpunkt.

Das sechste Aussterben ähnelt in vielerlei Hinsicht früheren biologischen Katastrophen. Am stärksten gefährdet sind beispielsweise Arten mit begrenzter geographischer Verbreitung, in den Tropen und in ihrer Nähe, sowie mit überdurchschnittlicher Körpergröße. Es ist aber in mancher Hinsicht ein ungewöhnlicher Vorgang, insbesondere weil auch zahlreiche Pflanzenarten ausgelöscht werden, was in den Krisen vergangener Zeiten nicht in diesem Maße der Fall war. Am Ende aber, wenn fünf, zehn oder 20 Millionen Jahre vergangen sind, wird die Erholung einsetzen. »In erdgeschichtlichen Zeiträumen wird unser Planet für sich selbst sorgen, und die Zeit wird die Wirkungen aller menschlichen Missetaten heilen«, wie Gould es formulierte.[7] Wenn es also auf lange Sicht keine Rolle spielt, was wir anrichten, während wir da sind, warum sollen wir uns dann überhaupt um das Überleben von Arten kümmern, die wie wir selbst irgendwann ohnehin nicht mehr existieren?

Wir sollten uns darum kümmern, weil wir trotz aller Besonderheiten nur ein historischer Zufall sind. Wir sind nicht aus einer anderen Welt auf die Erde gekommen und inmitten einer wunderbaren Vielfalt des Lebens gelandet, ausgestattet mit dem Recht, damit zu machen, was wir wollen. Wie alle anderen Arten, mit denen wir die Erde teilen, sind wir das Produkt vieler zufälliger Ereignisse, die sich bis zu jener atemberaubenden Explosion der Lebensformen vor einer halben Milliarde Jahren und darüber hinaus bis zum Ursprung des Lebens selbst zurückverfolgen lassen. Wenn wir diese enge Verbindung zur übrigen Natur unter dem Gesichtspunkt unserer Herkunft verstehen, ergibt sich daraus eine ethische Verpflichtung: Wir haben die Pflicht, sie zu schützen und ihr nicht zu schaden. Es ist nicht deshalb unsere Pflicht, weil wir die einzigen vernunftbegabten Wesen auf der Erde sind und deshalb eine Art wohlmeinende Überlegenheit in uns tragen, sondern weil der *Homo sapiens* in einem sehr grundlegenden Sinn auf der gleichen Stufe mit allen anderen Arten der Erde steht. Und wenn wir die Lebenswelt der Erde ganzheitlich betrachten – das heißt als zusammenwirkendes Ganzes, das gesunde, stabile Lebensverhältnisse schafft –, müssen wir auch uns selbst als Teil dieses Ganzen begreifen, nicht als privilegierte Spezies, die alles andere ungestraft ausbeuten darf. Die Erkenntnis, daß unsere Wurzeln im Leben selbst und seinem Wohlergehen liegen, verlangt, daß wir Respekt vor anderen Arten haben und nicht im blinden Streben nach unseren eigenen Zielen auf ihnen herumtrampeln. Und nach dem gleichen ethischen Prinzip gibt uns die Tatsache, daß der *Homo sapiens* eines Tages vom Antlitz der Erde verschwinden wird, nicht das Recht, zu tun, was wir wollen, solange wir hier sind.

Wenn das alles sehr idealistisch klingt, habe ich nichts dagegen. Meine doppelte Laufbahn als Paläontologe und Naturschützer hat mir eine besondere Sichtweise für die Vielfalt des Lebens und ihre Wandlungen im Laufe der Zeit ermöglicht. Aber ich habe auch einen Blick für die Praxis, denn ich habe gesehen, wie Menschen ums Überleben kämpften, indem sie die einzigen verfügbaren Ressourcen ausbeuteten: die Natur um sie herum. Diesen Kampf zu unterstützen und gleichzeitig der Zerstörung der Ressourcen Einhalt zu gebieten ist die größte Herausforderung für die Menschheit im nächsten Jahrhundert. Es ist möglich, aber nur dann, wenn man die unterschiedlichen Bedürfnisse der reichen und armen Länder anerkennt. Wenn die reichen Nationen Lösungen durchsetzen wollen, welche die Bürger der weniger entwickelten Gebiete in dauerhafter Armut festhalten, wird es fehlschlagen.

Lange Zeit war das Massenaussterben ein kaum beachteter Untersuchungegegenstand, weil es in vielerlei Hinsicht rätselhaft war und ohnehin für eine bloße Unterbrechung im Strom des Lebens gehalten wurde. Heute weiß man, daß solche Ereignisse eine wichtige gestaltende Kraft für diesen Strom sind, und das werden sie sicher auch in zukünftigen Jahrmilliarden sein, wenn der *Homo sapiens* und seine Nachfahren längst nicht mehr da sind. Aber noch immer birgt das Massenaussterben viele Rätsel, insbesondere was seine genauen Ursachen angeht. Oder, wie David Raup es in seinem Buch *Ausgestorben: Zufall oder Vorsehung* formulierte: »Die Wirklichkeit aber sieht anders und verwirrender aus: In keinem der vielen tausend gut dokumentierten Fälle von Aussterben in der geologischen Vergangenheit hat man eine gesicherte Erklärung für die Ursachen.«[8] Für jedes der Großen Fünf gibt es Theorien über den Auslöser; manche davon sind plausibel, aber bewiesen ist keine.

Beim sechsten Aussterben dagegen kennen wir den Schuldigen. Das sind wir.

Danksagungen

Jeder von uns ist vielen Personen zu Dank verpflichtet, die unser Berufsleben bereichert haben und ein breites Spektrum an Fachkenntnissen besitzen. Es sind zu viele, als daß man sie alle namentlich nennen könnte, aber die Betreffenden wissen, daß sie gemeint sind.

Leakey möchte insbesondere seinen Dank an die Angestellten des Kenya Wildlife Service ausdrücken, die seine Bemühungen und Visionen während seiner Amtszeit als Direktor unterstützten. Außerdem dankt er seiner Frau Meave, die ihm half, wieder gehen zu lernen, nachdem er bei einem Flugzeugunglück beide Beine verloren hatte. Ihr verdankt er sein Leben.

Lewin möchte seiner Wertschätzung für einige Personen Ausdruck verleihen, die ihn bei der Suche nach den Gesetzmäßigkeiten des Lebens und ihrer Bedeutung besonders ermutigt und unterstützt haben; dabei ist er sich bewußt, daß eine solche Liste immer unvollständig bleiben muß. Im einzelnen sind das: Stephen Jay Gould, David Jablonski, Thomas Lovejoy, Robert May, Stuart Pimm, David Raup und Edward O. Wilson.

Anmerkungen

2 Das große Geheimnis des Lebens

1 Charles Darwin, *Die Entstehung der Arten.* [Darwins Hauptwerk liegt in mehreren deutschen Ausgaben vor; die hier wiedergegebenen Zitate stammen aus der Übersetzung von David Haek, Verlag Philipp Reclam jun., Leipzig o. J.]
2 Andrew H. Knoll, »Das Ende des Proterozoikums: Schwelle zum höheren Leben«, *Spektrum der Wissenschaft* 12 / 1991, S. 100.
3 Darwin, *op. cit.* S. 450.
4 Adolf Seilacher, »Precambrian evolutionary experiments: Vendozoa and Psammocoralia«, in Pere Alberch and Gabriel A. Dover (Hg.), *The reference Points in Evolution*, Fundacion Juan März, Nr. 255, Serie Universitaria, 1990, S. 480.
5 *Ibid.*, S. 49.
6 Simon Conway Morris, »Burgess Shale faunas and the Cambrian explosion«, *Science* 246 (1989), S. 339.
7 *Origin and Evolution of Metazoa*, Jerr H. Lipps and Philip V. Signor (Hg.) Plenum Press, New York 1992, S. 17.

3 Die treibende Kraft der Evolution

1 David Jablonski and David J. Bottjer, »The ecology of evolutionary innovation: the fossil record«, in *Evolutionary Innnovations*, M. H. Nitecki (Hg.), University of Chicago Press 1990, S. 253.
2 Zitiert in Carol Kaesuk Yoon, »Biologists' ›Big Bang‹ took a mere blink of an eye«, *New York Times*, Science section, S. 1, 7. September 1993.
3 Jablonski und Bottjer, *op. cit.*
4 Jeffrey S. Levinton, »Die explosive Entfaltung der Tierwelt im Kambrium«, *Spektrum der Wissenschaft* 1 / 1993, S. 54.
5 Stephen Jay Gould, »Treasures in a taxonomic wastebasket«, *Natural History* Dezember 1985, S. 32.
6 Douglas Erwin et al., »A comparative study of diversification events: the early Paleozoic versus the Mesozoic«, *Evolution* 41 (1987), S. 1177.

7 Edward O. Wilson, *The Diversity of Life*, W.W. Norton, New York 1992, S. 192.
8 D.C. Walcott, zitiert in Simon Conway Morris und Harry B. Whittington, »The animals of the Burgess Shale«, *Scientific American*, Juli 1979, S. 122.
9 Harry Whittington, zitiert in Roger Lewin, *Thread of Life*, Smithsonian Books, Washington, D.C. 1982, S. 107.
10 Simon Conway Morris und Harry B. Whittington, *op. cit.* S. 131.
11 Stephen Jay Gould, »Play it again, life«, *Natural History*, Februar 1986, S. 20.
12 Charles Darwin und Alfred Russel Wallace, »On the tendency of species to form varieties«, Vortrag bei der Linneann Society, 1. Juli 1858.
13 Simon Conway Morris und Harry B. Whittington, *op. cit.*, S. 132.
14 Stephen Jay Gould, *Wonderful Life*, W.W. Norton, New York 1989, S. 237.
15 – »In touch with Walcott«, *Natural History*, Juli 1990, S. 12.
16 Simon Conway Morris, »Burgess Shale faunas and the Cambrian explosion«, S. 339.
17 Stephen Jay Gould, »Play it again, life«, *Natural History*, Februar 1986, S. 24.
18 Simon Conway Morris, »Burgess Shale faunas and the Cambrian explosion«, S. 345.
19 Jeffrey S. Levinton, *op. cit.*, S. 62.

4 Die großen Fünf

1 Carles Darwin, *op. cit.* S. 462.
2 *Ibid.*, S. 461.
3 *Ibid.*
4 *Ibid.*, S. 464.
5 *Ibid.*
6 David M. Raup, »Krisen der Vielfalt in erdgeschichtlicher Vergangenheit«, in *Ende der biologischen Vielfalt?*, E.O. Wilson (Hg.), Spektrum Akademischer Verlag, Heidelberg 1992, S. 71.
7 – *Ausgestorben: Zufall oder Vorsehung?* vgs, Köln 1992, S. 136.
8 Paul Wignall, »The day the world nearly died«, *New Scientist*, 25. Januar 1992, S. 55.
9 Douglas H. Erwin, »The Permo-Triassic Extinction«, *Nature* 367 (1994), S. 231.
10 Steven M. Stanley, *Krisen der Evolution*, Spektrum der Wissenschaft Verlagsgesellschaft, Heidelberg 1989, S. 50.
11 Stephen Jay Gould, »Shivas kosmischer Tanz«, in *Das Lächeln des Flamingos*, Suhrkamp, Frankfurt/M. 1995, S. 354.
12 David M. Raup, »Changing views of natural catastrophe«, *The Great Ideas of Today* (Encyclopedia Britannica Inc., 1988), S. 55.

13 William Clemens, zitiert in Richard A. Kerr, »Huge Impact Tied to Mass Extinction«, *Science* 257 (1992), S. 879.
14 Anthony Hallman, zitiert in Richard A. Kerr, *op. cit.*, S. 880.

5 Ausgestorben: Gene oder Zufall?

1 Charles Darwin, *op. cit.*, S. 492.
2 *Ibid.*
3 Stephen Jay Gould, »Shivas kosmischer Tanz«, S. 357.
4 *Ibid.*, S. 358.
5 David Jablonski, »Causes and consequences of mass extinction«, in *Dynamics of Extinction*, D. K. Elliot (Hg.), John Wiley and Sons, New York 1986, S. 109.
6 David M. Raup, »Extinction: bad genes or bad luck?« *New Scientist*, 14. September 1991, S. 47.
7 – »The role of extinction in evolution«, Ms. für *Proceedings of the National Academy of Sciences, USA*.
8 Stephen Jay Gould, »Shivas kosmischer Tanz«, S. 355.
9 David Jablonski, »Background and mass extinctions: the alternation of macroevolutionary regimes«, *Science* 231 (1986), S. 131.
10 J. John Sepkoski, Jr., »Phylogenetic and ecologic patterns in the Phanerozoic history of marine biodiversity«, in *Systematics, Ecology, and the Biodiversity Crisis*, Niles Elredge, ed., Columbia University Press, New York 1992, S. 84.

6 *Homo sapiens*, die Krone der Evolution?

1 Charles Darwin, *op. cit.*, S. 658.
2 Alfred Russel Wallace, »The Limits of Natural Selection«, in *Essays on Natural Selection*, Macmillan, London 1871, S. 359.
3 Robert Broom, *The Coming of Man: Was It Accident or Design?* Witherby, London 1933, S. 220.
4 Sir Arthur Keith, *A New Theory of Human Evolution*, The Philosophical Library, London 1949, S. 161.
5 Sir Grafton Elliot Smith, *Essays on the Evolution of Man*, Oxford University Press, Oxford 1923, S. 1.
6 Julian Huxley, »Evolutionary Processes and taxonomy with special reference to grades«, in *Systematics of Today*, Olav Heidberg (Hg.), Uppsala Universitets Arsskrift, Uppsala 1986, S. 35.
7 Stephen Jay Gould, »Play it again, life«, *Natural History*, Februar 1986, S. 19.
8 – *Wonderful Life*, S. 318.
9 *Ibid.*, S. 291.

10 – »Eternal metaphors of paleontology«, in *Patterns of Evolution as Illustrated in the Fossil Record*, Anthony Hallam (Hg.), Elsevier, New York 1977, S. 13.
11 – *Ever Since Darwin*, W. W. Norton, New York 1977, S. 45.
12 Charles Darwin, *op. cit.* S. 480.
13 George Gaylord Simpson, *The Meaning of Evolution*, Yale University Press, New Haven 1949, S. 252.
14 – *Principles of Animal Taxonomy*, Columbia University Press, New York 1961, S. 97.
15 Stephen Jay Gould, zitiert in Roger Lewin, *Complexity: Life at the Edge of Chaos*, Macmillan, New York 1992, S. 145f.
16 Edward O. Wilson, *The Diversity of Life*, S. 187.

7 Eine endlose Zahl der schönsten Formen

1 Charles Darwin, *op. cit.*, S. 659.
2 Michael A. Mares, »Neotropical mammals and the myth of Amazonian Biodiversity«, *Science* 255 (1992), S. 976.
3 Stuart L. Pimm und John L. Gittleman, *Science* 255 (1992), S. 940.
4 George Stevens, zitiert in »Biologists disagree over bold signature of nature«, *Science* 244 (1989), S. 527.
5 Michael A. Rex et al., »Global-scale latitudinal patterns of species diversity in the deep-sea benthos«, *Nature* 365 (1993), S. 636.
6 David Jablonski, »The tropics as a source of evolutionary novelty through geological time«, *Nature* 364 (1993), S. 14.
7 Wallace Arthur, »The bulging biosphere«, *New Scientist*, 29. Juni 1991, S. 43.
8 John D. Gage und Robert M. May, »A dip into the deep seas«, *Nature* 365 (1993), S. 610.
9 Robert M. May, »Biological Diversity: differences between land and sea«, *Transactions of the Royal Society*, Series B, vol. 343 (1994), S. 109.
10 *Ibid.*
11 Robert M. May, »How many species are there?« *Science* 241 (1988), S. 1441.
12 Edward O. Wilson, »The biological diversity crisis: a challenge to science«, *Issues in Science and Technology*, Herbst 1985, S. 22.
13 Robert M. May, »Wie viele Arten von Lebewesen gibt es?« *Spektrum der Wissenschaft* 12/1992, S. 72.
14 Edward O. Wilson, »The biological diversity crisis: a challenge to science«, *Issues in Science and Technology*, Herbst 1985, S. 230.

8 Vom Wert der Vielfalt

1 David Ehrenfeld, »Warum soll man der biologischen Vielfalt einen Wert beimessen?«, in *Ende der biologischen Vielfalt?*, E.O. Wilson (Hg.), Spektrum Akademischer Verlag, Heidelberg 1992, S. 235.
2 *Ibid., S.* 236.
3 Charles M. Peters et al., »Valuation of an Amazonian rainforest«, *Nature* 339 (1989), S. 656.
4 Hugh H. Iltis, »Glückliche Zufälle bei der Erforschung biologischer Vielfalt«, in *Ende der biologischen Vielfalt?*, E. O. Wilson (Hg.), Spektrum Akademischer Verlag, Heidelberg 1992, S. 124.
5 David Ehrenfeld, »Warum soll man der biologischen Vielfalt einen Wert beimessen?«, in *Ende der biologischen Vielfalt?*, E. O. Wilson (Hg.), Spektrum Akademischer Verlag, Heidelberg 1992, S. 237.
6 *Ibid.*, S. 236.
7 Charles Darwin, *op. cit.*, S. 659.
8 James Lovelock, »Die Erde als lebender Organismus«, in *Ende der biologischen Vielfalt?*, E. O. Wilson (Hg.), Spektrum Akademischer Verlag, Heidelberg 1992, S. 519.
9 David Tilman und John A. Downing, »Biodiversity and stability in grasslands«, *Nature* 367 (1994), S. 365.
10 Edward O. Wilson, »Biophilia and the conservation ethic«, in *The Biophilia Hypothesis*, Stephen R. Kellert und Edward O. Wilson (Hg.), Island Press, Washington, D.C. 1993, S. 31.
11 Luther Standing Bear, *Land of the Spotted Eagle*, University of Nevada Press, Lincoln 1993, S. 45.

9 Stabilität und Chaos in der Ökologie

1 Seth R. Rice, »Nonequilibrium determinants of biological community structure«, *American Scientist* 82 (1994), S. 427.
2 Stuart L. Pimm, *The Balance of Nature*, University of Chicago Press, Chicago 1991, S. 4.
3 Robert M. May, »The chaotic rhythms of life«, *New Scientist*, 18. 11. 1989, S. 37.
4 *Ibid.*, S. 39.
5 Alan Hastings und Kevin Higgins, »Persistence of transients in spatially structured ecological models«, *Science* 263 (1994), S. 1136.
6 William W. Schaffer und Mark Kot, »Chaos in ecological systems«, *Trends in Ecology and Evolution* 1, September 1986, S. 63.
7 Michael P. Hassell et al., »Species coexistence and self-organizing spatial dynamics«, *Nature* 370 (1994), S. 290.

8 Ted J. Case, »Invasion resistance arises in strongly interacting species-rich model competition communities«, *Proceedings of the National Academy of Sciences, USA* 86 (1990), S. 9610.
9 *Ibid.*
10 Stuart L. Pimm et al., »Food web patterns and their consequences«, *Nature* 350 (1991), S. 669.
11 Jeremy B. Jackson, »Community unity?« *Science* 264 (1994), S. 1412.
12 Brian Walker, »Diversity and stability in ecosystem conservation«, in David Western und Mary Pearl (Hg.), *Conservation for the Twenty-first Century*, Oxford University Press, New York 1989, S. 125.
13 *Ibid.*, S. 130.

10 Frühere menschliche Einflüsse

1 Alfred Russel Wallace, *The Geographical Distribution of Animals*, Bd. 1, Harper and Brothers, New York 1876, S. 151.
2 Alfred Russel Wallace, *The World of Life*, Moffat, Yard, New York 1911, S. 264.
3 Richard Owen, *Paleontology, or a Systematic Study of Extinct Animals and Their Geological Relations*, A. and C. Black, Edinburgh 1860, S. 399.
4 Charles Lyell, *A Second Visit to te United States of North America*, vol. 1, Harper and Brothers, New York 1849, S. 259.
5 Paul S. Martin, »Prehistoric overkill: the global model«, in *Quaternary Extinctions: a prehistoric revolution*, Paul S. Martin und Richard G. Klein (Hg.), University of Arizona Press, Tucson 1984, S. 367.
6 *Ibid.*, S. 370.
7 John E. Guilday, »Pleistocene Extinction and Environment Change«, in *Quaternary Extinctions: a prehistoric revolution*, Paul S. Martin und Richard G. Klein, (Hg.), S. 250.
8 *Ibid.*, S. 254.
9 *Ibid.*, S. 257.
10 Paul S. Martin, »Prehistoric overkill: the global model«, in *Quaternary Extinctions: a prehistoric revolution*, Paul S. Martin und Richard G. Klein (Hg.), University of Arizona Press, Tucson 1984, S. 384.
11 *Ibid.*, S. 323.
12 Jared Diamond, *Der dritte Schimpanse*, S. Fischer, Frankfurt / M. 1994, S. 405.
13 *Ibid.*, S. 401 / 405.
14 *Ibid.*, S. 402.
15 A. Berger, *Hawaiian Birdlife*, University Press of Hawaii, Honolulu 1972, S. 7.
16 Helen F. James und Storrs L. Olson, »Flightless birds«, *Natural History*, September 1983, S. 30.

17 *Ibid.*
18 Storrs L. Olson und Helen F. James, »The role of Polynesians in the extinctions of the avifauna of the Hawaiian Islands«, in *Quaternary Extinctions: a prehistoric revolution*, Paul S. Martin und Richard G. Klein (Hg.), S. 777f.
19 David Tilman et al., »Habitat destruction and the extinction debt«, *Nature* 371 (1994), S. 66.
20 Storrs L. Olson, »Extinction on islands: man as catastrophe«, in David Western und Mary Pearl (Hg.), *Conservation for the Twenty-first Century*, Oxford University Press, New York 1989, S. 52.

11 Eine moderne Elefantengeschichte

1 Douglas H. Chadwick, *The fate of the Elephant*, Sierra Club Books, San Francisco 199, S. 35.
2 Iain und Oria Douglas-Hamilton, *Wir kämpfen für die Elefanten,* Droemer-Knaur, München 1994, S. 31.
3 *Ibid.*, S. 35.
4 *Ibid.*, S. 31.
5 *Ibid.*, S. 35.
6 Cynthia Moss, *Elephant Memories*, William Morrow and Company 1988, S. 50f.

12 Ein historischer Zufall

1 Charles Darwin, *op. cit.*, S. 659.
2 Robert Broom, *The Coming of Man: Was It Accident or Design?* S. 220.
3 Stephen Jay Gould, »The Evolution of life on the Earth«, *Scientific American*, Oktober 1994, S. 89.
4 David M. Raup, »Krisen der Vielfalt in erdgeschichtlicher Vergangenheit«, in *Ende der biologischen Vielfalt?*, E. O. Wilson (Hg.), S. 73.

13 Das sechste Aussterben

1 Edward O. Wilson, »Is humanity suicidal?« *New York Times Magazine*, 30. Mai 1993, S. 26.
2 Les Kaufman, »Why the ark is sinking«, in *The Last Extinction*, Les Kaufman und Kenneth Mallory (Hg.), MIT Press, Cambridge 1993, S. 43.
3 Charles C. Mann, »Extinction: are ecologists crying wolf?« *Science* 253 (1991), S. 736ff.

4 Julian L. Simon, »Disappearing species, deforestation, and data«, *New Scientist*, 15. Mai 1986, S. 60.
5 Julian Simon, in Norman Myers und Julian L. Simon, *Scarcity or Abundance?* W. W. Norton, New York 1994, S. 35.
6 Julian L. Simon und Aaron Wildavsky, »Facts, not species, are imperiled«, *New York Times*, 13. Mai 1993, S. 23.
7 Thomas E. Lovejoy, »Species leave the ark one by one«, in *The Preservation of Species*, Brian Norton (Hg.), Princeton University Press, Princeton 1986, S. 14.
8 David Skole und Compton Tucker, »Tropical deforestation and habitat fragmentation in the Amazon«, *Science* 260 (1993), S. 1909.
9 Paul R. Ehrlich und Anne H. Ehrlich, »The value of diversity«, *Ambio* 21 (1992), S. 225.
10 Julian Simon, in Norman Myers und Julian L. Simon, *Scarcity or Abundance?* S. 65.
11 Edward O. Wilson, *The Diversity of Life*, S. 220.
12 Julian Simon, zitiert in William K. Stevens, »Species loss: crisis or false alarm?« *New York Times*, 20. August 1991, S. C8.
13 Julian Simon, in Norman Myers und Julian L. Simon, *Scarcity or Abundance?* S. 35.
14 Thomas E. Lovejoy, »Species leave the ark one by one«, in *The Preservation of Species*, Brian Norton (Hg.), S. 14.
15 Stuart Pimm, »So many species in so little time«, *The Sciences* (in Vorbereitung).
16 *Ibid.*
17 M. P. Nott et al., »Modern extinctions in the kilo-death range«, *Current Biology* 5 (1995), S. 3.
18 Stuart Pimm, »So many species in so little time«, Manuskript.
19 Daniel Simberloff. »The ecology of extinction«, *Acta Polonica* 38 (1994), S. 168.
20 *Ibid.*, S. 171.

14 Was macht es schon?

1 Paul R. Ehrlich, »Population diversity and the future of ecosystems«, *Science* 254 (1991), S. 175.
2 Julian Simon, in Norman Myers und Julian L. Simon, *Scarcity or Abundance?* S. 35.
3 *Ibid.*
4 Les Kaufman, »Why the ark is sinking«, in *The Last Extinction*, Les Kaufman und Kenneth Mallory (Hg.), S. 2.

5 Michael D. Copeland, »No red squirrels? Mother Nature may be better off«, *Wall Street Journal*, 7. Juni 1990.

6 Stephen Jay Gould, »The golden rule – a proper scale for our environmental crisis«, *Natural History*, September 1990, S. 30.

7 *Ibid.*

8 David M. Raup, *Ausgestorben: Schicksal oder Vorsehung?* S. 29.

Namen- und Sachregister

Richard Leakey / Roger Lewin

Der Ursprung des Menschen

Auf der Suche
nach den Spuren des Humanen

Aus dem Amerikanischen von Sebastian Vogel
368 Seiten. Gebunden

»... In diesen vergangenen eineinhalb Jahrzehnten hat sich viel ereignet: ... Richard Leakey trug selbst ganz entscheidend dazu bei, denn seine Gruppe fand den ›Jungen von Turkana‹, dessen 1,5 Millionen Jahre altes Skelett eine Schlüsselrolle für die neue Sicht der anatomischen Evolution des Menschen spielt. Selbst bei sehr zurückhaltender Berechnung unter Berücksichtigung unterschiedlicher Wachstumsraten ergab sich, daß die Vertreter unserer Gattung Homo damals schon etwa 180 Zentimeter groß gewesen sein müssen. In einem Meisterstück evolutionsbiologischer Berichterstattung schildern die Verfasser, wie man zu einer solchen Größenberechnung kommt. Eine der Stärken des Buches liegt in dieser für den Leser nachvollziehbaren Darlegung des Zusammenwirkens von Befunden und Argumentationen, deren Ergebnis dann ein neues Stück Theorie zum Ursprung des Menschen wird ...«

Frankfurter Allgemeine Zeitung

S. Fischer

Christopher Wills

Das vorauseilende Gehirn

Die Evolution der menschlichen Sonderstellung

Aus dem Amerikanischen von Kurt Neff
528 Seiten. Gebunden

Nach allgemeiner Auffassung unterscheidet sich der Mensch von allen anderen Lebewesen auf Erden durch sein Gehirn. Tatsächlich ist das menschliche Gehirn ein hochentwickeltes Spezialorgan, nicht dank seiner Größe, sondern seiner Funktionsweise, die eine Art Feedback-System darstellt, das das Gehirn selbst, den Körper und die Umwelt umfaßt. Dieses sich selbst verstärkende System ließ das Gehirn gewissermaßen »durchgehen«, gleichsam als »Flucht« aus der evolutionären »Dummheit« der Vergangenheit. Der Autor versteht es, diese zum Teil komplizierten Zusammenhänge nicht nur sachlich fundiert, sondern auch allgemein verständlich und spannend darzustellen.

S. Fischer